通信网络精品图书

物联网：感知、传输与应用

杨 鹏　张普宁　吴大鹏　欧阳春
迟 蕾　舒 毅　王汝言　编著

U0217678

电子工业出版社
Publishing House of Electronics Industry
北京 · BEIJING

内 容 简 介

本书从物联网的起源出发，首先介绍了物联网的内涵，阐述了其发展的重要意义，列举了其典型架构，详细描述了物联网的感知技术，包括标识技术与传感器网络技术；总结了物联网的网络技术，包括近距无线通信技术、低功耗广域网技术及移动通信技术；然后阐述了物联网的应用技术，包括交互技术、计算技术、数据处理技术、信息安全技术等，并通过典型应用，如远程医疗、智能电网、现代物流以及智能交通，向读者充分展示了物联网的魅力；最后阐明了物联网未来的发展方向。

本书的读者是：高等院校、研究院所等从事物联网、大数据、人工智能等领域研究与教学工作的技术人员，高等院校相关专业的高年级学生和研究生，以及所有对物联网技术感兴趣的人士。本书可作为高等院校物联网相关专业的教材或参考书。

图书在版编目（CIP）数据

物联网：感知、传输与应用 / 杨鹏等编著 . —北京：电子工业出版社，2020.10
（通信网络精品图书）

ISBN 978-7-121-39754-7

Ⅰ. ①物…　Ⅱ. ①杨…　Ⅲ. ①物联网　Ⅳ. ①TP393.4 ②TP18

中国版本图书馆 CIP 数据核字（2020）第 194089 号

责任编辑：满美希　　文字编辑：宋　梅

印　　刷：北京天宇星印刷厂

装　　订：北京天宇星印刷厂

出版发行：电子工业出版社

　　　　　北京市海淀区万寿路　　信箱　邮编　100036

开　　本：787×1092　1/16　印张：17.5　字数：448 千字

版　　次：2020 年 10 月第 1 版

印　　次：2024 年 1 月第 3 次印刷

定　　价：69.00 元

凡所购买电子工业出版社图书有缺损问题，请向购买书店调换。若书店售缺，请与本社发行部联系，联系及邮购电话：（010）88254888，88258888。

质量投诉请发邮件至 zlts@phei.com.cn，盗版侵权举报请发邮件至 dbqq@phei.com.cn。

本书咨询联系方式：mariams@phei.com.cn。

前　言

　　20 世纪的信息技术革命催生了互联网。在互联网基础上不断延伸和扩展,将各种信息传感设备与互联网结合起来形成一个巨大网络——物联网。在 5G、云计算、边缘计算、人工智能等新兴技术的推动下,物联网技术取得了新的发展,人工智能物联网(AIoT)应运而生。中国信通院副院长余晓晖表示,从信息通信技术的角度,AIoT 涉及物理世界的感知与智能分析,再叠加 5G、边缘计算等技术,构成了当前最重要的赋能技术体系,驱动着全球范围内影响深远的数字化转型和数字化革命,成为第四次工业革命的关键技术基础。

　　随着人工智能、大数据、云计算、边缘计算等技术向各行各业的渗透,高新技术赋能下的产业变革已显而易见。物联网作为各种新型技术融合的突破点,正在智慧城市、智能交通、智慧农业、环境保护等各个领域深入应用,“智慧升级”正从概念向实践应用持续贯穿。而这些细分行业的不断变革发展,也昭示着物联网发展的日新月异。物联网依托智能传感器、通信模组、数据处理平台等,以云平台、边缘计算平台、智能硬件和移动应用等为核心产品,将庞杂的信息化管理系统降维成多个垂直模块,与人们的健康、智慧生活及社会的繁荣发展紧密联系。未来,在人工智能与边缘计算的加持下,我们的城市及我们的生活将拥有“智慧大脑”,最大化地助力各行各业智慧发展。

　　本书从物联网基本含义出发,深入解析其与当前广泛使用概念之间的区别与联系,如传感器网络、泛在网、信息物理系统等,并对系统组成以及技术演进路径等方面进行了详尽的分析与阐述;以网络体系结构为依据,从感知技术、网络技术以及应用技术三个方面,面向共性数据传输平台,详细地阐述了物联网建设过程中所涉及的信息通信技术,并以典型应用子集为例,分析了不同应用场景中的业务需求,深入论述了各种信息通信技术的适用性,全面介绍并讨论了国内外物联网发展趋势。

　　物联网对于全世界而言都是一个新的机遇,中国应抓住这个难得的战略机遇,把建设物联网上升为国家战略,培养相关人才,从而掌握国际话语权。

　　本书的读者是:高等院校、研究院所等从事物联网、大数据、人工智能等领域研究与教学工作的技术人员,高等院校相关专业的高年级学生和研究生,以及所有对物联网技术感兴趣的人士。本书可作为高等院校物联网相关专业的教材或参考书。

　　本书配有教学资源,如有需要,请登录电子工业出版社华信教育资源网(www.hxedu.com.cn),注册后免费下载。

目　　录

第1章 物联网基本概念

物联网是新一代信息技术的高度集成和综合应用，是我国战略性新兴产业的重要组成部分，已成为深化供给侧结构性改革与产业转型升级的关键推动力量和重要方向。当前我国物联网产业发展正处于"跨界融合、集成创新和规模化发展"的新阶段，既面临难得的发展机遇，也存在很多挑战。本章将详细介绍物联网基本概念、发展物联网的意义以及物联网体系架构。

1.1　物联网起源

物联网（Internet of Things）的概念是由麻省理工学院 Auto-ID 研究中心（Auto-ID Labs）于 1999 年提出的，其最初的含义是指把所有物品通过射频识别等信息传感设备与互联网连接起来，实现智能化识别和管理。2005 年，国际电信联盟（ITU）发布了《ITU 互联网报告 2005：物联网》，对物联网概念进行了扩展，提出了任何时间、任何地点、任何物体之间互联，无所不在的泛在网（Ubiquitous Network）和无所不在的普适计算（Ubiquitous Computing）的发展愿景，除 RFID 技术外，传感器技术、纳米技术、智能终端（Smart Terminal）等技术将得到更加广泛的应用。2009 年 1 月，IBM 提出"智慧地球"构想，物联网为其中不可或缺的一部分。奥巴马总统对"智慧地球"构想做出了积极回应，并将其提升为国家层级的发展战略。同年 8 月温家宝总理在无锡视察时提出了"感知中国"，对物联网的发展发表了深刻而独到的见解，并在 2010 年的政府工作报告中强调要加快物联网的研发和应用，从而使物联网引起了全球的广泛关注。物联网的概念虽然近几年才为人们所熟知，但实现物物相连所采用的却并非都是新技术。业内人士普遍认为物联网起源于传感器网络和无线射频识别，并与移动通信系统有着千丝万缕的联系，而且很早以前就已经有物联网的雏形应用进入人们的视野。物联网是世界信息产业的第三大趋势。未来，物联网将与许多智能设备相结合，以实现智慧物联网，使人们的生活更加方便。

1.1.1　传感器网络

传感器网络是由大量部署在作用区域内的、具有无线通信与计算能力的微小传感器节点通过自组织方式构成的，是一种能根据环境自主完成指定任务的分布式智能化网络系统。传感器网络中的节点以协作的方式监控不同位置的物理或环境状况

（比如温度、声音、振动、压力、运动、污染物等），通信距离较短，一般采用多跳（Multi-hop）的无线通信方式传输感知到的信息。传感器网络可以在独立环境中运行，也可以通过网关连接到互联网，使用户可以进行远程访问[1]。

传感器网络综合了传感器技术、嵌入式计算技术、分布式信息处理技术、现代网络及无线通信技术等，能够通过各类集成化的微型传感器协作实时监测、感知和采集各种环境或监测对象的信息，通过嵌入式系统对信息进行处理，并通过随机自组织无线通信网络以多跳中继方式将所感知到的信息传送到用户终端，从而真正实现无所不在的普适计算理念。

传感器网络的每个节点除配备了一个或多个传感器之外，还装备了无线电收发器、微控制器和能量供应模块（通常为电池）。单个传感器节点的尺寸大到一个鞋盒，小到一粒尘埃。传感器网络中节点的成本也是不定的，从几百美元到几美分，这取决于传感器网络的规模以及单个传感器节点的复杂度。传感器节点尺寸与复杂度的限制决定了能量、存储、计算速度与频宽的受限[2]。

在传感器网络中，节点被通过各种方式大量部署在感知对象内部或者附近。这些节点通过自组织方式构成无线网络，以协作的方式感知、采集和处理网络覆盖区域中特定的信息，可以实现对任意地点信息在任意时间的采集、处理和分析。传感器网络通常包括传感器节点（Sensor Node）、网关节点（Sink Node）和远端服务中心。传感器节点以自组织的方式形成网络，并将感知到的信息通过多跳的方式传输至网关节点，进而，通过网关（Gateway）完成与互联网的连接。传感器网络的特性使其有非常广泛的应用前景，其无所不在的特点在不远的未来将使之成为我们生活中不可缺少的一部分[3]。

传感器网络的发展与微电子技术息息相关，而微电子技术的核心是超大规模集成电路设计与制造。集成电路自 1959 年诞生以来，经历了小规模、大规模、超大规模到巨大规模的发展历程，其特征是尺寸不断缩小，集成密度不断提高，集成规模迅速增大。然而传感器节点受到物理尺寸及制造成本的限制，其处理能力、存储能力和通信能力相对较弱，通信范围一般为 10～100 m，缺乏将数据进行远程传输的手段。为了解决传感器节点受限问题，随之出现了无线传感器网络、虚拟化无线传感器网络以及软件定义传感器网络。

无线传感器网络（Wireless Sensor Network，WSN）的构想最初是由美国军方提出的，是指在特定应用环境中布置的传感器节点以无线通信方式形成一个多跳的自组织网络系统，传感器节点完成指定的数据采集工作，节点通过无线传感器网络将数据发送到网络中，并最终由特定的应用接收。传感器节点不仅能感知网络内的环境信息，还具有简单的计算能力，同时可以将感知和计算后的相关信息在网络中传输，具有一定的通信能力。

随着物联网的发展，传感器节点作为物联网感知层的重要组成部分，为了完成庞大的数据感知任务，将虚拟化技术引入无线传感器网络，由此，虚拟化无线传感器网络出现在人们的视野，它可以根据用户的不同需求创建虚拟传感器网络（Virtual Sensor Network，VSN），多个 VSN 共享相同的物理资源，使得底层的物理传感器网络资源能够被多个用户共同使用，从而提高资源利用率。虚拟化无线传感器网络改变了原有的服务模式，将传统的 WSN 网络服务提供者解耦为基础设施提供者和服务提供者，基础设施提供者负责创建、管理和维护底层物理传感器网络资源，而服务提供者根据用户的不同需求创建 VSN，从而为用户提供相应的服务。

软件定义无线传感器网络（Software-Defined Wireless Sensor Networks，SDWSN）是软件定义网络和无线传感器网络的融合，是指运用了软件定义技术进行感知、路由、测量等任务的新型无线传感器网络。SDWSN 和传统软件定义网络既有联系也有区别，传统的软件定义网络技术关注信息的传输，主要研究软件定义路由。由于无线传感器网络还需进行信息感知，软件定义无线传感器网络除了关注软件定义路由，同时也要关注软件定义感知等其他方面[4]。

1.1.2　无线射频识别

射频识别（Radio Frequency Identification，RFID）技术是一种基于射频的通信技术，又称电子标签、无线射频识别，从 20 世纪 90 年代开始兴起，从本质上来说属于一种可通过无线电信号识别特定目标并读写相关数据，而无须在识别系统与特定目标之间建立机械或光学接触的自动识别技术。利用射频信号，RFID 技术通过空间耦合实现无接触的信息传输，并通过所传输的信息达到识别特定目标的目的[5]。

从信息传输的基本原理来说，射频识别技术在低频段采用基于变压器耦合（初级与次级之间的能量传输及信号传输）方式，在高频段采用基于雷达探测目标的空间耦合（雷达发射的电磁波信号碰到目标后携带目标信息返回雷达接收机）方式。1948 年，哈里•斯托克曼发表的"利用反射功率的通信"研究成果奠定了射频识别技术的理论基础。

RFID 技术的主要发展阶段可以概括如下。

1940 年—1950 年：雷达的改进和应用催生了射频识别技术，1948 年奠定了射频识别技术的理论基础。

1950 年—1960 年：射频识别技术的探索阶段，主要处于实验室基础理论研究阶段。

1960 年—1970 年：射频识别技术的理论得到了发展，开始了一些应用尝试。

1970 年—1980 年：射频识别技术与产品研发处于一个大发展时期，各种射频识别技术测试得到加速，出现了一些最早的射频识别应用。

1980 年—1990 年：射频识别技术及产品进入商业应用阶段，各种规模应用开始出现。

1990 年—2000 年：射频识别技术标准化问题得到人们重视，射频识别产品得到广泛应用，逐渐成为人们生活中的一部分。

2000 年至今：标准化问题日趋为人们所重视，射频识别产品种类更加丰富，有源电子标签、无源电子标签及半无源电子标签均得到发展，同时，电子标签的成本不断降低，规模应用行业呈现出逐渐扩大的趋势。射频识别技术的理论得到丰富和完善，单芯片电子标签、多电子标签识读、无线可读可写、无源电子标签的远距离识别、适应高速移动物体的射频识别技术与产品正在成为现实并走向应用。然而，RFID 在各方面表现较为出色的同时，也暴露出了很多问题，如技术成熟度不够，读写器的识别准确度有限，RFID 天线设计、安全与隐私问题及技术标准不统一等。

1.1.3 移动通信系统

随着社会的发展，人们对通信的要求越来越高。由于人类政治和经济活动范围的日趋扩大及效率的不断提高，要求实现通信的最高目标——在任何时间、任何地方、与任何人都能及时进行沟通、联系，完成信息交流。不难设想，没有移动通信是无法实现这一目标的。

1. 移动通信系统概念及特点

移动通信是指通信的双方至少有一方处于移动状态下进行信息交换的通信。换句话说，移动通信解决因为人的移动而产生的"动中通"问题。移动通信系统包括无绳电话、无线寻呼、公共陆地移动通信和卫星移动通信等。移动通信系统一般由移动台（MS）、基站（BS）、移动业务交换中心（MSC）以及与公用电话交换网（简称市话网）（PSTN）相连接的中继线等组成，移动通信系统的组成如图 1-1 所示。MS 是在不确定的地点并在移动中使用的终端，它可以是便携的手机，也可以是安装在车辆等移动体上的设备。BS 是移动通信系统中的固定站台，用来和 MS 进行无线通信，它包含无线信道和架在建筑物上的发射、接收天线。每个 BS 都有一个可靠的无线小区服务范围，其大小主要由发射功率和基站天线的高度决定。MSC 是在大范围服务区域中协调呼叫路由的交换中心，其功能主要是处理信息的交换和对整个系统进行集中控制管理。

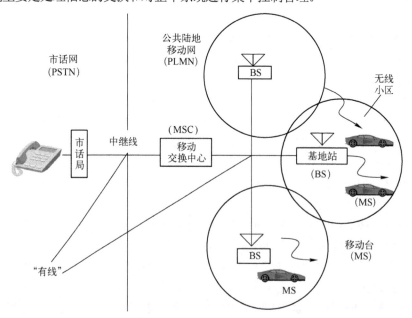

图 1-1　移动通信系统的组成

通信经历了一个从模拟通信到数字通信的发展过程，相对于传统的通信系统，移动通信系统拓展了更广阔的应用创新空间和更灵活多样的商业模式，因而，具有更大的市场潜力。随着传输和计算的瓶颈被打破，从第一代移动通信到目前的第五代移动移动通信，已经产生了质的飞跃，但也受到了一定限制，其特点概括起来主要包括以下几方面。

① 利用无线电波进行信息传输。移动通信的运行环境十分复杂，电波不仅会随着传播距离的增加而发生弥散消耗，并且会受到地形、地物的遮蔽而发生"阴影效应"，而且信号经过多点反射，会从多条路径到达接收地点，这种多径信号的幅度、相位和到达时间都不一样，它们互相叠加会产生电平衰落和时延扩展。

② 运行环境复杂。移动通信系统采用多信道共用技术，在一个无线小区内，同时通信者会有成百上千，会有多部收发信机同时在同一地点工作，会产生许多干扰，如通道干扰、互调干扰、邻道干扰、多址干扰等，以及近基站强信号会压制远基站弱信号，这种现象被称为"远近效应"。在移动通信中，将采用多种抗干扰、抗衰落技术措施以减少这些干扰信号的影响。

③ 频带利用率要求高。特别是移动通信的用户数量很大，为了缓和用户数量大与可利用的频率资源有限的矛盾，除了开发新频段，还要采取各种措施来更加有效地利用频率资源，如压缩频带、缩小信道间隔、多信道共用等，即采用频谱和无线信道有效利用技术。

④ 移动设备的移动性强。由于移动台的移动是在广大区域内的不规则运动，而且大部分的移动台都会有关闭不用的时候，它与通信系统中的交换中心没有固定的联系，因此，要实现通信并保证质量，移动通信必须是无线通信或无线通信与有线通信的结合，而且必须要发展跟踪、交换技术，如位置登记技术、信道切换技术、漫游技术等。

⑤ 组网技术复杂。根据通信地区的不同需要，移动通信网络结构多种多样，为此，移动通信网络必须具备很强的管理和控制功能，如用户登记和定位，通信（呼叫）链路的建立和拆除，信道分配和管理，通信计费、鉴权、安全和保密管理，以及用户过境切换和漫游控制等功能。

2. 移动通信系统分类

移动通信系统从 20 世纪 80 年代诞生以来，到 2020 年大体经过 5 代的发展历程，4G 时代，除蜂窝电话系统外，宽带无线接入系统、毫米波 LAN、智能传输系统（ITS）和平流层通信系统（HAPS）已投入使用。未来的移动通信系统最明显的趋势将是高数据速率、高机动性和无缝隙漫游。

随着移动通信应用范围的扩大，移动通信的种类也越来越多，根据使用要求和工作场合分类如下：

① 按使用对象可分为民用通信和军用通信。

② 按使用环境可分为陆地通信、海上通信和空中通信。

③ 按多址方式可分为频分多址（FDMA）、时分多址（TDMA）和码分多址（CDMA）等。

④ 按覆盖范围可分为广域网和局域网。

⑤ 按业务类型可分为电话网、数据网和综合业务数字网。

⑥ 按工作方式可分为同频单工、异频单工、异频双工和半双工。

⑦ 按服务范围可分为专用网和公用网。

⑧ 按信号形式可分为模拟网和数字网。

移动通信系统主要有蜂窝系统、集群系统、Ad Hoc 网络系统、卫星通信系统、分组无线网络系统、无绳电话系统和无线电传呼系统等。

蜂窝系统是覆盖范围最广的陆地公用移动通信系统。在蜂窝系统中，覆盖区域一般被划分为类似蜂窝的多个小区。每个小区内设置固定的基站，为用户提供接入和信息转发服务。移动用户之间以及移动用户和非移动用户之间的通信均需要通过基站进行。基站一般通过有线线路连接到主要由交换机构成的骨干交换网络。蜂窝系统是一种有连接网络，一旦一个信道被分配给某个用户，通常此信道可一直被此用户使用。蜂窝系统一般用于语音通信。

集群移动通信，也被称为大区制移动通信。它的特点是只有一个基站，天线高度为几十米至百余米，覆盖半径为 30 km，发射机功率可高达 200 W。用户数约为几十至几百，可以是车载台，也可以是手持台。它们可以与基站通信，也可以通过基站与其他移动台及市话用户通信，基站与市话网（PSTN）相连。

卫星移动通信利用卫星转发信号，对于车载移动通信可采用地球同步卫星，而对手持终端，采用中低轨道的多颗星座卫星较为有利。

3. 第五代移动通信系统概述

第五代移动通信系统（The 5rd Generation Mobile Communication，5G），又称 IMT—2020，即第五代移动通信标准，目前已进入商用阶段。国际电信联盟（ITU）已完成 5G 愿景研究，2017 年 11 月启动了 5G 技术方案征集，2020 年完成 5G 标准制定。3GPP 于 2016 年启动 5G 标准研究，2017 年 12 月完成非独立组网 5G 新空口技术标准化、5G 网络架构标准化；2018 年 6 月形成 5G 标准统一版本，完成独立组网、5G 新空口和核心网标准化；2019 年完成满足 ITU 要求的 5G 标准完整版本；2020 年完成 5G 标准制定。

5G 将开启万物互联新时代。业界一般认为移动通信每 10 年一代，2G 时代提供语音和低速数据业务；3G 时代在提供语音业务的同时，开始提供基础的移动多媒体业务；4G 时代提供移动宽带业务；到了 5G 时代，移动通信将在大幅提升以人为中心的移动互联网业务使用体验的同时，全面支持以物为中心的物联网业务，实现人与人、人与物和物与物的智能互联。增强移动宽带、海量机器类通信和超可靠低时延通信是 5G 的三大类应用场景，在设计 5G 网络时需要充分考虑不同场景和业务的差异化需求。

区别于 4G 等传统的网络采用网元（或网络实体）来描述系统架构，在 5G 网络中引入了网络功能（Network Function，NF）和服务的概念，不同的 NF 可以作为服务提供者为其他 NF 提供不同的服务，此时其他 NF 被称为服务消费者。一个 NF 既可使用一个或多个 NF 提供的服务，也可以为一个或多个 NF 提供服务。服务化架构基于模块化、可重用、自包含的思想，充分利用了软件化和虚拟化技术。5G 网络结构如图 1-2 所示，该图展示了 5G 非漫游场景的架构[6]，包含核心网中主要的 NF 和 NF 之间的连接关系。

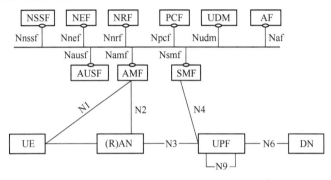

图 1-2　5G 网络结构

5G 核心网中主要的 NF 名称和主要功能如下所述。

① 接入和移动性管理功能（Access and Mobility Management Function，AMF）：终结来自 UE 的非接入层消息、实现对 UE 的接入控制和移动性管理功能；终结接入网的控制面接口（N2）等。

② 用户面功能（User Plane Function，UPF）：PDU（协议数据单元）会话用户面相关功能，即接入网和外部数据网络（Data Network，DN）之间采用特定的封装传输用户数据报文，实现 QoS、监听、计费等方面的功能；UPF 不但实现 4G 网络中服务网关（Serving GateWay，SGW）、公用数据网网关（PDN GateWay，PGW）中的用户面的各项功能，而且还支持边缘计算等新特性所需的用户面功能。

③ 会话管理功能（Session Management Function，SMF）：PDU 会话管理（建立、删除、修改等）、UPF 选择、终端 IP 地址分配等；SMF 实现了 4G 网络中 SGW、PGW 中的控制面的各项功能。

④ 网络存储功能（NF Repository Function，NRF）：实现服务的管理功能。当 NF 启动时将自己提供的服务注册到 NRF。当 NF 需要使用服务时，先查询 NRF，即可发现提供该服务的 NF 信息。

⑤ 统一数据管理功能（Unified Data Management，UDM）：实现用户签约数据和鉴权数据的管理。

⑥ 鉴权服务器功能（AUthentication Server Function，AUSF）：实现对用户鉴权的相关功能，与安全锚点功能（SEcurity Anchor Function，SEAF）配合完成密钥

相关的操作。

⑦ 策略控制功能（Policy Control Function，PCF）：实现统一的策略和计费控制节点，制定并下发策略给控制面 NF 和 UE。

⑧ 网络开放功能（Network Exposure Function，NEF）：将网络能够提供的业务和能力"暴露"给外部，如第三方实体。

⑨ 网络切片选择功能（Network Slice Selection Function，NSSF）：为 UE 选择为其服务的网络切片和 AMF 等。

⑩ 应用功能（Application Function，AF）：与核心网交互，以提供服务（如 IMS 的 AF 提供 IMS 话音呼叫服务）。

⑪ 用户终端设备（User Equipment，UE）。

⑫ 接入网络［(Radio) Access Network，(R)AN］。

在图 1-2 中，Nnssf 和 Nnef 等是服务化接口，NF 借助服务化接口向其他 NF 提供服务，具体介绍如下。

- Nnssf：NSSF 的服务化接口；
- Nnef：NEF 的服务化接口；
- Nnrf：NRF 的服务化接口；
- Npcf：PCF 的服务化接口；
- Nudm：UDM 的服务化接口；
- Naf：AF 的服务化接口；
- Nausf：AUSF 的服务化接口；
- Namf：AMF 的服务化接口；
- Nsmf：SMF 的服务化接口。

利用计算和存储相互分离的思想，5G 核心网还引入了可选的网络功能 UDSF（Unstructured Data Storage Function，非结构化数据存储功能），实现非结构化数据的存储，并为任意控制面的 NF 提供检索功能。

为更好地迎合物联网的发展趋势和市场需求，5G 技术研发人员坚持可持续发展理念，致力于实现 5G 技术的优化设计，注重资源利用率、吞吐率等的提升研究，并且逐渐转变传统设计理念，融入多点、多用户协作的思想，引入 3D、交互式游戏等新技术，为广大用户营造更实用、更方便、更快捷的通信空间，实现移动通信的最佳状态，让用户感受到更好的通信服务。

1.2　物联网内涵

物联网（Internet of Things）是通过射频识别（RFID）、红外感应器、全球定位系统、激光扫描器、气体感应器等信息传感设备，按约定的协议，把任何物品与互联网连接起来，进行信息交换和通信，以实现智能化识别、定位、跟踪、监控和管理的一种网络技术。

1.2.1　物联网相关概念辨析

物联网是新一代信息技术的重要组成部分，其核心和基础仍然是互联网，是在互联网基础上延伸和扩展的网络。目前对物联网的概念业界存在很多定义，其最简洁明了的定义为物联网是一个基于互联网、传统电信网等信息承载体，让所有能够被独立寻址的普通物理对象实现互联互通的网络。物联网、传感器网络、泛在网之间的关系如图 1-3 所示。

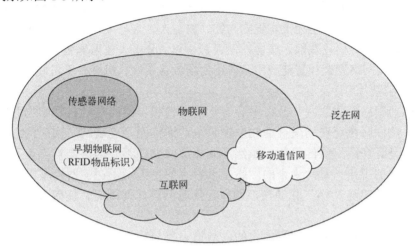

图 1-3　物联网、传感器网络、泛在网之间的关系

1. 传感器网络、物联网、泛在网

（1）传感器网络

传感器网络是由许多在空间上分布的自动装置互联组成的一种计算机网络，其目的是将网络覆盖区域范围内感知对象的信息发送给观察者。计算机网络改变了人与人之间的沟通方式，而传感器网络将改变人类与自然界的交互方式，使得人们可以通过传感器网络感知客观世界，扩展现有网络的功能和人类认识世界的能力。

（2）物联网

物联网是将射频识别（RFID）、红外感应器、全球定位系统、激光扫描器等各种信息传感设备，按约定的协议将任何物品与互联网连接起来，进行信息交换和通信，以实现智能化识别、定位、跟踪、监控和管理的一种网络。物联网实现了物与物、物与人的信息交互[7]。早期在高端的食品行业及物流行业应用得较为广泛和普遍，但随着终端设备成本的日益下降，物联网的应用已经不仅仅限于早期的高端食品及物流行业，越来越多的致力于成为行业领导者的企业，为了提高消费者的满意度和忠诚度，增强自身在行业内部的竞争力，开始在电网、农业、家居等行业广泛应用各种先进的物联网技术。与此同时，物联网相关技术也越来越多地服务于交通、环保、医疗等公共事业。

（3）泛在网

泛在网来源于拉丁语 Ubiquitous，主要是指无所不在的网络。泛在网的概念由美国施乐公司在 1991 年首先提出，泛在网概念的提出对信息社会产生了根本性的变革，在观念、技术、应用、设施、网络以及软件等各个方面都产生了巨大的变化。

泛在网将以"无所不在""无所不包""无所不能"为基本特征，帮助人类实现4A［即任何时间（Anytime）、任何地点（Anywhere）、任何人（Anyone）、任何物体（Anything）］化通信。泛在网将物体看成可寻址、可语义化、可调用的资源，等同于互联通信网，目的是为了实现物与物、物与人、人与人之间突破时间、地理空间的限制按需进行信息获取、传输、储存、认知、分析、使用等服务，强调人机自然交互、异构网络融合和智能应用。应用的场景有车站、机场、手机联网、掌上电脑无线联网等[8]。

传感器网络、物联网、泛在网各有定位，传感器网络是泛在网和物联网的组成部分，物联网是泛在网发展的物联网阶段，通信网、互联网、物联网之间相互协同融合是泛在网发展的目标。虽然不同概念的起源不一样，侧重点也不一致，但是从发展的视角来看，未来的网络发展看重的是无所不在的网络基础设施的发展，帮助人类实现"4A"化通信，即在任何时间、任何地点、任何人、任何物体都能顺畅地通信。

物联网将解决广域或大范围内的人与物、物与物之间信息交换需求的联网问题，物联网采用不同的技术把物理世界的各种智能物体、传感器接入网络。物联网通过接入延伸技术，完成末端网络（个域网、汽车网、家庭网络、社区网络、小物体网络等）的互联，实现人与物、物与物之间的通信，而传感器网络是物联网的重要实现手段。

物联网从最初一个个单独的网络应用开始，逐渐发展融入一个大的网络环境，而这个大的网络环境就是泛在网。泛在网需要这些信息基础设施实现互联互通，需要资源共享、协同工作，需要进行信息收集、决策分析。泛在网的目标是向个人和社会提供泛在的、无所不含的信息服务和应用；从网络技术上，泛在网是通信网、互联网、物联网高度融合的目标，它将实现多网络、多行业、多应用、异构多技术的融合和协同。如果说通信网、互联网发展到今天，解决了人与人信息通信的问题，物联网则实现网络连接、接入、延伸到物理世界的泛在物联，解决人与物、物与物的通信，通信网、互联网、物联网各自发展是泛在网发展的初级阶段，最终泛在网将是通信网、互联网、物联网高度融合和协同的目标。

2. 信息物理系统

与物联网类似，信息物理系统（Cyber Physical System，CPS）是计算、通信和物理过程高度集成的系统，通过在物理设备中嵌入感知、通信和计算能力，实现对外部环境的分布式感知、可靠数据传输、智能信息处理，并通过反馈机制实现对物理过程的实时控制[9]。

CPS 的意义在于将物理设备联网，特别是连接到互联网上，使得物理设备具有计算、通信、精确控制、远程协调和自治五大功能。CPS 本质上是一个具有控制属性的网络，但它又有别于现有的控制系统。CPS 把通信放在与计算和控制同等地位上，这是因为在 CPS 强调的分布式应用系统中物理设备之间的协调是离不开通信的。CPS 对网络内部设备的远程协调能力、自治能力、控制对象的种类和数量，特别是在网络规模上远远超过现有的工控网络[10]。美国国家科学基金会（NSF）认为，CPS 将让整个世界互联起来。如同互联网改变了人与人的互动一样，CPS 将会改变我们与物理世界的互动。

（1）CPS 概念及特征

① CPS 基本概念。

信息物理系统（Cyber Physical System，CPS）是在环境感知的基础上，深度融合计算、通信和控制能力的可控、可信、可扩展的网络化物理设备系统，它通过计算进程与物理进程相互影响的反馈循环实现深度融合和实时交互来增加或扩展新的功能，以安全、可靠、高效和实时的方式检测或者控制一个物理实体[11]。

CPS 支撑信息化和工业化的深度融合，通过集成先进的感知、计算、通信、控制等信息技术和自动控制技术，构建了物理空间与信息空间中人、机、物、环境、信息等要素相互映射、适时交互、高效协同的复杂系统，实现了系统内资源配置和运行的按需响应、快速迭代和动态优化[12]。CPS 的实现具有层次性，可分为单元级、系统级、系统之系统级三个层次，由感知和自动控制、工业软件、工业网络，以及工业云和智能服务平台四大核心技术要素构成。加强 CPS 技术的研究，推动 CPS 技术的应用对制造强国战略的顺利实施和提升我国科技实力具有重大的现实意义。

CPS 通过 3C（Computation，Communication，Control）技术的有机融合与深度协作，实现了计算资源与物理资源的紧密结合及协调。CPS 的基本组成包括传感器、控制执行单元和计算处理单元，如图 1-4 所示。传感器对物理系统信号进行采集，计算处理单元对采集到的数据进行计算分析，控制执行单元根据计算结果对物理系统施加控制作用，通信网络起到数据传输的作用。

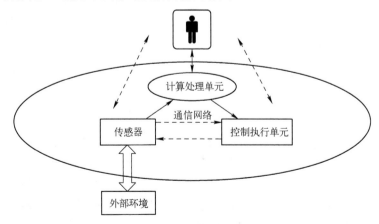

图 1-4　CPS 基本组成

② CPS 基本特征。

海量运算是 CPS 接入设备的普遍特征，因此，接入设备通常具有强大的计算能力。从计算性能的角度出发，如果把一些高端的 CPS 应用比作胖客户机／服务器架构，那么物联网则可视为瘦客户机／服务器，因为物联网中的物品不具备控制和自治能力，通信也大都发生在物品与服务器之间，因此物品之间无法进行协同。从这个角度来看，物联网可以被看作 CPS 的一种简约应用，或者说，CPS 让物联网的定义和概念明晰起来。物联网主要依托网络中的节点进行通信，人并没有介入其中。感知在 CPS 中十分重要。物理空间内感知对象的状态信息必须首先由各类型传感器进行采集，才能完成由物理空间到信息空间的信息流动过程。

CPS 把计算与通信深深地嵌入实物过程，使之与实物过程密切互动，从而给实物系统添加新的能力。这种 CPS 小如心脏起搏器，大如国家电网，具有巨大的经济影响力，如家居、交通控制、安全、高级汽车、过程控制。CPS 为未来生活带来的潜在价值无法估计。

（2）CPS 属性

CPS 是物理过程和计算过程的集成系统，人类通过 CPS 包含的数字世界和机械设备与物理世界进行交互，这种交互的主体既包括人类自身，也包括在人的意图指导下的系统。而作用的客体包括真实世界的各方面——自然环境、建筑、机器等，同时也包括人类自身。

CPS 属于分布式异构系统，不仅包含了许多功能不同的子系统，而且允许这些子系统分布在不同的地理范围内。各个子系统之间可以通过有线或无线的通信方式相互协调工作。

CPS 具有自适应性、自主性、高效性、功能性、可靠性、安全性等特点和要求。物理构件和软件构件必须能够在不关机或停机的状态下动态加入系统，同时保证满足系统需求和服务质量。比如一个超市的安防系统，在加入传感器、摄像头、监视器等物理节点或者进行软件升级的过程中，不需要关掉整个系统或者停机就可以动态升级。CPS 应该是一个智能的、具有自主行为的系统，CPS 不仅能够从环境中获取数据，进行数据融合，提取有效信息，还能够根据系统规则通过反馈循环机制实现对物理过程的有效控制。

（3）CPS 与物联网的关系

自然界中各种物理量连续变化，而信息空间中的变量往往都是离散的。若要将物理空间中的物理量的状态信息反映到信息空间中，必须首先通过各种类型的传感器将各种自然界的物理量转变成模拟量，再通过模／数转换将其数字化，从而为信息空间所接收。从这个意义上说，传感器网络也可被视为 CPS 的一部分。

CPS 是计算、通信、控制和物理过程紧密结合的复杂系统，其不同于现有的传感器网络和物联网，具有更加复杂的系统结构。现有的传感器网络一般仅限于对局部地区信息的收集，需要布置大量的传感器节点，感测的数据通过无线多跳的形式传输到网关节点，网关节点对数据进行显示和处理，供专门的用户使用，形成一个封闭的专有网络，主要目的是传输物理环境的信息。

物联网试图打破传感器网络的封闭，通过将所有物体连接到物联网，从而形成一个全球物体互联的网络，实现跨地域的信息感知、传输和共享。从整体来说，物联网是一个庞大的系统，通过采用标准化和技术，将底层的各个专有传感器网络的感知信息进行远距离传输和共享。另外，物联网还可以通过 RFID 技术，存储和标识物体的相关信息，实现"会说话"的物体。

CPS 是物联网的表现形式，物联网包含了万事万物的信息感知和信息传输；而 CPS 更强调反馈与控制过程，突出对物的实时、动态的信息控制与信息服务，CPS 是未来物联网应用的重要技术形态。CPS 与物联网的区别在于，CPS 并不需要实现全球性的互联，而更侧重于某个系统内的实时反馈控制；物体不仅具有感知信息和传输信息的能力，同时具有根据信息进行某种响应的能力；整个系统具有智能处理能力，可以形成闭环，并减少人为参与。CPS 与传感器网络的主要区别是，CPS 不仅实现从物理环境到人的感知，还加入了对信息的智能判决和对环境的反馈控制过程；系统变得更加复杂，并具有一定的智能性，可以减少人为参与。

1.2.2　物联网关键内涵

根据物联网的定义及其层次结构，可将物联网的精髓归纳为有效的感知、广泛的互联互通、深入的智能分析处理、个性化的体验。

"有效"是指在物联网的数据采集过程中，追求的不仅仅是数据的广泛和透明，更强调数据的精准和效用。所以有效的感知是指当需要得到某个物体的数据时，该物体内和物体周围所存在的一切设备，通过任何可以随时随地提取、测量、捕获和传输数据的设备与系统来采集数据，并将采集到的数据传输到网络层。使用必要的数据获取设备，从人的血压、公司财务数据到城市交通状况等任何信息，都可以被精准、快速地获取。网络层得到所需的数据并进行传输和处理，应用层可以立即采取应对措施。

"广泛"描述的是地球上任何地方任何物体的状态，凡是需要感知和能够感知到的物体，都可以将它的数据传输到物联网中的任何节点，以便共享。广泛的互联互通使物联网能够更好地对工业生产、城市管理、人们日常生活的各种场景，从局部或全局的角度分析问题并实时解决问题，使得工作和任务可以通过多方协作以远程的方式完成，从而彻底改变整个世界的运作方式。

"深入"是指深入分析并有效地处理收集到的数据，以应用更加新颖、系统且全面的方法来解决特定问题。这要求使用云计算、边缘计算、人工智能、模糊识别、数据挖掘等理论及多种分析工具、科学模型和功能强大的运算系统来完成海量复杂的数据分析、汇总和计算，以便整合和分析跨地域、跨行业的数据，并将特定的知识应用到特定行业、场景和解决方案中，以更好地支持决策，对物体实施智能化的控制。

　　"个性化"是指物联网软件及终端产品本着"以人为本"的理念，针对用户的身份和需求提供个性化的服务。上网本、智能手机、移动互联网设备（MID）、电子书、电视、车载信息娱乐设备（IVI）等多样化的个人终端，都会考量人的个性化需求，辅助用户随时随地处理各种数据。根据个人兴趣、需求和社交网络打造的无缝的个性化体验，使人们在现实与虚拟的场景中实现自己的目标。

　　总的来说，物联网的精髓就是将"物"和"互联网"全面融合，形成一个网络化、物联化、互联化、自动化、感知化和智慧化的基础设施。通过智能的解决方案，人类就可以以更加精细和动态的方式管理生产和生活，从而达到"智慧"状态[13]。

1.3　物联网的重要意义

　　作为促进国民经济发展的核心产业之一，信息产业的发展已经成为我国经济发展的主要动力。而作为信息产业的新技术，物联网是新一代信息技术的高度集成和综合应用，是我国战略性新兴产业的重要组成部分。物联网技术在工业、医疗、交通、金融以及安防等领域都逐渐得到规模化验证和应用。与此同时，智能家居、智慧城市、车联网、工业物联网正发展成为物联网产业的四大主流市场。物联网的发展对进一步提高我国经济社会的信息化水平，加快其他相关产业的发展，推动社会生产和生活方式的转变，提升我国自主发展能力和国际竞争力，促进经济社会可持续发展将起到重要作用[14]。

1.3.1　社会意义

　　回顾人类近百年的发展历史，经历了三次科技革命。每次科技革命都是人类发展的一个里程碑，让人类生活方式发生了翻天覆地的变化，对整个社会的发展起到了巨大的推动作用。第一次科技革命以蒸汽机、内燃机的出现为标志，人类实现了由手工业向机器大生产的转变；第二次科技革命是以电灯、电动机的出现为标志的电力科技革命，为人类社会输入了新能源；第三次科技革命就是以电子信息技术为代表的科技革命，现在电子信息技术已经渗透到人们生活的各个方面，人类已进入信息社会，知识经济时代的到来，极大地提高了劳动生产率，促进了生产的迅速发展，产生了一大批新型工业，第三产业迅速发展起来，推动了社会生活现代化，出现了经济全球化趋势。

　　随着"互联网+""工业4.0""制造强国战略"等概念风生水起，物联网已经从"概念阶段"跨步到了"稳步落地"，并且其行业应用也愈发凸显，呈现出从琐碎化到系统整体化的发展趋势。物联网时代的到来将给人类社会带来翻天覆地的变化，任何事物可以在任何时间、任何地点互联，实现智能互动，对人类的健康、安全有着不可估量的现实意义和社会意义。

21 世纪是人口老龄化的时代。目前,世界上所有发达国家都已经进入老龄社会,许多发展中国家正在或即将进入老龄社会。中国是世界上老年人口最多的国家,约占全球老年人口总量的五分之一,中国的人口老龄化不仅是中国自身的问题,而且关系到全球人口老龄化的进程,备受世界关注。与此同时,我国还存在着农村和社区医疗信息化建设水平较低、城市与农村医疗资源差距过大等问题。智慧医疗可借助简易实用的家庭医疗传感设备,对被监测人的生理指标进行自测,并将生成的数据通过网络传输到护理人或有关医疗单位。根据用户需求,还可提供视频探视、远程会诊等服务。基于物联网技术的智慧医疗可以满足为老人及偏远地区提供及时、准确、有效的医疗救治服务需求,从而缓解因人口老龄化及城乡医疗水平不平衡带来的社会问题。

当今社会虽然经济多元化发展迅猛、工业化水平不断提高,但长期以经济建设为中心的政策忽略了经济发展中的环境保护问题,导致目前的环境污染问题较为严重。目前对环境监测的能力还比较落后,且城乡环境监测水平差异异常明显。以水、气、声、渣为主,对以土壤、生物、放射源、电磁辐射、环境振动、热污染、光污染等为环境监测对象的监测工作还处于研究阶段,而对有毒、有害、有机污染物等项目的监测尚未普遍开展,并且环境监测手段仍以手工采集为主,监测频次低、时效性差、技术装备能力不足、技术与方法不完备。基于物联网的环保行业应用可完成对自然环境,包括水体、城市污染源等项目的实时、远程监控,采用传感技术、虚拟现实技术等可实现对环境状态及污染源的异常状况的及时预警,并可根据环境保护的要求对环境参数进行深入分析,从而大幅提高环境保护的整体水平。

经济社会的不断发展对电网的电力供应能力的要求越来越高,这必然会大量地消耗本就非常匮乏的自然资源,给环境保护带来了巨大的压力。基于物联网的智能电网系统以现有的电网系统为平台,融合了先进的传感技术、测量技术、通信技术、计算机技术和智能控制技术,旨在实现电网的信息化、数字化、自动化与互动化。目前国内的智能电网系统可实现智能抄表、电力终端智能监控、卡表一站式服务、电力资产管理等功能,极大地提高了能源利用率,有利于风能、光能等新能源的开发,保护环境,将改变能源消费方式,加快建设以电能为主导的能源结构,减少化石能源的消耗。

智慧城市已成为物联网应用的主要阵地。当今世界,一半以上的人口生活在城市,目前城市化已经成为全球最显著的经济特征之一,而不断衍生出的"城市病",如交通拥堵、能源短缺、环境污染等也进一步催化了智慧城市概念的产生。智慧城市是数字城市的延续和提升,是人类为了解决一系列城市问题提出的一条可行之路。2014 年,八部委联合印发的《关于促进智慧城市健康发展的指导意见》提出,智慧城市是运用物联网、云计算、大数据、空间地理信息集成等新一代信息技术,促进城市规划、建设、管理和服务智慧化的新理念和新模式。智慧城市是工业化、城镇化、信息化在特定历史时刻交汇的产物，也是调整经济结构的必然要求[15]。

作为最基本的社会经济活动之一，物流是整个供应链流程的一个环节，是为了满足消费者对商品、服务及相关信息从其出产地到消费地的高效率、高效益的双向流动与存储而进行的计划、实施与控制的过程。商品经济的发展必须有强大的与之相适应的物流系统为后盾，才能持续发展壮大。物流行业为最早引入物联网技术的应用领域之一，目前已建立较为现代化的物流信息平台、智能物流管理系统、移动物流支付平台及仓储货物物流、防伪、溯源管理系统等，为加速传统物流向智能物流转变，推动产业结构升级，便利人们日常生活，改变人们生活方式产生了深远影响。

在移动互联网的发展态势之下，5G 技术和物联网势必紧密融合，由于物联网的覆盖范围非常广泛，用户不再需要去单独地建设小规模的局域网络，物联网的应用将获得非常大的便利，在大幅度地降低建网成本的同时，更加成熟的网络体验服务和营销模式将获得长足的发展。

"十三五"规划明确提出，实施"互联网+"行动计划，发展物联网技术和应用，发展分享经济，促进互联网和经济社会融合发展，加快物联网产业发展，是国家的重大战略部署，是实现信息化与工业化、信息化与城市发展融合的重要途径，对推动落实国家"一带一路"倡议和"自贸试验区"战略具有现实和深远的意义。据测算，随着以智能服务为核心的智能交通、智能电网、智慧医疗、智能家居、智能工业等物联网重点应用的局部展开，到 2021 年，我国物联网市场规模将居世界首位，物联网产业的发展对加快转变我国经济发展方式、建设智慧城市，推动产业结构战略性调整，增强我国自我创新能力、提升社会和公共服务能力具有重要的意义。

1.3.2　经济意义

产业和经济发展的需求是物联网发展更大的一种拉动力。一种技术难度有限、社会需求强烈的产物，快速发展是必然的。2017 年我国物联网全年市场突破 1 万亿元人民币，同比增长 25%。目前我国国内物联网设备连接数已超过 16 亿台，预计 2020 年年底将超过 70 亿台，市场规模有望达到 2.5 万亿元。同时，我国移动互联网网民数量已经超过 10 亿人，这为物联网的发展提供了巨大的市场机遇，也表明我国物联网发展潜力巨大。

物联网一方面可以提高经济效益，大大节约成本，从而为全球经济的复苏提供技术动力；另一方面又可助力经济结构调整和产业升级。目前，物联网在我国政府的大力支持下，从国家层面到地方政府层面，都相继出台了许多有利于物联网技术发展的政策和措施。由于我国是社会主义国家，更能充分地利用政策优势来协调各方资源，保障物联网技术和产业的快速发展。

由于物联网技术具有特殊的经济特征，其对经济发展必然产生深刻的影响，所表现出的物联网技术的经济意义如下所述。

① 促进竞争战略转换，扩大竞争优势。

物联网产品的价值不再仅仅基于产品本身，而是逐渐外延至整个产品网络。因而，消费者对产品的效用评价函数也不再是产品本身的函数，消费者选择的不再仅仅是一个产品，而是一个网络。对此，厂商的短期决策都应把达到长期的均衡放在优先考虑的地位，考虑如何通过对基础的投入来达到临界容量，引起正反馈，最终达到网络均衡。因此，厂商所应做的不是去制造一个产品，而是建立一个网络。网络的发起者或建立者应更加注重从网络整体利益的角度出发来配置网络内部资源，从而提高整个网络的竞争力，利用网络外部性在市场上达到自己的最大利益。

② 消除沟通障碍，提高信息服务效率。

物联网能够将整个社会经济过程的各个环节的信息传递与信息反馈即时连接起来，促使人与物之间的信息传递关系由人到物的单向关联发展为人与物的双向信息沟通，克服了传统的信息收集存在的实时性和准确性较差的问题。物联网技术可以简化市场交易过程，极大地突破了现实世界的时空限制，进而降低了时空成本。物联网信息平台增强了信息的共享程度，能有效克服市场中的信息不完全和不对称，改善交流的效率。

③ 拉动传统产业升级，有利于产业结构优化。

物联网技术与应用的发展，促使物联网产业与传统产业不断融合，同时又催生出新的商务模式和服务业态，拉动传统产业改造升级。产业结构优化的实质是产业资金的分配与人员所占比例的调整，实现资源在宏观经济范围内的优化配置。物联网的产业链涉及多个行业多个部门，其应用将会在这些范围内调整各项资源的配置，同时还促进产业之间的资源分配，使其达到优化配置，进而实现产业结构的优化。物联网的技术创新对产业结构优化也起到作用，主要表现为物联网技术创新通过对需求结构、供给结构和贸易结构等的改变来促进产业结构的调整，最终使产业结构趋于高度化或高度化与合理化。

物联网的实质是生产过程、信息传输过程的技术化、信息化，它所体现的经济特征则是网络外部性、规模经济性、创新性及服务性，它对经济社会各个方面有着深远的影响。发展物联网，必须将政策、创新、应用极大地结合起来，推动和促进物联网健康、协调发展。

1.4　物联网系统架构

物联网是以感知为目的的物物互联系统，涉及众多技术领域和应用领域，为了梳理物联网的系统结构、关键技术和应用特点，促进物联网产业健康稳定地发展，需要建立统一的系统结构和标准的技术体系。随着物联网技术的发展、融合以及应用需求的不断演变，物联网的内涵也在不断丰富，需要建立一种科学的物联网体系结构，引导和规划物联网标准的统一制定。

目前，主流的物联网系统架构可以分为三层：感知层、网络层和应用层。底层的感知层用于感知数据，中间层的网络层负责数据传输，最上层的应用层面向客户需求。

1.4.1　物联网系统组成

物联网是一个非常庞大、复杂的综合信息系统，其对物理环境的信息感知、信息传输与处理都只是整个信息系统中的一个环节，忽视了任何一个环节都是对物联网本质的曲解。因此，了解物联网的整体运作过程，对物联网的理论模型有一个全面的认识至关重要。

物联网系统架构如图 1-5 所示，从该图中可知，物联网终端节点可直接与物联网相连，也可通过延伸网经过接入网关接入网络层。网络层是物联网的网络核心，其中主要的通信网络包括互联网、电信通信网、有线电视网与卫星通信网。多网络相互融合，构建了物联网的网络通信设施，实现物联网的数据传输。物联网应用支撑平台为上层应用提供技术支撑，它包括云计算与高性能计算技术、智能信息处理技术、数据库与数据挖掘技术、地理信息系统与定位技术和微电子与通信技术。应用层直接支持物联网应用系统运行，它包括信息共享交互平台、数据存储以及相关的应用系统。

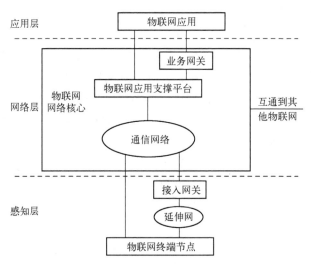

图 1-5　物联网系统架构

未来社会对于智能化、多样化、个性化的应用与服务需求是物联网诞生的根源。物联网海量的数据信息在汇聚到应用业务平台后，可根据具体的业务需求，对原始数据进行相应的数学建模存储、数据更新、查询及智能分析，以更好地向用户反映网络内各元素运行态势，辅助用户完成决策工作。因此，物联网相关技术才能在医疗、环保、交通、电力、物流等领域得到如此广泛的应用。

1.4.2　物联网体系架构

根据信息处理的三个关键环节，物联网在逻辑功能上可以划分为三层：感知层、网络层和应用层。感知层，即泛在末端感知网络，由大量的传感器、RFID 等智能感知节点组成，其主要任务是信息感知；网络层，即融合化的通信网络，其主要功能是实现物联网的数据传输；应用层，即应用服务支撑体系，其主要功能是实现物联网的数据处理与应用。物联网三层体系架构模型及总体架构如图 1-6 所示。

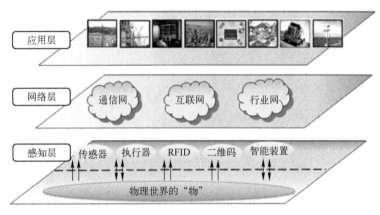

图 1-6　物联网三层体系架构模型及总体架构

感知层是物联网三层体系架构当中最基础的一层，也是最为核心的一层，感知层的作用是通过传感器对物质属性、行为态势、环境状态等各类数据进行大规模的、分布式的获取与状态辨识，然后采用协同处理的方式，针对具体的感知任务对多种感知到的数据进行在线计算与控制并做出反馈，是一个万物交互的过程。感知层是实现物联网全面感知的核心层，主要完成数据采集、传输、加工及转换等工作。感知层主要由传感网及各种传感器构成，传感网主要包括以 NB-IoT 和 LoRa 等为代表的低功耗广域网（LPWAN），以及 RFID 标签、传感器和二维码等。

网络层作为整个体系架构的中枢起承上启下的作用，解决感知层在一定范围、一定时间内所获得的数据传输问题，通常以解决长距离传输问题为主。这些数据可以通过企业内部网、通信网、互联网、各类专用通用网、小型局域网等网络进行传输交换。网络层关键通信技术主要包括有线、无线通信技术及网络技术等，目前，5G 技术已成为物联网技术的一大核心。

应用层位于三层架构的顶层，主要解决信息处理、人机交互等相关的问题，通过对数据的分析处理，为用户提供丰富、特定的服务。本层的主要功能包括两方面内容：数据与应用。首先应用层需要完成数据的管理和数据的处理；其次要发挥这些数据价值还必须与应用相结合。例如，在电力行业中的智能电网远程抄表，可以将部署在用户家中的智能电表看作感知层中的传感器，这些传感器在收集到用户用电数据后，经过网络发送并汇总到相应应用系统的处理器中，该处理器将完成对用户用电数据的分析及处理，并自动采集相关数据[16]。

1.5　本章小结

物联网作为一个新生事物，其内涵在不断丰富和发展。本章以传感器网络、RFID 技术和移动通信系统为主线，系统地阐述了物联网相关概念及早期的雏形应用，深入辨析了物联网、传感器网络、泛在网之间的联系与区别，从而得出了物联网的关键内涵；从宏观上深入剖析了物联网的社会及经济意义，概括了物联网的系统架构。

第2章 物联网感知技术

物联网是一次技术革命，代表着未来计算机和通信的走向，其发展依赖于诸多领域内活跃的技术创新。物联网感知是物联网最基础的前端工作，在数据采集的基础上，物联网才能进一步地传输数据、处理数据。物联网感知的最关键技术就是传感器技术和识别技术，其中传感器是指感受规定被测量的各种量并按一定规律将其转换为有用信号的器件或装置，识别技术是指负责感知和获取物体的各种特征数据并对物体进行标识的前端技术。本章将详细地介绍物联网感知技术。

2.1 标 识 技 术

随着信息技术和物联网的快速发展，传统工业生产领域也越来越多地应用这种现代技术，不断提升企业的生产能力、销售能力及产品质量，提升企业的市场竞争力。越来越多的企业开始尝试将物联网技术与自动识别技术结合起来，基于物联网体系架构建立自动识别体系与平台，在提升企业生产的现代化和信息化水平的同时，对物联网技术的广泛应用具有借鉴意义和启示作用[17]。

自动识别技术是以计算机技术、通信技术、互联网技术和光电技术为基础的综合性技术，它实现了数据自动识别、自动采集并且自动输入计算机中进行处理。

自动识别技术在20世纪70年代初步形成规模，在近50年的发展中，逐步形成了一门包括条形码技术、磁卡（条）技术、智能卡技术、射频技术、光学字符识别技术、生物特征识别技术和系统集成在内的高技术学科。图2-1展示了数据采集方式的发展过程。数据采集技术的发展加速了自动识别技术的成熟，物联网建设离不开自动数据获取和感知技术，它是物联网"物"与"网"连接的基本手段，是物联网建设非常关键的环节。因此，物联网建设需要IC卡、射频识别、条形码、NFC等自动识别技术。

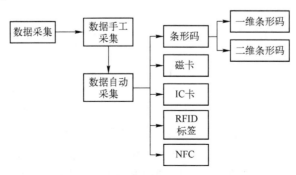

图 2-1 数据采集方式的发展过程

一般来讲，信息系统中的数据识别完成了系统的原始数据的采集工作，解决了人工数据输入的速度慢、误码率高、劳动强度大、工作简单重复性高等问题，为计算机数据处理提供了快速、准确地进行数据采集输入的有效手段，因此，自动识别技术是一种革命性的高新技术。自动识别系统通过中间件或者接口（包括软件和硬件）将数据传输给后台计算机处理，由计算机对所采集到的数据进行处理或者加工，最终形成对人们有用的信息。在有些场合，中间件本身就具有数据处理功能。中间件还可以支持单一系统采用不同协议的产品的工作。

物联网中的自动识别计算机管理系统包括自动识别系统（Auto Identification System，AIDS）、应用程序接口（APplication Interface，API）或者中间件（Middleware）和应用软件（Application Software）。也就是说，自动识别系统完成系统的采集和存储工作，应用软件对自动识别系统所采集的数据进行应用处理，而应用程序接口则自动提供自动识别系统和应用软件之间的通信接口（包括数据格式），将自动识别系统采集的数据转换成应用软件可以识别和利用的数据并进行传输。

目前，按照应用领域和具体特征的分类标准，自动识别技术可以分为条形码技术（Bar Code）、生物特征识别技术（Biometric Identification Technology）、图像识别技术、磁卡识别技术、IC 卡识别技术、光学字符识别技术（Optical Character Recognition，OCR）、射频识别（Radio Frequency Identification，RFID）技术。下面对自动识别技术中的 IC 卡技术、条形码技术、RFID 技术和 NFC 技术进行介绍。

2.1.1　IC 卡技术

1. IC 卡技术概述

IC 卡（Integrated Circuit Card）：将一个专用的集成电路芯片镶嵌于塑料基片中，封装成卡的形式，又称集成电路卡或智能卡。IC 卡芯片具有写入数据和存储数据的能力，IC 卡存储器中的内容根据需要可以有条件地供外部读取，供内部数据处理和判定之用。

IC 卡作为一种方便快捷的工具在各领域被广泛应用，通常接触到的有电话 IC 卡、购电（气）卡、手机 SIM 卡、牡丹交通卡，以及即将大面积推广的智能水表卡和智能气表卡等，图 2-2 展示了几种典型的 IC 卡。

IC 卡最早出现在 20 世纪 70 年代，半导体技术的突飞猛进使得将数据存储器和逻辑电路集成到一块硅片上成为可能。到 1986 年，法国已有几百万张电话卡在流通。这是第一代的 IC 卡。这些卡片都是接触式存储器卡。当整个处理器也能集成到一块硅片上并安装在一个识别卡内时，才实现了 IC 卡性能的根本改善。由于可以在 IC 卡内运行软件，这对 IC 卡应用领域的拓宽和 IC 卡的普及起到革命性的推动作用，使得 IC 卡在移动通信和金融领域得到了广泛应用。20 世纪 80 年代，无触点的非接触式 IC 卡的研发处于一个大的发展期，20 世纪 90 年代初期，由于 13.56 MHz 载波频率的使用和集成电路功耗的降低，人们成功开发出基于 13.56 MHz

的非接触式 IC 卡系统，应答器只要 4～5 匝线圈就可以成功实现通信，非接触式 IC
卡在交通、门禁和金融等领域得到了广泛应用，在物流和身份识别等众多领域也有
广泛的应用前景[18]。

图 2-2 典型的 IC 卡

IC 卡对信息的存储主要是通过卡中嵌入的电可擦除可编程只读存储器集成电
路芯片（EEPROM）完成的。与传统一般性的磁卡相比较，IC 卡技术的特点可概括
为三点：国际标准化、智能化、安全性[19]。

（1）国际标准化

对于 IC 卡来说，国际标准化的特点是其能够在全球范围内得到较为广泛应用的原
因所在。1987 年国际标准化组织和国际电子技术委员会对接触式 IC 卡的物理特性、触
点尺寸和位置、电信号、传输协议、交换用行业命令、标识符的编号系统、注册过程
等通过国际标准 ISO 7816 进行了明文规定，该规定也是 IC 卡技术能够在我国短时间
内得到普及的原因所在。值得注意的是，ISO 7816 国际标准主要对接触型 IC 卡技术进
行了相关规定，而对非接触型 IC 卡的规定则在国际标准 ISO 10536 中给出。

（2）智能化

IC 卡本身具备灵巧智能化的特点，从国际标准 ISO 10536 与 ISO 7816 中可以
发现，IC 卡的长、宽、高分别为 85.6 mm、54 mm、0.08 mm，这一数据说明 IC 卡
体积较小。此外，由于科学技术的不断发展，IC 卡本身的存储量、智能性在不断提
高，这使得 IC 卡技术具备一卡多用等多种功能，由此可见 IC 卡技术灵巧智能化对
于人们生活的重要性。

（3）安全性

由于 IC 卡技术所使用的芯片在结构与读取方式上存在加密电路，而在这种加
密电路的控制下，IC 卡本身的数据存储区在加密电路得以正确验证后才能够进行读

写操作，这使得 IC 卡技术具备安全性较高的特点。值得注意的是，在我国当下的 IC 卡应用中，IC 卡的密码核对次数往往有着明确限制，这种限制使得 IC 卡在数次密码核对错误后会自动将卡锁死，这种机制更进一步提高了 IC 卡技术的安全性，使得 IC 卡技术能够更好地为我国民众提供服务。

2. IC 卡的分类

按照不同的分类方法，IC 卡可以有不同的种类。IC 卡技术常见的分类方法有以下三种。

① 按照 IC 卡与读卡器的通信方式，可将 IC 卡分为接触式 IC 卡和非接触式 IC 卡两种。接触式 IC 卡通过卡片表面 8 个金属触点与读卡器进行物理连接来完成数据交换。非接触式 IC 卡通过无线通信方式与读卡器进行通信，通信时非接触 IC 卡不需要与读卡器直接进行物理连接。

② 按照是否带有微处理器，IC 卡可分为存储卡和智能卡两种。存储卡仅包含存储芯片而无微处理器，一般的电话 IC 卡即属于此类。将指甲盖大小的带有存储和微处理器芯片的大规模集成电路嵌入到塑料基片中，就制成了智能卡。银行的 IC 卡通常是智能卡。智能卡也被称为 CPU（中央处理器）卡，它具有数据读写和处理功能，因而具有安全性高、可以离线操作等突出优点。所谓离线操作是与联机操作相对而言的，它可以在不联网的终端设备上使用。离线操作不仅大大减少了通信时间，也能够在移动收费点 （如公共交通）或通信不顺畅的场所使用。

③ 按照应用领域来划分，IC 卡可以分为金融卡和非金融卡两种。金融卡又分为信用卡和现金储值卡；非金融卡是指应用于医疗、通信、交通等非金融领域的 IC 卡。

接触式 IC 卡是一种技术发展相对成熟的信息工具，它是将一个微电子芯片嵌入到卡片中，使用时通过金属触点将内部的集成电路与外部的应用设备进行通信连接并完成数据交换。接触式 IC 卡的优势是：存储容量大，抗干扰能力强，相对于射频或生物安全方式具有更高的安全性，当被非法存取时可自毁。同时，其对网络要求不高，日常使用可靠性高。

非接触式 IC 卡又称射频卡、感应卡，将无线识别技术和 IC 技术结合在一起。在卡片内藏有微小的集成电路芯片和线圈。对应的卡表或读卡器内有一套电路，如一部可发射和接收无线信号的微型电台。当射频卡工作时，先在很短时间内，由卡表发射的电磁波在射频卡内通过电磁感应形成一个低压电源，射频卡同样变成一部微型电台，与卡表高速地进行一系列复杂的数据交换，数据可在瞬间完成交换。射频卡是通过射频信号来传输数据的，其寿命主要取决于芯片的寿命。

非接触 IC 卡系统一般由两部分组成：卡（应答器）和读卡机（阅读器）。一台典型的读卡机包含高频模块（发送器和接收器）、控制单元以及与应答器通信的耦合元件。此外，许多读卡机还设有附加的接口（RS-232，RS-485 等），以便将所获得的数据进一步传输给另外的系统（个人计算机、控制装置等）[20]。非接触式 IC 卡适合用于使用量巨大、小金额的消费，系统维护简便，可以减小人为破坏，质量轻、体积小，可靠性好，可以有多种多样的数据载体，可以应付各种环境，读写更加方便。

3. IC 卡技术的应用

IC 卡技术是集通信、软件、网络、卡片读写 I/O 设备等诸多技术于一体的综合性技术。鉴于其技术优势，IC 卡技术目前发展十分迅猛，应用非常广泛[21]。

（1）IC 卡技术在农业灌溉中的应用

通过采用接触型 IC 卡技术，IC 卡技术在农业灌溉中得到了较好的应用。为了较好保证这一应用的有效性，需要考虑 IC 卡技术的系统构成，可将其分为读出写入管理单元、控制单元和执行单元三部分。IC 卡的读出写入管理单元主要负责充值与用水量的记录；控制单元主要负责控制盒功能的显示、功能键操控、控制数据读写与数据输出；执行单元主要由功率放大和电动阀门两部分组成，其中电动阀门直接控制灌溉时间。

将 IC 卡技术应用在农田灌溉中的分户计量计算中，能够解决水泵频繁启动、灌溉效率低下、设备成本高、用水管理困难等问题。用户通过 IC 卡可自行选择灌溉时间、灌溉水量和灌溉区域，使用方式灵活，而且 IC 卡的付费方式是先交钱后使用，有利于用水管理。此外，由于 IC 卡技术在农田灌溉中的分户计量中能够较好地通过阀门控制灌溉的输水量，因此，该种灌溉方式能够较好地节约水资源，用电效率也能够因此得到提升。

（2）IC 卡技术在门禁管理中的应用

对于当下很多校园与小区来说，IC 卡技术在其中有着较为广泛的应用，门禁管理就是这一应用的重点领域，但在很多校园门禁管理的 IC 卡技术应用中，由于持卡基数较大、门禁数据变化频繁等特点，在业务处理流程、数据权限、数据修改等方面存在问题，需要结合 IC 卡技术自身的特点解决这些问题。在具体的校园门禁管理系统设计前，首先需要明晰这一系统将要使用的 IC 卡种类，在此情况下最好使用非接触型 IC 卡技术并采用 Mifare 1 技术标准。这类 IC 卡本身属于智能卡，其采用的 DES/TAC 加密机制能够较好地满足校园门禁管理系统需求，由于这类 IC 卡技术已在我国普及，这就使得校园门禁管理系统的建立能够得到较好的技术支持。

2.1.2　条形码技术

1. 条形码技术概述

条形码是由一组规则排列的条、空以及对应的字符组成的标记。条指对光线反射率较低的部分，空指对光线反射率较高的部分，这些条和空组成的图案表达了一定信息，能够用特定的设备识读并转换成与计算机兼容的二进制和十进制信息。常见的条形码如图 2-3 所示。

图 2-3　常见的条形码

条形码是迄今为止最经济、实用的自动识别技术，其广泛应用源于如下几个优点[22]：

① 可靠准确。键盘输入数据的出错率约为三百分之一，利用光学字符识别技术的出错率约为万分之一，而采用条形码技术的出错率低于百万分之一。

② 数据输入速度快。条形码输入的速度大约是键盘输入的 5 倍，并能实现"即时输入"。

③ 经济便宜。与其他自动识别技术相比较，推广应用条形码技术，所需费用较低。

④ 灵活实用。条形码符号作为一种识别手段，既可单独使用，也可和有关设备组成识别系统实现自动识别，还可和其他控制设备联合起来实现整个系统的自动化管理。同时，在没有自动识别设备时，也可实现手工键盘输入。

⑤ 自由度大。识别装置与条形码相对位置的自由度要比光学字符识别大得多。条形码通常只在一维方向（水平方向）上表达信息，同一条形码上所表示的信息完全相同并且连续，即使条形码垂直方向上有部分欠缺，仍可以获取正确的信息。

⑥ 设备简单。条形码识别设备结构简单，操作容易，无须专门训练。

⑦ 易于制作。条形码被称为"可印刷的计算机语言"，条形码标签易于制作，对印刷技术设备和材料无特殊要求，设备也相对便宜。

2. 条形码技术分类

随着条形码技术的发展，现已逐渐渗透到各个技术领域，根据不同应用的需要，条形码的种类也越来越多。条形码主要分为两个大类：一维条形码和二维条形码。

（1）一维条形码

一维条形码简称一维码，只在一维方向（一般是水平方向）表达信息，而在垂直方向不表达任何信息。它的优点是编码规则简单，条形码识别装置造价较低。但是它的缺点是数据容量较小，一般只能包含字母和数字，条形码尺寸相对较大，空间利用率较低，条形码一旦出现损坏将被拒读。多数一维码所能表示的字符集不过是 10 个数字、26 个英文字母及一些特殊字符，条形码字符集最大所能表示的字符个数是 128 个 ASCⅡ码字符。

一维码使用频率最高的几种码制是 EAN 码、UPC 码、39 码、交叉 25 码和 EAN128 码，其中 UPC 码主要用于北美地区，EAN 码属于国际通用符号体系，是一种定长、无含义的条形码，主要用于商品标识。常见的几种一维码如图 2-4 所示。

EPC码   EAN码   39码

图 2-4 常见的几种一维码

一维码广泛地应用于仓储、邮电、运输、商业盘点等许多领域。应用最广泛、最为人们熟悉的还是通用商品流通销售领域的 PoS（Point of Sale）系统，也称为销售终端或扫描系统。北美、欧洲各国和日本普遍采用 PoS 系统，其普及率已达 95%以上。条形码技术在电子政务公文流转领域的应用始于远光软件股份有限公司在 1999 年研发的公文流转智能管理系统，该系统应用在我国最大的机要文件交换机构——国务院办公厅中央国家机关机要文件交换站中，这是全国第一个将条形码自动识别技术应用于公文流转领域的信息管理系统。

（2）二维条形码

二维条形码简称二维码，是在二维空间，即在水平和垂直方向上存储信息的条形码，其主要优点是信息容量大、译码可靠性高、纠错能力强、制作成本低、保密性与防伪性能好。从结构上讲，二维码分为两类，一类由矩阵代码和点码组成，其数据是以二维空间的形态编码的；另一类是重叠的或多行条形码符号，其数据以成串的数据行显示。重叠的符号标记法有 Code49 码、Code16K 码、Pdf417 码。常见的二维码如图 2-5 所示。

Code49码   Code16K码   Pdf417码

图 2-5 常见的二维码

由于条形码技术具有输入速度快、准确度高、成本低、可靠性强等优点，因此在各行业中得到了广泛应用。但随着应用领域的不断扩展，传统的一维码逐渐表现出了它的局限性，首先，使用一维码，必须通过连接数据库的方式提取信息才能明确条形码所表达的信息含义，因此在没有数据库或者不便联网的地方，一维码的使用就受到了限制；其次，一维码表达的只能为字母和数字，而不能表达汉字和图像，在一些需要应用汉字的场合，一维码便不能很好地满足要求；另外，在某些场合下，大信息容量的一维码通常受到标签尺寸的限制，也给产品的包装和印刷带来了不便。

二维码的诞生解决了一维码不能解决的问题，它能够在水平和垂直两个方向同时表达信息，不仅能在很小的面积内表达大量的信息，而且能够表达汉字和存储图像。二维码的出现拓展了条形码的应用领域，因此被许多不同的行业所采用。

条形码数据的采集是通过固定的或手持式的扫描器完成的。常见的扫描器有三种类型：光扫描器、光电转换器、激光扫描器。常见的扫描器如图 2-6 所示。光扫描器采用最原始的扫描方式，它需要手工移动光笔，且还要与条形码图形区域接触。光电转换器是以 LED 作为发光源的扫描器，在一定范围内，可以实现自动扫描，并且可以阅读各种材料、不平表面上的条形码，成本也较为低廉。激光扫描器是以激光作为发光源，多用于手持式扫描器，范围远，准确性高。但是，无论哪种类型的条形码扫描器，都只适用于近距离、静态、小数据量的商业物品销售与仓库的物资管理、医院管理、身份证查验等应用，动态、快速、大数据量以及有一定距离要求的大型物流信息系统的数据采集需要采用基于无线技术的射频标签。

图 2-6　常见的扫描器

3. 条形码技术应用

由于标准的完善、技术的进步，条形码技术已经广泛应用到超市、仓储、物流、医院等社会生活的各个方面。

（1）条形码技术在仓库管理中的应用

条形码仓库管理是条形码技术广泛应用和比较成熟的传统领域，不仅适用于商业商品库存管理，同样适用于工厂产品和原料库存管理。只有实现了仓库管理（盘存）电子化，才能使产品、原料信息资源得到充分利用。仓库管理是动态变化的，通过建立仓库管理（盘存）电子化系统，管理者可以随时了解每种产品或原料当前在货架上和仓库中的数量及其动态变化，并且可以定量地分析各种产品或原料库存、销售、生产情况等数据。通过该系统，管理者可及时进货或减少进货、调整生产，保持最优库存量，改善库存结构，加速资金周转，实现产品和原料的全面控制和管理，更新管理方式。

实施条形码仓库管理（盘存）电子化的特点是数据处理实时化。数据采集系统采用条形码自动识别技术作为数据输入手段，在进行每一次产品或原料操作（如到货清点、入库、盘点）的同时，系统会自动对相关数据进行处理，并为下一次操作（如财务管理、出库）做好数据准备，可实现无停顿运行。

（2）条形码技术在电力物资管理中的应用

一般而言，电力物资管理包含两方面的应用业务：现场收发应用业务与仓库移动作业应用业务。其中，仓库移动作业应用业务有 IM（库存管理）、WM（仓库管理）项目，项目的复杂程度较高，种类特殊。如果单纯依靠人工采集项目数据，再将数据通过手工操作录入指定的项目系统，在录入过程中经常会发生项目数据采集不及时、数据更新慢而导致数据的时效性不高的状况。

针对这一状况的发生，条形码技术很好地解决了这一难题，通过扫码的新形式，电力物资管理的进程更加智能化，管理的程序更富有条理。从电力物资的验收、入库、仓储、调用、移库、备货、运输、送达、盘点这一系列的管理程序上看，比以往人工录入管理数据的进程要更为规范，极大地提升了电力物资管理的实际效率，方便项目物流的实时跟踪[23]。与此同时，还可以让电力物资管理各个环节供应链的信息流有条不紊地运行起来，进一步保障电网系统运行的稳定、高效、快速。

（3）条形码技术在档案管理中的应用

目前的档案信息化建设已经完成了目录级的档案信息管理，但目录数据还只是孤立在网络系统中，其与档案实物的联系还需要通过人眼观察和核实来完成，在涉及档案的存取、查／借阅、复制等工作环节，依然要通过手工方式填写相应的表单，在档案系统操作中也需要通过手工检索到已查／借阅的档案再做查／借阅记录。这种方式不仅效率低下，当涉及的档案数量很大而事情紧急时还有可能误事。这种低效的手续履行方式与快节奏的时代潮流严重不符，迫切需要新技术加以改进，条形码技术以其特殊的优越性成为提高档案工作效率的新主角。

在档案或档案盒上粘贴条形码，再用扫码器识别条形码，通过档案系统自动获取该档案或盒内档案的详细信息[24]，这是条形码在档案管理中应用的基础。在此基础上，条形码技术不仅可以优化档案查／借阅等工作流程，也可以改进档案库管理，提高效率。

（4）条形码技术在物流配送作业中的应用

随着条形码技术的完善，其在物流配送作业中的应用也越来越普及，尤其是在收货业务、提货业务、摆摊、仓储、配货、补货等方面发挥着不可取代的作用，可以说条形码几乎可以应用在物流配送作业流程的各个环节。

物流环节成本控制可以有效降低物流运输作业成本，提高企业效益。条形码技术作为一种便捷、先进、成熟的扫描手段，将其应用于物流运输作业中，不仅能够降低物流运输成本，在提高物流运输作业现代化水平，促进物流运输行业可持续发展过程中发挥着不可取代的作用。条形码技术实现了数据的采集、分类、存储、分析一体化管理，能够以最快的速度解决问题，而且可以以简便的方式获取最大的信息量，全面推动物流运输行业的进步与发展。

（5）条形码技术在病案管理中的应用

为了在提高病案数据录入准确率的同时，大幅降低病案管理人员的工作强度，使医院病案管理领域的工作效率得以提升，医院与时俱进地引入了条形码自动识别技术。相对传统的手工操作方式而言，该项技术的应用优势是：其一，能够实现高质量且快速的数据打印；其二，借助扫描装置能够迅速且准确地完成条形码识别。因此，在复杂的病案管理业务环节中应用条形码自动识别技术，不仅大大提升了病案数据的采集与处理速度，而且数据的准确率也得到了大幅提高，为医院管理者实时、精准地掌握病案数据提供了可能，有利于医院管理水平的提升[25]。

2.1.3 RFID 技术

1. RFID 技术概述

射频识别（Radio Frequency Identification，RFID）技术是一种利用射频通信实现的非接触式自动识别技术。RFID 技术可通过射频信号自动识别目标对象并获取相关数据，识别过程无须人工干预，可应用在各种恶劣环境中。RFID 技术可识别高速运动物体并可同时识别多个标签，操作快捷方便。RFID 技术与互联网、通信等技术相结合，可实现全球范围内物品跟踪与信息共享。

RFID 技术是易于操控、简单实用且特别适合用于自动化控制的、具有高度灵活性的应用技术，识别过程无须人工干预，它既可支持只读工作模式，也可支持读写工作模式，且无须接触或瞄准；可应用在各种恶劣环境下：短距离射频产品可用于油渍、灰尘污染等恶劣的环境中，可以替代条形码，如用在工厂的流水线上跟踪物体；长距离射频产品多用于交通领域，识别距离可达几十米，如自动收费或识别车辆身份等。无线射频识别技术的特点如下所述。

① 快速扫描：RFID 辨识器（读写器）可同时辨识读取数个 RFID 标签。

② 体积小型化、形状多样化：RFID 标签在读取上不受尺寸大小与形状限制，无须为了读取精确度而配合纸张的固定尺寸和印刷品质。此外，RFID 标签更可往小型化与多样化形态发展，以应用于不同产品。

③ 抗污染能力强，具有耐久性：传统条形码的载体（如纸张）容易受到污染，但 RFID 标签对水、油和化学药品等物质具有很强抵抗性。此外，由于条形码附于

塑料袋或外包装纸箱上，所以特别容易受到折损；RFID 标签将数据存在芯片中，因此可以免受污损。

④ 可重复使用：条形码印刷上去之后就无法更改，RFID 标签则可以重复地新增、修改、删除 RFID 卷标内存储的数据，方便数据的更新。

⑤ 具有穿透性并可无屏障阅读：在被覆盖的情况下，RFID 技术能够穿透纸张、木材和塑料等非金属或非透明的材质进行穿透性通信。条形码扫描器必须在近距离而且没有物体阻挡的情况下，才可以辨读条形码。

⑥ 数据的记忆容量大：一维码的容量为 50 字节，二维码的容量为 2 至 3000 字符，RFID 标签的容量为数兆字节，随着记忆载体的发展，记忆容量有不断扩大的趋势。未来物品所需携带的数据量会越来越大，对卷标所能扩充容量的需求也相应增加。

⑦ 安全性：由于 RFID 标签承载的是电子信息，通过密码保护，可使其内容不易被伪造和变更。

2. RFID 系统架构及 RFID 标签的分类

目前，RFID 技术在工业自动化、物体跟踪、交通运输控制管理、防伪和军事方面已经得到了广泛的应用。射频识别系统因应用不同其组成会有所不同，但基本都是由电子标签、读写器和天线系统三部分组成的。RFID 系统的基本组成如图 2-7 所示。

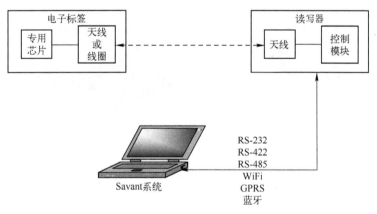

图 2-7　RFID 系统的基本组成

（1）电子标签

电子标签又称 RFID 标签、射频卡或者非接触式 IC 卡，它由耦合元件及芯片组成，且每个电子标签具有全球唯一的标识符（Unique IDentifier，UID）。UID 是在制作芯片时写入 ROM 的，无法修改、无法伪造。无源电子标签示意图如图 2-8 所示。电子标签附着在物体上标识目标对象，一般保存有约定格式的电子数据，在实际应用中，一般附着在待识别物体的表面。根据供电方式，可分有源电子标签和无源电子标签，前者标签内有电池，后者标签内无电池，其能量从读写器产生的电磁场中以电感耦合的方式获得。

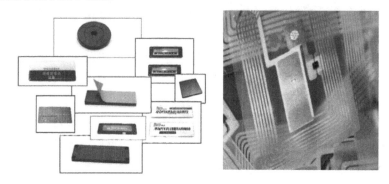

图 2-8　无源电子标签示意图

（2）读写器

读写器是读取（或写入）电子标签数据的设备，可设计为手持式或固定式。RFID 读写器如图 2-9 所示。读写器完成与电子标签的数据交换，并实现与后台计算机的通信。首先从后台计算机接收命令，然后将命令按照 ISO 标准进行编码调制并通过天线发射出去，在读写器工作区域内的电子标签接收到命令后发射响应信息，读写器通过天线接收电子标签的响应信号，进行解调解码后传送给上位机做进一步处理。

图 2-9　RFID 读写器

（3）天线

天线的作用是在电子标签和读写器间传输射频信号，即电子标签的数据。

目前 RFID 技术已经得到了广泛应用，且有国际标准 ISO 10356、ISO 14443、ISO 15693 和 ISO 18000 等几种。这些标准除规定了通信数据帧协议，还着重对工作距离、频率、耦合方式等与天线物理特性相关的技术规格进行了规范。与条形码、IC 卡等同期或者早期的识别技术相比，射频卡具有非接触、工作距离长、适用于恶劣环境、可识别运动目标等优点。条形码、磁卡、IC 卡和电子标签四者之间的性能对比如表 2-1 所示。

表 2-1　条形码、磁卡、IC 卡和电子标签四者之间的性能对比

系统 \ 参数	信息载体	信息量	读写性	读取方式	保密性	智能化	抗干扰能力	寿命	成本
条形码	纸、塑料薄膜、金属表面	小	只读	激光束扫描	差	无	差	较短	最低
磁卡	磁性物质	一般	读 / 写	电磁转换	一般	无	较差	短	低
IC 卡	EEPROM	大	读 / 写	电擦除、写入	好	有	好	长	较高
电子标签	EEPROM	大	读 / 写	无线通信	最好	有	很好	最长	较低

（4）RFID 标签的分类

RFID 标签常见的分类方法有以下五种。

① 根据 RFID 标签的电源供应方式，可分为有源 RFID 标签和无源 RFID 标签。前者使用卡内电池的能量，识别距离较长，但是它的寿命有限（3～10 年），价格也比较昂贵。后者不含电池，它接收到读写器发出的微波信号后，利用电磁波提供的能量，一般可做到免维护、质量轻、体积小、寿命长、低成本，但是它的发射距离受限，一般只有几十厘米。

② 根据 RFID 标签工作频率不同，通常可分为低频（30～300 kHz）、中频（3～30 MHz）和高频（300 MHz～3 GHz）RFID 标签。低频 RFID 标签的特点是内存保存的数据量较少、阅读的距离较短、RFID 标签外形多样、阅读天线方向性不强等。中频 RFID 标签被用于传输大量数据的应用系统。高频 RFID 标签的成本及读写器成本均较高，标签内保存的数据量较大，阅读距离较远，适应物体高速运动，性能好。低频 RFID 标签成本低，保存的数据量比较小，读写距离比较短，一般在 1 m 左右。低频 RFID 标签一般适用于门禁、考勤、电子计费、电子钱包、停车场收费管理、畜牧业与动物管理。RFID 标签的形状一般为卡式，标签内部存储的数据量较大，读写距离一般在 10 m 左右。目前，我国在第二代身份证、北京公交的"一卡通"、广州公交的"羊城通"，以及大多数校园卡和门禁系统中采用的都是中、高频 RFID 标签。

③ 根据 RFID 标签保存信息方式的不同，可分为读写（RW）卡、一次写入多次读出（WORM）卡和只读（RO）卡。RW 卡一般比 WORM 卡和 RO 卡贵得多，如电话卡和信用卡等。

④ 根据 RFID 标签调制方式的不同，还可分为主动式 RFID 标签和被动式 RFID 标签。主动式 RFID 标签用自身的射频能量主动地传输数据给读写器，主要用在有障碍物的应用中，距离较远（可达 30 m）；被动式 RFID 标签使用调制散射方式发射数据，它必须利用阅读器或读写器的载波调制自己的信号，适宜在门禁或交通领域应用。

⑤ 根据 RFID 标签工作方式的不同，可以分为全双工、半双工和时序方式。全双工方式表示 RFID 标签与读写器之间可在同一时刻互相传输数据；半双工方式表示 RFID 标签与读写器之间可以双向传输数据，但在同一时刻只能在一个方向上传输数据；在时序方式中，阅读器辐射出的电磁场短时间周期性地断开，这些间隔可

被 RFID 标签识别出来，并被用于从 RFID 标签到阅读器的数据传输。

3. RFID 工作原理

通常情况下，RFID 应用系统主要由 RFID 读写器和 RFID 标签两部分组成，图 2-10 所示为 RFID 标签读写原理示意图。其中，RFID 读写器一般作为计算机终端，用来实现对 RFID 标签的数据读写和存储，它由控制单元、高频通信模块和天线组成。RFID 标签是一种无源的应答器，主要由一块集成电路（IC）芯片及其外接天线组成，其中 RFID 芯片通常集成有射频前端、逻辑控制、存储器等电路，甚至有时会将天线一起集成在同一块芯片中。

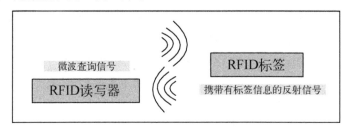

图 2-10　RFID 标签读写原理示意图

当装有 RFID 标签的物体进入读写器的射频场后，RFID 应用系统的 RFID 读写器会发出微波查询信号，物体表面的 RFID 标签收到 RFID 读写器的查询信号后，将此信号与 RFID 标签中的数据信息合成一体反射出去，该信号已携带有 RFID 标签数据信息，RFID 读写器接收到该信号后，经其内部微处理器处理后即可将 RFID 标签存储的识别代码等信息分离读取出来。

RFID 标签是由存储数据的 RFID 芯片、射频天线以及相关电路组成的，其结构组成单元如图 2-11 所示。

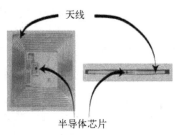

图 2-11　RFID 标签结构组成单元

RFID 技术利用无线射频方式，在 RFID 读写器和标签之间进行非接触双向数据传输，以达目标识别信息和数据交换的目的。由 RFID 系统的工作流程可以看出 RFID 系统的工作方式，RFID 系统的一般工作流程如下：

① RFID 读写器通过发射天线发送一定频率的射频信号。

② 当 RFID 标签进入 RFID 读写器天线工作区时，RFID 标签天线产生足够的感应电流，RFID 标签获得能量被激活并将自身数据经天线传输过去。

③ RFID 读写器天线接收到从 RFID 标签发送来的载波信号并将载波信号传送给 RFID 读写器。

④ RFID 读写器对接收信号进行解调和解码，然后送到 RFID 系统进行相关处理。

⑤ RFID 系统根据逻辑运算判断该 RFID 标签的合法性，针对不同的设定做出相应的处理和控制，发出指令控制执行机构的动作。

4. RFID 技术标准

RFID 标准体系主要分为四大类：RFID 技术标准、RFID 数据内容标准、RFID 性能标准和 RFID 应用标准。RFID 技术标准面向基础属性、物理参数、通信协议和相关设备的空中接口制定。RFID 应用标准主要用于在特定应用领域中构建规则，主要包括仓储管理、物流配送、信息管理、交通运输、工业制造等领域的有关识别标准与规范。RFID 数据内容标准包括数据协议、编码标准，涉及数据符号、数据对象、数据结构、数据安全和编码格式等内容。RFID 性能标准包括设备性能和一致性测试方法，主要包括数据结构和内存分配以及数据编码格式[26]。

目前，全球通用的 RFID 标准主要有以下三大阵营。

① ISO/IEC 标准：该标准是由国际标准化组织（ISO）与国际电工委员会（IEC）提出的关于技术标准、数据内容标准、性能标准及应用标准 4 个方面的规范。

② EPCglobal 标准：EPCglobal 是由 UCC 与 EAN 一起组建的一个研究 RFID 标准的机构，致力于研究出一套能够在全球范围内通用，并且具有开放性与透明性的标准，其公布的 RFID 标准已经逐步在全球范围内得到认可，发展势头十分强劲。

③ UID 标准：UID 标准是由日本的泛在识别中心研究制定的，其目标在于构建一个随处可在的计算机环境，其体系架构主要包括 4 个方面，即泛在识别码、泛在通信器、信息服务系统和 ucode 解析服务器等。

与西方国家相比，中国 RFID 技术的发展起步较晚。2005 年 10 月，为推动 RFID 技术的发展，正式成立了电子标签标准工作组。由科学技术部等 15 个部委编写的《中国射频识别（RFID）技术政策白皮书》于 2006 年 6 月 9 日在京公布，主要内容包括 RFID 技术发展的现状及趋势、中国发展 RFID 技术战略、中国 RFID 发展及优先应用领域、中国推进产业化战略和中国发展 RFID 技术的宏观环境建设五部分。在标准化研究方面，制定了"集成电路卡模块技术规范""建设事业 IC 卡应用技术"等应用标准；在技术标准方面，主要按照 ISO/IEC 15693 和 ISO/IEC 18000 系列标准制定国家标准。在白皮书颁布后的十多年里，RFID 技术标准体系不断被完善，内容不断丰富，颁布了基础性、应用性的国家标准，例如：

● GB/T 29768—2013　信息技术　射频识别 800/900 MHz 空中接口协议；
● GB/T 14916—2006　识别卡　物理特性；
● GB/T 22351　识别卡　无触点的集成电路卡　邻近式卡（系列标准）；

- GB/T 20851　电子收费　专用短程通信（系列标准）；
- GB/T 29261　信息技术　自动识别和数据采集技术　词汇（系列标准）；
- GB/T 31441—2015　电子收费　集成电路（IC）卡读写器技术要求；
- GB/T 31442—2015　电子收费　CPU 卡数据格式和技术要求[27]。

5. RFID 技术应用

RFID 技术是一种标准化的技术，其优点是单一识别、无线通信和标签成本低，为其提供了决定性的实际利益，从而推动概念和应用的新发展[28]。目前，RFID 技术已经成功地应用于物流、零售业、制造业、医疗卫生、公共交通、机场、铁路、资产管理、身份识别、安全保卫以及军事领域。下面介绍几个 RFID 技术典型的应用。

（1）RFID 技术在图书管理中的应用

① 借阅。

过去很长一段时间，人们在图书管理中，借阅工作基本都是依靠人工完成的，这样就会造成管理人员的工作量大，读者需要在借阅过程中消耗大量的时间用于排队。在这种人工操作的过程中会出现记录不及时、不准确、漏记等各种情况。在计算机技术的背景下，条形码扫描极大地提高了工作效率，但在操作过程中依然对人力、物力消耗较大，并且无法有效提高工作效率，当条形码被破坏后，系统就无法有效获取图书信息。应用 RFID 技术能够实现借阅工作的智能化与自动化，并且在图书信息量较大的情况下，能够实现批量化读取，提高借阅工作的质量与效率。

② 盘点。

在传统的图书管理中，由于受到各种条件的限制，使得图书盘点工作只能在闭馆之后进行。在人工盘点的状态下，很难高质量、高效率地完成盘点工作。在进行扫描过程中，会消耗大量的时间，并且工作人员在登高盘点过程中存在一定的安全风险。应用 RFID 技术，管理人员手持读写器，在盘点工作中能够准确、及时地查找到图书并实现对图书的灵活管理。

③ 安全性。

在计算机应用还不是十分普遍的时期，人们对图书的安全防盗管理主要是在管理人员的监管下进行的，管理人员的监管很难保证图书的安全。当磁条系统应用到图书管理后，有效提高了图书安全管理的效率，但是磁条在长期的使用中感应性会不断削弱，同时也会遭到人为破坏，这样就很容易造成图书丢失，给图书馆造成极大损失。应用 RFID 技术，将 RFID 芯片置入图书中，读者很难发现芯片，并且设置安全密码，能够有效降低篡改与损坏等现象的出现，进而提高图书管理的安全性。当出现图书遗失或者被盗情况时，也会在跟踪系统的帮助下，及时找回图书。

（2）RFID 技术在智能零售业中的应用

智能零售系统是智慧城市的组成部分之一，而 RFID 技术作为智能零售系统的重要技术正处于重要的发展阶段。2004 年，沃尔玛首次将 RFID 技术应用到全美超市中，给零售产业带来了巨大的影响。可持续性是零售乃至制造业面临的一个重大问题。

中国建立了基于条形码技术的 PoS 信息系统，但传统的条形码技术信息化程度较低，难以满足当今需求。因此，中国零售业开始将 RFID 技术应用于产品存储管理、产品包装等零售领域，并结合物联网技术不断发展。

RFID 技术的使用能有效地为零售业从采购、存储、包装、运输、配送、销售到服务提供精细化的控制与跟踪，并能够准确掌握信息流、物流，以及资金流的变化，可有效地减少分错率。在配送方面，通过 RFID 技术与零售系统的深度融合，未来将实现商品品质的升级、线上与线下相互融合、个性零售代替千店一面、跨境电商持续兴起的新零售方式。

（3）RFID 技术在智能物流中的应用

智能物流管理可与零售相结合，是 RFID 技术当前最有发展前景的应用之一。在物流管理中，UPS 和 DHL 等均通过大规模地应用 RFID 技术来提升物流承载力。采用 RFID 技术，可以取代传统分拣中心人为验货、分拣、清算等作业，有效掌握货物的准确位置，解放了人力，使物流管理能力大幅提升，提高了效率及自动化水平，更重要的是，提高了货物识别的正确率。

从安全角度考虑，针对物流对象的自动识别和本地化以及状态监控的需求，提出了将超高频 RFID 技术进行集成，应用于汽车工业原型零件的 RFID 标签以及托盘管理应用程序的 RFID 集成用例，以实现本地化管理的智能物流。在物流领域中，港口物流管理作为安全供应链的来源以及货物保障，港口物流一直是物流领域中的关注重点。

传统的 RFID 技术管理方式已不能满足当前港口物流发展的要求，难以解决货物量大、分拣困难的问题。为降低港口物流错误率，人们提出了一种物流和生产流程创建智能物流区的构想，对进口、出口等各个阶段中的货物均进行标记，通过多次验证和对比实现对货物的实时监控。

将 RFID 系统用于物流管理中可以有效监管货物，克服传统条形码的缺陷，能够避免货物损坏或遗失的情况发生。

2.1.4 NFC 技术

1. NFC 技术概述

在射频识别（RFID）技术及互联网通信技术发展的推动下，为了满足电子设备间近距离通信的需求，飞利浦、诺基亚、索尼等著名厂商联合推出了一项新的无线通信技术——NFC（Near Field Communication），即近场通信技术。

NFC 技术是在无线射频识别（RFID）技术和互联网技术二者整合基础上发展

而来的，只要任意两个设备靠近而不需要线缆接插，就可以实现相互间的通信。NFC系统由读写器、电子标签（卡）和天线三部分组成。同 RFID 一样，NFC 系统中的信息也是通过频谱中无线频率部分的电磁感应耦合方式传递的，但两者之间还是存在很大的区别的。首先，NFC 是一种提供轻松、安全、迅速通信的无线连接技术，其传输范围比 RFID 小，RFID 的传输范围可以达到几米甚至几十米，但由于 NFC 采用了独特的信号衰减技术，相对于 RFID 来说，NFC 具有距离近、带宽宽、能耗低等特点。其次，NFC 与现有非接触智能卡技术兼容，目前已经成为得到越来越多主要厂商支持的正式标准。再次，NFC 还是一种近距离通信协议，可在各种设备间实现轻松、安全、迅速而自动的通信。与其他无线通信方式相比，NFC 是一种近距离的私密通信方式。最后，RFID 更多地被应用在生产、物流、跟踪、资产管理上，而 NFC 则在门禁、公交、手机支付等领域内发挥着巨大的作用。

NFC 技术特点如下：

① 在 ISO/IEC 18092 NFCIP-1 中标准化。

② 以 13.56 MHz RFID 技术为基础。

③ 主动模式下通信距离为 20 cm，被动模式下通信距离为 10 cm。

④ 与现有的非接触式智能卡国际标准相兼容。

⑤ 数据传输速率采用 106 kbps、212 kbps、424 kbps 中的任何一种。

（1）近距离感应

NFC 设备之间的极短距离接触，让信息能够在 NFC 设备之间实现点对点的快速传输。

（2）安全通信

极短距离通信是其先天的安全性，为了避免信息遭监控或者窜改，NFC 的安全机制可采用加／解密系统来保证设备之间的安全通信。在数据部分可用一些算法（如 DES、RSA、DSA、MD5 等）来实现安全管理，读写器与电子标签（卡）之间也可相互认证，实现安全通信和存储。

（3）极快的处理速度

NFC 移动设备从侦测、身份确认到数据存取只需要 0.1 s 的时间。

（4）主／被动工作模式可切换

手机内信息既能被读写器读取，手机也能作为读写器，还能实现两部手机间的近距离通信。

（5）服务的配对访问

通过 NFC 技术可以在单一移动设备上提供多种应用服务。这些服务一一对应到移动设备上，而启用每一服务时必须输入对应的密钥才能访问，这种管理模式能够确保其安全性。

2. NFC 工作原理

NFC 是一种近距高频无线电技术，其工作原理基于感应近场，如图 2-12 所示。在该区域中，离天线或辐射源越远，场强的衰减就越大，所以非常适合在近距离内传输与安全相关的数据[29]。

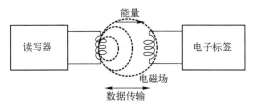

图 2-12　NFC 技术原理

NFC 技术的工作原理如下：

① 读写器产生射频场，电子标签从射频场中耦合得到能量，然后将信息反馈给读写器。

② 读写器将要发送的数据经过调制后发送给电子标签，电子标签通过负载调制将读写器所需数据传回读写器。

NFC 工作模式分为被动模式和主动模式。在主动模式下，当设备之间要发送数据时，都必须产生自己的射频场。NFC 主动工作模式如图 2-13 所示，发起设备和目标设备都产生自己的射频场，用来进行数据通信。两者之间是对等网络通信的标准模式，可获得非常快速的连接。

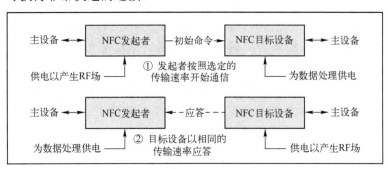

图 2-13　NFC 主动工作模式

在主动模式下，通信双方在加电后，任何一方都可以采用"发送前侦听"协议来发起通信。

NFC 被动工作模式如图 2-14 所示，在被动模式下，NFC 发起设备，也称为 NFC 主设备，为整个通信过程提供射频场，其传输速率可采用 106 kbps、212 kbps 和 424 kbps 中的任何一种，实现两台设备之间的数据传输。另外一台设备被称为 NFC 目标设备（从设备），不必产生射频场，而是采用负载调制（Load Modulation）技术，同时可以以相同的速率将数据传回给发起设备。

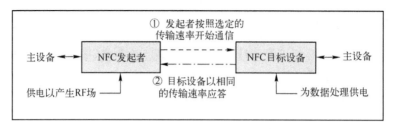

图 2-14　NFC 被动工作模式

由于上述通信机制与 ISO 14443A、MIFARE 和 FeliCa 的非接触式智能卡兼容，所以，NFC 发起设备在被动模式下，可以用相同的连接和初始化过程检测非接触式智能卡或者 NFC 目标设备，并与它们建立通信。在该模式下，目标设备是一个被动设备。被动设备从 NFC 发起者那里获得工作能量，然后通过调制磁场将数据传输给 NFC 发起者。移动设备通常采用被动模式，目的是大幅降低功耗，延长电池寿命。

3. NFC 技术标准

随着 NFC 技术的不断发展，飞利浦、索尼、诺基亚推出了 NFC 的标准化规范（Near Field Communication Interface and Protocol），即 NFCIP-1，并牵头组建了 NFC 的标准化组织 NFC Forum（NFC 论坛）。随后 NFCIP-1 被提交给欧洲计算机制造商协会（ECMA），被批准为 ECMA 340 标准。ECMA 又将该标准推荐给国际标准化组（ISO），成为国际化标准——ISO 18092。2003 年，NFCIP-1 被欧洲电信标准化协会（ETSI）批准为 TS 102190v1.1.1。2004 年，NFC Forum 再次推出 NFCIP-2，旨在解决非接触智能卡的兼容问题，该标准最终被国际标准化组织接受为 ISO 21481。

NFCIP-1 对 NFC 设备的物理层和数据链路层都进行了严格的规定，其中包括调制方案、编码方式、帧格式等内容，除此之外，NFCIP-1 还对 NFC 设备主、被动工作模式初始化过程中的数据冲突控制机制所需的初始化方案和条件进行了规定。NFCIP-1 标准定义了传输协议，其中包括协议启动和数据交换方法等。

在 NFCIP-1 中规定了 NFC 的三种应用模式：卡模式、读写模式和点对点通信模式。

① 卡模式：具有 NFC 功能的电子设备可模拟成为一张非接触式智能卡，如银行卡、门禁卡等。目前只支持 ISO 18092 规范。

② 读写模式：NFC 设备可以作为一个读写器，可以读写 NFC 电子标签、非接触式智能卡等或者工作在卡模式下的 NFC 设备，可以对符合 ISO 14443、ISO 15693 和 ISO 18092 规范的智能卡进行读写。

③ 点对点模式：两个具有 NFC 功能的电子设备可以进行信息交互，只要将设备靠近就可以传输数据。

NFCIP-1 标准规定，NFC 设备工作在 13.56 MHz 的频率下，具有三种不同的传输速率，分别为 106 kbps、212 kbps 和 424 kbps。其传输速率与通信的距离有关，一般工作距离最大为 20 cm，实际工作距离由于受到电磁兼容性标准的严格限制，一般不会超过 10 cm。

NFCIP-1 标准规定了 NFC 的调制方式。对于目前的三种传输速率，NFCIP-1 标准规定使用 ASK（幅移键控）来进行调制，ASK 是一种相对简单的调制技术，具有易于实现和带宽占用较小的优势。对于不同的速率，标准规定了不同的调制度。在 106 kbps 速率下，采用 100%的 ASK 调制，其他两种速率采用了 10%的调制度。而对于大于 424 kbps 的高速率传输，协议没有做出明确规定。

NFCIP-1 标准规定了 NFC 的编码方式，其中包括信源编码和纠错编码。对于信源编码，不同的数据传输速率采用的编码方式和规则是不一样的。在 106 kbps 速率下，信源编码采用了改进型的米勒（Miller）码。对于其他两种传输速率，信源编码采用曼彻斯特（Manchester）码进行编码，或者可以采用反向曼彻斯特码表示。对于纠错编码，采用循环冗余校验法，所有的传输比特，包括数据比特、校验比特、起始比特、结束比特以及循环冗余校验比特都要参加循环冗余校验。由于编码是按字节进行的，因此总的编码比特数应该是 8 的倍数。

NFCIP-1 标准还规定了 NFC 的帧结构、NFC 的冲突检测和传输协议。

4. NFC 技术应用

近几年，以美国、英国为首的西方国家均联合国内的大型企业，开始提供基于 NFC 技术的移动支付服务，包括谷歌钱包、星巴克移动支付在内的支付应用逐步获得市场认同。目前，NFC 手机支付产品还包括万事达卡的 PayPass、VISA 的 V.me 等。据 MarketsandMarkets 统计，到 2020 年，全球支持 NFC 功能的芯片将占芯片总数的 90%[30]。

（1）国际发展

在美国，苹果公司于 2016 年推出了基于 NFC 技术的 Apple Pay 移动支付服务，并携手美国银行、大通银行、花旗银行等共同推广 Apple Pay 移动支付。同时，移动支付公司 PayByPhone 在纽约、迈阿密、旧金山、伦敦、渥太华、温哥华和布鲁克林等城镇化率高的地区均已完成了 NFC 系统的布局，它们的注册用户使用手机的 NFC 功能，便可以完成停车费支付。

在欧洲，NFC 技术发展势头同样迅猛。万事达公司已经要求其所有商户在 2020 年以前将其终端升级以支持 NFC 功能，而英国伦敦的公共交通运输系统也已经全面可以支持使用 NFC 设备进行支付。

根据国际市场研究与咨询服务机构 Global Market Insights 的预测，到 2023 年，汽车 NFC 的市场将会达到 220 亿美元；根据 Packaging World 的数据，2019 年无线通信中有 85%的设备使用了 NFC 技术，2020 年将会有 2080 亿台物联网设备接入网络；根据交通市场调研组织 WhaTech 预测，2017 年—2021 年，移动票务的市场将会增长 16.71%。

（2）国内发展

早在 2006 年，中国便已出现了第一款 NFC 手机，诺基亚和中国移动、飞利浦、易通卡公司在厦门试点 NFC 手机支付，用户使用内嵌 NFC 模块的诺基亚 3220 手机，可在厦门市任何一个易通卡覆盖的营业网进行支付。现今，北京移动用户已经可以到指定的营业厅办理更换支持 NFC 功能的 SIM 卡，并且使用 NFC 手机就可以实现刷手机乘坐公交地铁。近些年，越来越多的中国厂商开始研究并研发 NFC 设备。目前我国已经成为 NFC Forum 成员的单位有华为技术有限公司、中国移动通信集团有限公司、中国电子技术标准化研究院等。目前 NFC 技术在中国主要应用于门禁系统、电子付费、手机游戏、健康保障、市场宣传、零售及付费、交通、旅行住宿、可穿戴设备等领域。2017 年，ofo 小黄车的电子车锁也开始尝试引进 NFC 技术进行开关锁控制。随着物联网、智慧城市在国内的持续发展，NFC 技术可应用的场景也将越来越多，在金融支付方面，中国银联与中国移动以及广发银行、中国光大等银行已经开始着手推出基于 NFC 技术的手机钱包；在交通方面，支持 NFC 技术的手机已经可以对公交卡充值，深圳一些公司也在合作研究 NFC 手机公交一卡通的解决方案；在媒体方面，NFC 电子标签可以结合线上线下的信息，使商家了解广告位的冷热程度以及广告的投放时效；对于图书出版等行业，NFC 技术既可以用作防伪，也可以用来增强图书的互动性与个性化；在通信行业，基于 NFC 技术的 NFC 数码相机、NFC 智能家电也开始逐渐走入人们的生活。随着 NFC 技术的应用环境越来越复杂，NFC 技术规范和应用规范始终保持了一个较高频率的迭代更新，NFC 技术也在持续融合和发展。

2.2　传感器技术

在物联网、移动互联网等新兴产业的快速发展过程中，各种信息的感知、采集、转换、传输和处理的功能器件传感器已经成为各个应用领域，特别是自动检测、自动控制系统中不可缺少的重要技术工具，获取各种信息的传感器无疑掌握着这些系统的命脉。

传感器是一种检测装置，能感受到被测量的信息并将其按照一定的规律转换成可用的输出信号。我国国家标准（GB/T 7665—2005）对传感器的定义是："能感受被测量并按照一定的规律转换成可用输出信号的器件或装置。"传感器作为信息获取的重要手段，与通信技术和计算机技术共同构成信息技术的三大支柱，其作用是利用物理效应、化学效应、生物效应，把被测的物理量、化学量、生物量等转换成符合需要的电量。

传感器技术是现代生活及生产中较为重要的一部分，其能效作用的发挥不仅能够满足社会需求，更能有效提高社会生产力，推动其现代化发展。因此，对无线传感器网络进行研究具有重要意义，这是因为其应用效果较为理想，并具有较为广阔的可拓展空间，其未来的应用前景十分可观，加快推动其发展，对于提高生活质量、优化生产指标来说积极作用都较为显著[31]。下面对传感器以及无线传感器网络进行介绍。

2.2.1　传感器简介

1. 传感器概述

在物联网系统架构中，传感节点负责采集感知对象相关数据，并通过相应的通信模块将数据发送至网关节点，进而，转发至远端服务中心。

传感器作为一种检测装置，可感受到被测量的信息，并能将感受到的信息按一定规律变换成电信号或其他所需形式的信息输出，以满足信息传输、处理、存储、显示、记录和控制等方面的要求。这种检测装置的特点是：微型化、数字化、智能化、多功能化、系统化、网络化。同时，在传感器的支持下，可为自动检测和自动控制效果的增强提供有效保障，且能让物体在实践中具有触觉、味觉和嗅觉等功能，满足相应生产活动高效开展的要求。

目前，传感器经历了三个发展阶段：1969 年之前属于第一阶段，此阶段的传感器主要为结构型传感器；1969 年之后的 20 年属于第二阶段，此阶段的传感器主要为固态传感器；1990 年到现在属于第三阶段，此阶段的传感器主要为智能传感器。

传感节点在硬件结构上基本相同，传感节点通常包括如下几个部分：感知单元、处理单元、通信单元、能量供给单元、位置查找单元和移动管理单元。传感节点的体系结构如图 2-15 所示。

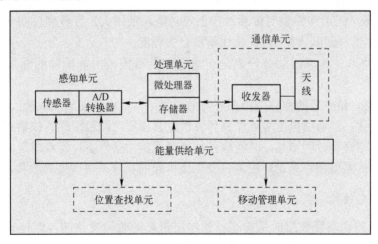

图 2-15　传感节点的体系结构

在图 2-15 中，感知单元主要用来采集现实世界的各种信息，如温度、湿度、压力、声音等物理信息，并将传感器采集到的模拟信号转换成数字信号，交给处理单元进行处理。处理单元负责整个传感节点的数据处理和操作，存储本节点的采集数据和其他节点发来的数据。通信单元负责与其他传感节点进行无线通信、交换控制消息和收发采集数据。能量供给单元提供传感节点运行所需要的能量。位置查找单元和移动管理单元实现对节点的精确定位，完成对移动状态的管理。

2. 传感器的基本特性

传感器的输入和输出之间的关系体现了传感器的基本特性，不同的传感器所输出的电量形式不一样，这主要取决于传感器的基本特性。传感器具有静态特性和动态特性[32]。

（1）静态特性

传感器在稳态信号作用下，其输入输出关系称为静态特性。衡量传感器静态特性的主要性能指标有线性度、灵敏度、重复性、迟滞、分辨率和漂移等。

① 线性度。传感器的线性度就是其输出量与输入量之间的实际关系曲线偏离直线的程度，又称为非线性误差。线性度定义为全量程范围内实际特性曲线与拟合直线之间的最大偏差值与满量程输出值之比。然而在实际中，几乎每一种传感器都存在非线性。因此，在使用传感器时，必须对传感器输出特性曲线进行线性处理。

② 灵敏度。传感器的灵敏度是指在稳态下输出增量与输入增量的比值。

③ 重复性。重复性表示传感器在按同样条件下进行全量程多次测试时其特性曲线不一致性的程度。多次按相同输入条件测试的输出特性曲线越重合，其重复性越好，误差也就越小。

传感器输出特性曲线的不重复性主要由传感器机械部分的磨损、间隙、松动、部件的内摩擦、积尘以及辅助电路老化和漂移等原因产生。

④ 迟滞。迟滞特性表明传感器在正向（输入量增大）行程和反向（输入量减小）行程期间，输出、输入特性曲线不重合的程度。

⑤ 分辨率。传感器的分辨率是在规定测量范围内所能检测的输入量的最小变化量。

⑥ 漂移。传感器的漂移是指在外界的干扰下，输出量发生的与输入量无关的、不需要的变化。漂移也包括零点漂移和灵敏度漂移等。灵敏度漂移或零点漂移又可以分为温度漂移和时间漂移。时间漂移是指在规定的条件下，零点或灵敏度随时间的缓慢变化；温度漂移是由环境温度变化而引起的零点或灵敏度的漂移。

（2）动态特性

传感器的动态特性指的是传感器的输出量是随时间变化的，即传感器的输出量是关于输入量的时间函数。由于传感器的自身结构等原因，导致传感器的输出量并不能及时随着输入量的变化而变化，中间会有一定的时延，对于一个动态特性比较好的传感器，它的输出会再现输入量的变化规律。准确地说，输出量的时间函数和输入量的时间函数是不相同的，这之间的差异就是动态误差。

2.2.2　传感器类型

传感器通常可以按照一系列方法进行分类，根据输入物理量分类，可分为位移传感器、速度传感器、温度传感器和压力传感器等；根据工作原理分类，可分为应变式传感器、电容式传感器，电感式传感器、热电式传感器和光电传感器等；按输出信号分类，可分为模拟式传感器和数字式传感器，输出量为模拟量则称为模拟式传感器，输出量为数字量则称为数字式传感器等。

1. 传感器分类

传感器具体分类如下。

（1）按被测参量分类

① 机械量参量传感器：位移传感器、速度传感器等。
② 热工参量传感器：温度传感器、压力传感器、流量传感器。
③ 物性参量传感器：pH 传感器、氧含量传感器等。

（2）按传感器的工作机理分类

① 物理传感器：指利用物质的物理现象和效应感知并检测出待测对象信息的器件，可分为两类——结构型传感器（如电容传感器和电感传感器等）和物性型传感器 （如光电传感器和压电传感器等）。物理传感器开发早、发展快、品种多、应用广，目前正向集成化、系列化、智能化方向发展。

② 化学传感器：主要是利用化学反应来识别和检测信息的器件，如气敏传感器、湿敏传感器和离子敏传感器。这类传感器很有发展前途，可在环境保护、火灾报警、医疗卫生和家用电器方面有极其广泛的应用。

③ 生物传感器：生物传感器技术是一种将生物化学反应能转化成电信号的分析测试技术，以此而制成的传感器装置具有选择性高、分析速度快、操作简易和价格低廉的特点，如味觉传感器和听觉传感器等。

（3）按照能量转换分类

按照能量转换分，传感器可分为能量转换型传感器和能量控制型传感器。
① 能量转化型传感器：主要由能量变换元件构成，不需要外加电源，基于物理效应产生信息，如热敏电阻和光敏电阻等。

② 能量控制型传感器：在信息变换过程中，需要外加电源，如霍尔传感器和电容传感器。

（4）按传感器使用材料分类

按传感器使用材料分类，传感器可分为半导体传感器、陶瓷传感器、复合材料传感器、金属材料传感器、高分子材料传感器、超导材料传感器、光纤材料传感器和纳米材料传感器等。

（5）按传感器输出信号分类

按传感器输出信号分类，传感器可分为模拟式传感器和数字式传感器。目前模拟式传感器种类远远超过数字式传感器。数字式传感器直接输出数字信号，不需使用 A/D 转换器，就可与计算机联机，提高系统可靠性和精确度，具有抗干扰能力强，适宜远距离传输等优点，是传感器发展的方向之一。目前，这类传感器有振弦式力传感器和光栅位移传感器等。

2. 传感器具体介绍

（1）物理传感器

物理传感器是检测物理量的传感器，它是利用某些物理效应，将被测的物理量转换为便于处理的能量信号的装置。下面以常见的物理传感器作为代表进行介绍。

① 电学量传感器。

电学量传感器是非电量电测技术中应用范围较广的一种传感器，常用的有电阻式传感器、电容式传感器、电感式传感器、磁电式传感器和电涡流式位移传感器等。

电阻式传感器是利用变阻器将被测非电量转换为电信号的原理制成的，热敏电阻式温度传感器如图 2-16 所示。电阻式传感器一般有电位器式、触点变阻式、电阻应变片式及压阻式传感器等，主要用于位移、压力、力、应变、力矩、气流流速、液位和液体流量等参数的测量。

图 2-16　热敏电阻式温度传感器

电容式传感器是利用改变电容的几何尺寸或改变介质的性质和含量，从而使电容量发生变化的原理制成的，电容式接近开关传感器如图 2-17 所示，主要用于压力、位移、液位、厚度、水分含量等参数的测量。

图 2-17　电容式接近开关传感器

电感式传感器是利用改变磁路几何尺寸、磁体位置来改变电感或互感的电感量或压磁效应原理制成的，如图 2-18 所示，主要用于位移、压力、力、振动、加速度等参数的测量。

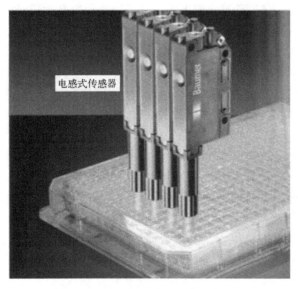

图 2-18　电感式传感器

② 磁[学量]传感器。

磁[学量]传感器是利用铁磁物质的一些物理效应制成的，主要用于位移、转矩等参数的测量。

③ 光电式传感器。

　　光电式传感器在非电量电测及自动控制技术中占有重要的地位，它是利用光电器件的光电效应和光学原理制成的，主要用于光强、光通量、位移、浓度等参数的测量。

　　④ 电势型传感器。

　　电势型传感器是利用热电效应、光电效应、霍尔效应等原理制成的，主要用于温度、磁通、电流、速度、光强、热辐射等参数的测量。

　　⑤ 电荷传感器。

　　电荷传感器是利用压电效应原理制成的，主要用于力及加速度的测量。

　　⑥ 半导体传感器。

　　半导体传感器是利用半导体的压阻效应、内光电效应、磁电效应、半导体与气体接触产生物质变化等原理制成的，主要用于温度、湿度、压力、加速度、磁场和有害气体的测量。

　　⑦ 谐振式传感器。

　　谐振式传感器是利用改变电或机械的固有参数来改变谐振频率的原理制成的，主要用来测量压力。

　　⑧ 光纤传感器。

　　光纤传感器是 20 世纪 70 年代中期发展起来的一种基于光导纤维（Optical Fiber）的新型传感器。光纤传感器以光作为敏感信息的载体，将光纤作为传输敏感信息的媒介，它与以电为基础的传感器有本质区别，光纤传感器的主要优点是电绝缘性能好、抗电磁干扰能力强、具有非侵入性、高灵敏度和容易实现对被测信号进行远距离监控等。

　　光纤传感器的分类方法很多，以光纤在测试系统中的作用，可分为功能性光纤传感器和非功能性光纤传感器两类。功能性光纤传感器以光纤自身作为敏感元件，光纤本身的某些光学特性被外界物理量所调制来实现测量；非功能性光纤传感器是借助其他光学敏感元件来完成传感功能的，光纤在系统中只作为信号功率传输的媒介。

　　根据光受被测量的调制方式，光纤传感器可以分为强度调制光纤传感器、偏振调制光纤传感器、频率调制光纤传感器和相位调制光纤传感器。

　　另外，根据传感器对信号的检测转换过程，传感器可划分为直接转换型传感器和间接转换型传感器两大类。前者是把输入给传感器的非电量一次性地变换为电信号输出，如当光敏电阻受到光照射时，电阻值会发生变化，直接把光信号转换成电信号输出；后者则要把输入给传感器的非电量先转换成另外一种非电量，然后转换成电信号输出，如采用弹簧管敏感元件制成的压力传感器就属于这一类，当有压力作用到弹簧管时，弹簧管产生形变，传感器再把变形量转换为电信号输出。

（2）化学传感器

　　化学传感器必须具有对被测化学物质的形状或分子结构进行俘获的功能，并且还能够将所获得的化学量有效地转换为电信号。下面以湿度传感器和气体传感器作为化学传感器的代表进行介绍。

①　湿度传感器。

湿度传感器是指能将湿度转换成为与其成一定比例关系的电量输出的装置。常见的湿度传感器有固体电解质湿度传感器、有机半导体湿度传感器、陶瓷湿度传感器和高分子聚合物湿度传感器等。

固体电解质湿度传感器包括无机电解质湿敏元件和高分子电解质湿敏元件两大类。感湿原理为不挥发性盐溶解于水，结果降低了水的蒸气压，同时盐的浓度降低导致电阻率增加，通过对电解质溶解液电阻的测试，即可知道环境的湿度。

有机半导体湿度传感器的原理在于有机纤维具有吸湿溶胀、脱湿收缩的特性，利用这种特性，将导电的微粒或离子掺入其中作为导电材料，就可将其体积随环境湿度的变化转换为感湿材料电阻的变化，典型的代表有碳湿敏元件和结露敏感元件。湿度传感器如图 2-19 所示。

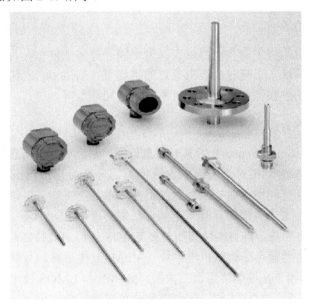

图 2-19　湿度传感器

②　气体传感器。

气体传感器是指能将被测气体浓度转换为与其成一定关系的电量输出的装置或器件。气体传感器必须满足下面的条件：

● 能够检测爆炸气体和有害气体的允许浓度等；

● 对被测气体以外的气体或物质不敏感；

● 响应迅速，重复性好；

● 性能长期稳定性好。

气体传感器从结构上区分可以分为两大类，即干式气体传感器和湿式气体传感器。前者用固体材料制成，后者用水溶液或者电解液制成。气体传感器通常在大气工况中使用，而且被测气体分子一般要附着于气体传感器的功能材料表面且与之发生化学反应。正是由于这个原因，导致气体传感器可以归属于化学传感器。气体传感器如图 2-20 所示。

图 2-20　气体传感器

（3）生物传感器

生物传感器通常将生物物质固定在高分子膜等固体载体上，当被识别的生物分子作用于生物功能性人工膜时会产生变化的电信号、热信号、光信号并输出。生物传感器中固定化的生物物质包括酶、抗原、激素和细胞等。

（4）智能传感器

智能传感器（Smart Sensor）指具有信息检测、信息处理、信息记忆、逻辑思维和判断功能的传感器。相对于仅提供表征待测物理量的模拟电压信号的传统传感器，智能传感器充分利用集成技术和微处理器技术，集感知、信息处理、通信于一体，能提供以数字方式传输的具有一定知识级别的信息[33]。

智能传感器主要基于硅材料微细加工和 CMOS 电路集成技术制作而成，按制造技术分类，智能传感器可分为微机电系统（MEMS）传感器、互补金属氧化物半导体（CMOS）传感器、光谱学传感器三大类。MEMS 和 CMOS 技术容易实现低成本大批量生产，能在同一衬底或同一封装中集成传感器元件与偏置、调理电路，甚至超大规模电路，使传感器具有多种检测功能和数据智能化处理功能。例如，利用霍尔效应检测磁场的智能传感器，利用塞贝克效应检测温度的智能传感器，利用压阻效应检测应力的智能传感器，利用光电效应检测光的智能传感器。

智能传感器的特点是精度高、分辨率高、可靠性高、自适应性高、性价比高。智能传感器通过数字处理获得高信噪比，保证了高精度；通过数据融合、神经网络技术，保证在多参数状态下具有对特定参数的测量分辨能力；通过自动补偿来消除工作条件与环境变化引起的系统特性漂移，同时优化传输速率，让系统工作在最优的低功耗状态，以提高其可靠性；通过软件进行数学处理，使智能传感器具有判断、分析和处理功能，以提高系统的自适应性；可采用能大规模生产的集成电路工艺和MEMS 工艺，以提高性价比。

2.2.3　传感器应用与发展趋势

随着传感器技术的发展，传感器的种类会越来越多，越来越趋于多功能化、智能化，应用也会越来越广泛，传感器给人类的工作和生活带来的方便也会越来越明显。目前，全球的传感器市场在不断变化的创新之中，呈现出快速增长的趋势。

（1）传感器在智能汽车中的应用

随着电子技术及计算机技术的发展，汽车电子化程度不断提高，传统的机械系统已经难以解决某些与汽车功能要求有关的问题。传感器作为汽车自动化控制系统的关键部件，其技术性能将直接影响汽车的智能化水平。目前传感器技术在汽车智能化设计中得到了广泛的应用。

① 温度传感器、压力传感器、流量传感器、氧传感器和爆震传感器等在汽车发动机控制系统中得到广泛应用。

② 自动防抱死制动系统用传感器、动力转向系统用传感器、悬架系统控制用传感器和变速器控制用传感器在汽车底盘控制系统中得到广泛应用。

③ 应用于自动空调系统中的多种风量传感器、日照传感器、车速传感器、加速度传感器等有效地提高了汽车的安全性、可靠性和舒适性等。

（2）传感器在智能交通中的应用

智能交通系统是在传统交通体系的基础上发展起来的新型交通系统，它将信息、通信、控制和计算机技术以及其他现代通信技术综合应用于交通领域，并将"人-车-路-环境"有机地结合在一起。

智能交通系统主要实现交通信息的采集、交通信息的传输、交通控制和诱导等功能。无线传感器网络可以为智能交通系统的信息采集和传输提供一种有效手段，用来监测路面与路口各个方向的车流量、车速等信息，并运用计算方法计算出最佳方案，同时输出控制信号给执行子系统，以引导和控制车辆通行，从而达到预设的目标。

（3）传感器在智能家居中的应用

智能家居是将居住环境中的安防系统、照明系统、空调系统和其他家用电器等设备通过物联网技术连接起来实现自动化和智能化管理。在家用电器中嵌入传感器节点，通过无线网络与互联网结合的方式可以实现对家电的远程控制，同时也可以实时监控家庭安全情况，使人们的生活更舒适、更便捷。

微软的"未来之家"是先进的智能家居的代表，它融合了门禁系统，不仅能对家庭环境进行监测，而且还能通过触摸、检测主人的身体状况，给出相应的健康提示等。目前，复旦大学、电子科技大学等单位已研制出一项基于无线传感器网络的智能楼宇系统，此系统可以通过互联网终端对家庭状况进行实时监测。

（4）传感器在医疗及人体医学上的应用

随着医用电子学的发展，仅凭医生的经验和感觉进行诊断的时代将会结束。现在，应用医用传感器可以对人体的表面和内部温度、血压及腹腔内压力、血液及呼吸流量、肿瘤、血液的分析、脉波及心音、心／脑电波等进行高难度的诊断。显然，传感器对促进医疗技术的高度发展起着非常重要的作用。

为增进全国人民的健康水平，我国医疗制度的改革，将把医疗服务对象扩大到全民。以往的医疗工作仅局限于以治疗疾病为中心，今后，医疗工作将在疾病的早期诊断、早期治疗、远程诊断及人工器官的研制等广泛的范围内发挥作用，而传感器在这些方面将会得到越来越多的应用。

（5）传感器在军事上的应用

现在的战场都是信息化战场，而信息化是绝对离不开传感器的。军事专家认为，一个国家军用传感器制造技术水平的高低，决定了该国武器制造水平的高低，决定了该国武器自动化程度的高低，最终决定了该国武器性能的优劣。当今，传感器在军事上的应用极为广泛，可以说无时不用、无处不用，大到星体、核弹、飞机、舰船、坦克、火炮等装备系统，小到单兵作战武器，从参战的武器系统到后勤保障，从军事科学试验到军事装备工程，从战场作战到战略、战术指挥，从战争准备、战略决策到战争实施，遍及整个作战系统及战争的全过程，而且必将在未来的高技术战争中扩大作战的时域、空域和频域，影响和改变作战的方式和效率，大幅度提高武器的威力和作战指挥及战场管理能力。

现代科技的发展使得人们对传感器技术越来越重视，目前对传感器的开发已成为最热门的研究课题之一。

（6）传感器技术的发展趋势

传感器技术的发展趋势可以从以下几方面进行分析[34]。

① 新型传感器的开发。传感器的工作机理基于各种物理（化学或生物）效应和定律，由此启发人们进一步探索具有新效应的敏感功能材料，并以此研制具有新原理的新型传感器，这是发展高性能、多功能和小型化传感器的重要途径。

② 新材料的开发。传感器材料是传感技术的重要基础，多数传感器都是利用某些材料的特殊功能来达到测量目的的，传感器中所用敏感元件、变换元件的材料性能和工艺水平，很大程度上决定着传感器的性能与水平。随着传感器技术的发展，除了早期使用的半导体材料和陶瓷材料等，光导纤维及纳米材料和超导材料等相继问世，人工智能材料更是给我们展示了一个新的天地。开发新型功能材料是发展传感技术的关键，随着研究的不断深入，未来将会有更多更新的传感器材料被开发出来。

③ 集成传感器的开发。传感器集成化包含两种含义：一种含义是同一功能的多元件并列，目前发展很快的自扫描光电二极管列阵和CCD图像传感器就属此类。另一种含义是功能一体化，即将传感器与放大、运算以及温度补偿等环节一体化，组装成一个器件。集成传感器的优势是将辅助电路中的元件与传感元件同时集成在一块芯片上，

使之具有校准、补偿、自诊断和网络通信的功能，可降低成本、增加产量。

④ 智能化传感器。将微电子技术、微处理器技术与传感器结合，形成新一代智能传感器（Intelligent Sensor 或 Smart Sensor），是传感器发展的新趋势。智能化传感器兼有检测、判断和信息处理功能。与传统传感器相比，智能化传感器有很多特点：具有判断和信息处理功能，能对测量值进行修正和误差补偿，因而提高了测量精度；可实现多传感器多参数测量；有自诊断和自校准功能，提高了可靠性；测量数据可存取，使用方便；有数据通信接口，能与微型计算机直接通信。将传感器、信号调节电路、单片机集成在一芯片上可形成超大规模集成化的高级智能传感器。

2.2.4 无线传感器网络

1. 无线传感器网络概述

无线传感器网络是一种由大量静止或移动的传感器以自组织和多跳的方式构成的分布式无线网络，其中传感器以协作方式采集、处理和传输网络覆盖区域内的相关数据，并把这些数据传输给网络的所有者。

无线传感器网络一般由传感器节点、汇聚节点（网关）、传输网络和远程控制中心组成。传感器节点具有感知、计算和通信能力，以自组织形式在环境中随机分布，传感器节点感知的数据通过多跳的形式路由到汇聚节点进行分析与处理，汇聚节点再利用传输网络将数据传输到远程控制中心，用户可查看和分析收集到的数据。无线传感器网络的组成结构如图 2-21 所示。

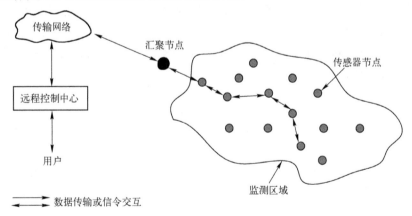

图 2-21 无线传感器网络的组结构

与无线网络相比，无线传感器网络具有以下特点。

（1）传感器节点硬件资源有限

无线传感器网络传感器节点的数量较大，往往需要投放在特定的监测区域。由于受体积及成本等因素的限制，传感器节点的硬件资源有限，其计算能力和存储能力相对较弱。

（2）传感器节点能量有限

传感器节点体积非常小，通常由内置的电池提供能量，因此能够携带的能量非常有限。为了准确地感知当前区域的测量值，节点会密集地分布于该区域，人们不可能逐一给所有传感器节点更换电池，而节点能量一旦耗尽就会失去作用，因此节点必须尽可能地处于节能状态。

（3）无中心和自组织网络

传感器节点数量大，而且网络内的节点还处在随时变化的环境中，但传感器节点依然能够完成监测任务，这是因为它具有无中心和自组织网络的特性。在无线传感器网络中，所有传感器节点地位平等，没有指定的中心，通过分布式算法来相互协作，因此能自组织地形成监测网络。

（4）网络拓扑的动态变化性

无线传感器网络的拓扑结构通常处于动态变化的状态，例如，部分节点出现故障或电池能量耗尽退出网络，新的节点被部署并加入网络，节点在工作状态和休眠状态之间来回切换以节省能量，以及网络通信链路的变化等都会导致无线传感器网络拓扑结构发生变化。

（5）多跳路由

无线传感器网络数据传输过程通过无线电波进行，虽然不用专程布置线路进行数据传输，但是与有线网络相比，它的带宽却是受限的，无法进行大量数据的传输。同时，信号之间还存在相互干扰，造成信号不断衰减。此外，传感器节点之间的通信能耗通常随着通信距离的增加而急剧增加，一般来说，在满足网络连通性的条件下，应尽可能地采取多跳通信，减小单跳通信的距离，当然这也使得传感器节点之间的通信范围有限。

（6）安全问题

能量有限、分布式分布、无线传输方式等因素都使得无线传感器网络更容易受到攻击，常见的攻击包括拒绝服务、被动窃听、主动入侵等方式，从而造成恶意路由、消息被篡改等安全性问题。与此同时，传感器节点有限的能量、处理能力和存储能力使得安全问题的解决更加复杂。

2. 无线传感器网络的 MAC 协议

MAC 协议位于 WSN 中网络协议的底层部分，是保证无线传感器网络高效通信的关键协议之一。MAC 协议主要是通过一组规则和过程来有效、有序和公平地使用共享介质的。MAC 协议的主要功能是解决网络内的多个节点间共享单一信道问题，并决定节点何时采用何种方式占用无线信道进行数据传输，避免节点在传输时发生碰撞。

根据无线传感器网络 MAC 层的不同特性，可以将 MAC 协议分为三类：基于竞争的 MAC 协议（竞争型 MAC 协议）、基于调度的 MAC 协议（调度型 MAC 协议）和基于竞争与调度混合的 MAC 协议（混合型 MAC 协议）。

（1）竞争型 MAC 协议

通过采用竞争型 MAC 协议，网络内的节点以竞争的方式获得信道。当节点有数据需要发送时要通过竞争的方式获得信道占用权，如果节点发送的数据与其他节点产生了冲突，则节点需要按照一定的策略进行重传，直到数据发送成功或因重传次数达到上限而放弃发送。

竞争型 MAC 协议有以下优点：能较好地满足节点数量和网络拓扑结构变化；可让节点根据自身需求而竞争信道；对于时钟精度的要求比较低；不需要复杂的集中控制调度算法。因此该类型的 MAC 协议比较适合用于低负载或节点分布密度较小的网络环境中。然而，在高负载或节点分布密度较大的网络环境中，该类型的 MAC 协议会大大增加节点间发生冲突的概率，不仅会降低数据传输速率，还会浪费节点有限的能量。无线传感器网络中典型的基于竞争的 MAC 协议如下所述。

① SMAC（Sensor MAC）：SMAC 协议是在 IEEE 802.11 的 CSMA/CA（Carrier Sense Multiple Access with Collision Avoidance，载波侦听多路访问 / 冲突避免）协议的基础上演变而来的，并且添加了周期性侦听 / 休眠机制，将时间划分为周期性的帧，每一帧又划分为侦听时隙和休眠时隙。当传感器节点没有数据收发时，节点进入休眠状态以节省能量。在休眠状态接收到要转发的数据或者自身采集到的数据先被缓存下来，当节点进入侦听状态时再将缓存的数据进行集中发送[35]。SMAC 协议采用固定发射功率进行数据帧和控制帧的发送，当传感器节点部署密集或网络传输流量较大时，会使传输信道变得更加拥挤，加剧节点间的冲突，降低网络吞吐量，并造成节点能量的巨大浪费。SMAC 协议的占空比是固定的，不能随着网络负载的变化而自动调整。在高网络负载情况下，节点因为侦听时间过短，导致数据还没传输完毕就要进入休眠状态，这样极大地增加了数据传输的时延；在低网络负载情况下，节点空闲侦听的时间过多，导致能量浪费。

② T-MAC（Timeout MAC）：T-MAC 协议与 SMAC 协议实现机制基本相同，T-MAC 协议在 SMAC 协议的基础上进行了部分改进，把固定占空比改变为自适应的动态占空比机制来适应网络负载的变化。而且 T-MAC 协议在节点侦听时隙中加入了一个给定时间 TA（Time Active），如果在 TA 时间内节点没有任何数据收发事件发生，则节点可以提前结束侦听时隙，进入休眠状态来减少空闲监听时所消耗的能量。

（2）调度型 MAC 协议

通过采用调度型 MAC 协议，网络内的节点以调度方式获得信道。中心节点（如汇聚节点或簇头节点）采用某种调度算法把时隙 / 频段 / 正交码进行划分，然后一一映射给网络中的节点。在每次调度中节点仅使用分配的特定时隙 / 频率 / 正交码进行数据传输。

调度型 MAC 协议优点：避免了节点间进行数据传输的冲突，减少了节点间相互干扰造成的能量损耗；在传输过程中不需要过多的控制信息，节省了开销；信道利用率高；通信时延小。该类型 MAC 协议比较适合对数据实时性要求较高的应用领域，但该类型 MAC 协议对节点之间的时钟同步要求较高，一旦发生时钟漂移则后果难以估计。此外，该类型的 MAC 协议在低负载网络环境中空闲时隙会增多，网络吞吐量会大大降低，且可扩展性较差、灵活性较小，难以适应因网络中节点加入或失效引起的拓扑结构变化。在调度型 MAC 协议中，比较典型的调度方式是时分多址（TDMA）、频分多址（FDMA）和码分多址（CDMA）。其中，因考虑计算复杂度和硬件要求，在 WSN 中采用 FDMA 和 CDMA 方式的应用较少。无线传感器中典型的基于调度的 MAC 协议如下所述。

① DEANA（Distributed Energy Aware Node Activation，分布式能量感知节点激活）协议：DEANA 协议将时间帧划分成调度访问和随机访问这两个阶段。调度访问阶段由若干时隙组成，根据节点的要求分配不同的时隙给节点进行数据传输，这样能避免节点之间产生冲突，节点只在分配到的时隙中进行数据收发，其他时隙可以进入休眠状态。随机访问阶段由若干用于信标交互的时隙组成，主要作用是新节点加入、能量耗尽节点或坏死节点移除以及节点间同步等。与传统的基于 TDMA 的 MAC 协议相比，DEANA 协议可以使节点在没有数据收发的时候及时进入休眠状态来减少对能量的消耗，还可以很好地解决串音问题。但该协议不足的地方是，需要严格的时间同步机制才能保证节点能够有效地进行工作。

② BMA（Bit-Map-Assisted Energy-Efficient MAC，位图辅助节能 MAC）协议：BMA 协议利用分簇结构和改进的 TDMA 机制来减小节点间的竞争冲突和空闲侦听的时间[36]。BMA 协议有簇建立和簇工作两个阶段，在簇建立阶段，根据节点剩余能量的多少进行簇头的选择，被选为簇头的节点进行消息广播，非簇头节点根据接收到的广播消息信号的强弱来判断加入哪个簇。簇工作阶段由控制期和传输期两个周期组成，在控制期簇头发送分配时隙通知，为有需要发送数据的簇成员节点分配一个时隙；在传输期簇成员节点只在分配到的时隙内进行数据传输，在其余时隙进入休眠状态。簇头对簇成员节点发送来的数据进行数据融合，然后向汇聚节点发送。BMA 协议只定义了簇内节点的工作方式，该协议没有给出具体的簇头的数据传输方式。BMA 协议对无线信道的利用率十分有限，当簇成员节点都没有数据要传输时，簇头和簇成员节点都处于空闲侦听状态，导致能量浪费。

③ TRAMA（Traffic Adaptive Medium Access，流量自适应介质接入）协议：TRAMA 协议采用 TDMA 机制和流量调度表来减少节点之间的冲突碰撞，使传感器节点在空闲侦听状态能及时进入休眠模式。TRAMA 协议主要由 NP（Neighbor Protocol，邻居协议）、SEP（Schedule Exchange Protocol，调度表交换协议）、AEA（Adaptive Election Algorithm，自适应时隙选举算法）三部分组成。NP 用来发现两跳内的邻居节点并建立彼此间连接；SEP 用来建立和维护节点间的调度表信息；AEA 根据邻居节点信息和调度表信息来分配当前时隙给某个节点，其他节点在该时

隙则进入休眠状态。TRAMA 协议将传输信道分成一个个时隙，然后采用 AEA 来决定各个时隙的使用者为哪个传感器节点，以此来提高网络的吞吐量和公平性，还能降低隐藏终端带来的问题。但使用 TRAMA 协议的节点传输时延比较大，协议也较复杂，通信开销也大。

（3）混合型 MAC 协议

通过采用混合型 MAC 协议，网络内的节点以竞争和调度相结合的方式获得信道。当节点有数据需要传输时，节点会根据当前网络负载的大小选择不同获取信道的方式。当网络流量负载较小时，节点按照竞争方式进行通信，这样既具有良好的可扩展性，又简单易实现；当网络中流量负载较大时，节点按照调度型方式通信，既避免了节点间的冲突碰撞和串音，又提高了信道利用率。

混合型 MAC 协议优点：竞争方式灵活、可扩展；具有固定分配方式的能耗低、时延小特点；当网络中的某种条件改变时，该类型的 MAC 协议仍以某种协议为主，其他协议为辅，有利于网络达到全局最优化。因此，该类型的 MAC 协议较适合网络负载变化频繁且对时延性和可扩展性要求较高的网络环境。然而，该类型的 MAC 协议算法执行过程较复杂，且控制开销较大，增加了节点能耗。

3. 无线传感器网络的路由协议

路由协议负责将数据包从源节点通过网络转发到目的节点，主要完成寻找优化路径及将数据按优化路径转发两个功能。由于无线传感器网络路由协议是面向应用的，对于不同的网络应用环境，人们提出了大量的路由协议。

无线传感器网络根据拓扑结构可分为平面路由协议和分簇路由协议。平面路由协议一般节点对等、功能相同、结构简单、维护容易，但是它仅适合规模小的网络，不能对网络资源进行优化管理。而分簇协议节点功能不同，各司其职，网络的扩展性好，适合较大规模的网络。典型的平面路由协议有洪泛路由（Flooding Routing）协议（Flooding 路由协议）、闲聊路由（Gossiping Routing）协议（Gossiping 路由协议）、传感器信息协商协议（Sensor Protocol for Information via Negotiation，SPIN）和定向扩散（Directed Diffusion，DD）协议。典型的分簇路由协议有 LEACH 协议（Low Energy Adaptive Clustering Hierarchy，低能耗自适应聚类层次协议，又称低功耗自适应集簇分层型协议）和 TEEN 协议（Threshold sensitive Energy Efficient sensor Network protocol，阈值敏感节能传感器网络协议，又称门限敏感的高效能传感器网络协议）。

（1）Flooding 路由协议和 Gossiping 路由协议

① Flooding 路由协议是一种传统的网络路由协议，网络中各节点不需要掌握网络拓扑结构和计算路由算法。节点收到感应数据后，以广播的形式向所有邻居节点转发该数据，直到数据包到达目的节点或预先设定的生命期限变为零为止或到所有节点拥有数据副本为止。泛洪路由协议实现起来简单、健壮性好，而且时延短、路

径容错能力强，可以作为衡量标准去评价其他路由算法，但是很容易出现消息"内爆"、盲目使用资源和消息重叠的情况，消息传输量大，加之能量浪费严重，泛洪路由协议很少直接使用。

② Gossiping 路由协议是对泛洪路由协议的改进，节点在收到感应数据后不是采用广播形式而是随机选择一个节点进行转发，这样就避免了消息"内爆"，但是随机选取节点会造成路径质量的良莠不齐，增加了数据传输时延，并且无法解决资源盲目利用和消息重叠的问题。

（2）SPIN（传感器协议信息协商）

SPIN 是以数据为中心的自适应路由协议，针对泛洪算法中的"内爆"和"重叠"问题它通过协商机制来解决。由于元数据小于采集到的整个数据，能量消耗比较少，所以节点间通过发送元数据（meta-data，描述传感器节点采集的数据的数据）而不是发送采集到的所有原数据进行协商。而且传感器节点监控各自能量的变化，若能量处于低水平状态，则必须中断操作转而充当路由器的角色，所以在一定程度上避免了资源的盲目使用。但在传输新数据的过程中，没有考虑到邻居节点自身能量的限制，只直接向邻近节点以广播方式发送数据包，不转发任何新数据，如果新数据无法传输，就会出现"数据盲点"，影响整个网络数据包信息的收集。

（3）DD（定向扩散）协议

DD 协议是多用于查询的扩散路由协议，与其他路由协议相比，最大特点就是引入梯度的理念，表明网络节点在该方向的深入搜索获得匹配数据的概率。它以数据为中心，生成的数据常用一组属性值来为其命名。

DD 主要由兴趣扩散、初始梯度场建立和数据传输三个阶段组成。

① 兴趣扩散阶段。

汇聚节点下达查询命令多采用洪泛方式，传感器节点在接收到查询命令后对查询消息进行缓存并进行局部数据的融合。

② 初始梯度场建立。

随着兴趣查询消息遍布全网，梯度场就在传感器节点和汇聚节点间建立起来，于是多条通往汇聚节点的路径也相应地形成。

③ 数据传输阶段。

DD 协议通过加强机制发送路径加强消息给最新发来数据的邻居节点，并且给这条加强消息赋予一个值，最终梯度值最高的路径为数据传输最佳路径，数据沿这条梯度值最高的路径以规定速率传输数据，其他梯度值较低的路径被视为备份路径。

DD 协议多采用多路径，鲁棒性好；节点只需与邻居节点进行数据通信，从而避免保存全网的信息；节点不需要维护网络的拓扑结构，数据的发送基于需求，这样就节省了部分能量。DD 协议的不足是在建立梯度时花销大，多数网络一般不建议使用；时间同步技术在数据融合中的利用，增加了开销。

（4）LEACH 协议

LEACH 协议是由 Heinzelman 等人提出的基于数据分层的协议，在无线传感器网络路由协议的发展中占有不可或缺的地位，被普遍认为是第一个自适应分簇路由协议，其他路由协议如 TEEN、APTEEN（Adaptive Periodic Threshold-sensitive Energy Efficient sensor Network protocol，自适应周期性阈值敏感节能传感器网络协议，自适应周期性门限敏感的高效能传感器网络协议）和 PEGASIS（Power Efficient GAthering in Sensor Information System，传感器信息系统中的节能采集）协议等多是在 LEACH 协议的基础上发展而来的。

LEACH 协议的特点主要有动态轮选簇首、自组织产生簇结构和簇内执行数据融合等，LEACH 协议的工作循环（或称周期）以"轮"计，每轮中包含两个操作阶段，即准备阶段（Set-up Phase）和就绪阶段（Ready Phase）。为使得总能耗最小，一般规定就绪阶段比准备阶段工作时间长。

在准备阶段，每个节点通过随机函数产生一个[0,1]范围内的随机数，同式（2-1）得到的一个阈值 $T(n)$ 对比，如果随机数大于阈值 $T(n)$，那么这个节点就被选为簇首。

$$T(n)=\begin{cases} \dfrac{K}{1-K \times \left(r \bmod \dfrac{1}{K}\right)} & \text{如果 } n \in S \\ 0 & \text{其他} \end{cases} \tag{2-1}$$

式中，r 表示当前的轮数；K 是预设常量，表示网络中簇首的数量与总节点数之比；S 表示最近的 $\dfrac{1}{K}$ 轮中还没有当选过簇首的节点集。

簇首选出后，就要向全网广播当选成功的消息，其他节点根据接收到信号的强度来选择它要加入哪个簇并递交入簇申请，信号强度越强表明离簇首越近。当完成簇成型后，簇首根据簇成员的数量的多寡，需要发送给本簇内的所有成员一个时间调度表。簇成员在数据采集时就根据事先设置的时间表采集数据，并上传给簇首。簇首将接收到的数据进行数据融合后直接传给汇聚节点。当数据采集达到规定时间或次数后，网络开始新一轮的工作周期，簇首依然根据上述步骤进行再一次的选举。

该协议实现简单，由于利用了数据融合技术，在一定程度上减少了通信流量，节省了能量；由于随机选举簇首，平均分担路由任务量，减少能耗，延长了系统的寿命。该协议也存在不可忽视的缺点，比如由于簇首选举是随机地依据本地信息自行来决定的，避免不了出现位置随机、分布不均的情况；每轮簇首的数量和不同簇中节点数量不同导致网络整体负载的不均衡；多次分簇带来了额外开销和覆盖问题；在选举簇首时没有考虑节点的剩余能量，有可能导致剩余能量很少的节点随机当选成为簇首；如果汇聚节点位置与目标区域有较大的距离，且功率足够大，通过单跳通信传送数据会造成大量的能量消耗，所以单跳通信模式下的协议比较适合小规模网络；另外，该协议在单位时间内一般发送数量基本固定的数据，不适合突发性类的通信场合。

（5）TEEN 协议

TEEN 协议是第一个事件驱动的响应型聚类路由协议。根据簇首与汇聚节点间距离的远近来搭建一个层次结构，其中有两个重要参数：硬阈值和软阈值。

硬阈值设置一个检测值，只有当传送的数据值大于硬阈值条件时，节点才允许向汇聚节点传数据。而软阈值设置一个检测值的变化量值，规定只有当传送数据的改变量大于设定的软阈值时，才同意再次向汇聚节点传数据，这两个阈值决定了节点何时能发送数据。

TEEN 协议工作原理如下：当首次发送的数据值大于硬阈值时，下一级节点向上一级节点报告，并将数值保存起来；此后当发送数据值大于硬阈值且变化量大于软阈值时，低一级节点才会再次向上一级节点发送数据。

TEEN 路由协议通过设置软、硬阈值，具有了过滤功能，精简数据传输量，数据传输量比主动网络少，节省了大量的能量，适合响应型应用。层次型的簇首结构无须所有节点具有大功率通信能力，更适合网络的特点。

4. 无线传感器网络的定位技术

在传感器网络的实际应用中，位置信息必不可少且至关重要。如对目标实施定位和跟踪、监测森林火灾、区域环境参数监测等，获知位置信息是实现应用的基础。不能提供位置信息的监测数据没有实用价值。因此定位技术成为无线传感器网络的重要支撑技术之一。由于 GPS 的高能耗，因此为所有传感器配备定位系统或 GPS 是不现实的。目前，WSN 定位算法根据是否测距分为两大类：距离相关（Range-Based）定位算法与距离无关（Range-Free）定位算法。

（1）距离相关定位算法

距离相关定位算法一般使用额外的硬件设备来获取节点间更多的信息，利用这些额外的信息，根据信标节点的位置来估计未知节点的坐标，较为经典的几种测距技术为基于到达时间（TOA）、到达时间差（TDOA）、到达角度（AOA）和信号强度指示（RSSI）等技术，利用节点与信标节点间的相对距离以及信标节点的位置信息，结合三角测量法、极大似然估计法或三边测量法对未知节点进行定位。距离相关定位虽然定位精度较高、操作简易，但是需要节点携带用于距离测量的装置，这将提高整个 WSN 网络的造价并且减少节点的工作寿命。

① 基于 TOA（Time of Arrival）定位。

基于 TOA 定位测量方法简单，有较高的定位精度，但是要做到严格的时间同步比较难，如何精确测量时间也是一大难点且受外界环境影响比较大。基于 TOA 定位算法的原理是：将信号的传播速度与信号的传播时间相乘，将得到的值作为未知节点与信标节点间的估计距离，再利用已有的定位方法计算出未知节点的坐标[37]。

② 基于 TDOA（Time Difference on Arrival）定位。

基于 TDOA 的测距方法在视距情况下有较好的定位效果，但对硬件的要求较高且信号在传输过程中极易受环境影响，应用的场合也比较单一。基于 TDOA 定位算法的原理是：信标节点同时发射两种传播速度不同的信号，接收节点获得两种信号后，在测得两次信号到达时间差和它们分别的传播速度后，计算未知节点与信标节点间的距离。

③ 基于 AOA（Angle of Arrival）定位。

基于 AOA 的测距方法需要额外的硬件设备如天线阵列或有向天线的支持。基于 AOA 定位算法的原理是：为未知节点配备天线设备，根据接收到的信号信息来测得信号的到达角度，从而得到未知节点与信标节点间的相对角度，再利用三角测量法计算出未知节点坐标。

④ 基于 RSSI（Signal Strength Indication）定位。

由于每个传感器节点都有通信测距的能力，因此，采用 RSSI 测距方法成本低，但在实际应用中，对锚节点数量的要求很高，也容易受到多路径反射、非视线问题等环境因素的影响。基于 RSSI 定位算法的基本原理是：首先得到发射端的发射信号强度以及接收端的信号强度，根据以上两端信号强度得到该信号在传播过程中的损耗情况，然后采用特定的信号传播模型，通过计算得到发射端与接收端两端之间的距离。

（2）距离无关定位算法

距离无关定位算法无须获取节点间的实际距离长度信息，利用节点间的简单泛洪通信，结合信标节点坐标信息就可对未知节点进行定位。典型的距离无关算法包括质心算法、DV-Hop 算法和 APIT 算法等。这些算法拥有一个共同的优点，那就是硬件开销小。由于距离无关算法缺少测距硬件的支持，相比距离相关算法其定位精度整体较低。但在实际应用场景中，距离无关定位算法及其改进算法已能满足大部分精度需求，结合成本优势，其综合优势较为明显。

① 质心算法。

在无线传感器网络中，一个无线传感器节点周围通信范围能够覆盖该节点的信标节点，把这些坐标信息已知的信标节点看成一个多边形，利用计算质心的几何公式就可以得到质心的坐标，也就是未知节点的近似坐标。

利用质心定位算法，就不需要节点之间进行通信，而是依赖于传感器网络的连通性以及信标节点的覆盖密度，密度越大，越均匀，则定位精度就越高，而且很容易实现。质心算法是一种很常用的算法，可以通过增加加权系数来对算法进行改进以提高精度。

② DV-Hop（Distance Vector-Hop，距离矢量跳）算法。

基于距离矢量的 DV-Hop 算法使用已知位置节点的坐标来估测跳跃距离，并使用最短路径的跳跃距离估计未知节点和信标节点的距离。该算法适用场景比较单一，只能用在各向同性的密集网络中，且定位误差较大。大量实验表明，当无线传感器网络中的平均连通度为 10 且锚节点比例为 10%时，定位精准度约为 33%[38]。

到目前为止，无线传感器网络定位研究已取得了一定的成果，但仍存在以下很多问题：如何考虑硬件成本的限制；如何平衡节点能耗与定位精度；如何解决算法应用环境单一性问题，寻求更加通用性的定位算法或系统；如何将模拟定位算法应用于具体的现实环境，设计出切合实际的算法或系统。

5. 无线传感器网络应用

与传统无线网络对比分析，无线传感器网络具有集感知、处理、传输于一体，硬件资源有限，电源容量有限，无中心，自组织，多跳路由，动态拓扑，节点数量众多，分布密集等特点，因此，在很多方面均具有广阔的应用价值。

（1）无线传感器网络在军事领域应用

无线传感器网络的研究最早起源于军事领域，战场环境恶劣、瞬息万变，致使收集敌军情报具有一定的难度和危险性。无线传感器网络具有可快速部署、隐蔽性强、自组织和高容错性的特点，能够实现对敌方地形、兵力布防以及装备的侦察，实时监视战场形势，准确定位攻击目标，评估战场，探测和侦察生化武器。此外，该网络技术在军火、士兵、装备等方面可以进行准确地敌我识别处理，避免出现误伤情况；该网络技术还可以对射击目标进行跟踪，以便实现精确制导，准确识别出是否存在核武器进攻，尽可能地减少损伤和死亡率。

（2）无线传感器网络在环境监测中的应用

为了对生态环境实施有效监控，避免环境进一步恶化，可将无线传感器网络技术应用到环境监测中。无线传感器技术可用于地理和气象的研究，人为或自然灾害、土壤空气变化、家禽和牲畜的生存环境状况监测，大面积地表检测，跟踪珍稀鸟类动物和昆虫，以及濒危物种的研究等。

（3）无线传感器网络在医疗护理中的应用

在医疗护理领域，无线传感器网络在远程健康监控管理、看护、生活支持、重症患者护理等方面的应用比较广泛。利用无线传感器网络设备，可以将信息收集在传感器节点中，以便对患者的实际病情进行实时准确的了解，并根据实际情况给予及时的应急处理与救助。此外，通过无线传感器网络可以帮助残障人员实现生活自理，减轻医护人员的工作负担。

（4）无线传感器网络在建筑物状态监控中的应用

利用无线传感器网络监控建筑物的安全状态。由于有些建筑物不断修补，可能存在一些安全隐患，或许地壳偶尔的小震动不会带来明显的安全隐患，但可能会在大柱上产生潜在的裂痕，裂痕或许在下一次地壳震动中导致建筑物倒塌。传统的检测方法需将建筑物封闭数月，而采用无线传感器网络使建筑物能自行检测状况，并将状态信息传递给管理部门，以便按照隐患级别顺序进行相应的修复工作。

（5）无线传感器网络在农业生产中的应用

随着通信、计算机、传感器网络等技术的迅猛发展，将物联网应用到农业监测系统中是目前的发展趋势，它将采集到的温度、湿度、光照强度、土壤水分、土壤温度、植物生长状况等农业信息进行加工、传输和利用，为农业生产在各个时期的精准管理和预测预警提供信息支持，追求以最少的资源消耗获得最大的优质产出，使农业增长由主要依赖自然条件和自然资源向主要依赖信息资源转变，使不可控的产业得以有效控制。

（6）无线传感器网络在空间探索中的应用

在太空空间探索方面，通过航天飞行器布撒的传感器网络节点实现对星球表面长时间的检测是一种经济并且可行的方案。空间探索中特殊的环境也需要极高的自动化，因此，无线传感器网络在空间探索方面具有很高的应用价值。美国国家航空与航天局（NASA）的 JPL（Jet Propulsion Laboratory）实验室的"Sensor Web"计划即为将来的火星探测进行技术准备，并已在佛罗里达宇航中心的环境监测项目中进行了测试和完善。

（7）无线传感器网络在智能电网中的应用

随着电网智能化的快速发展，用户对电力系统的要求也越来越高，未来电网的建设与发展必须满足不同用户的多种需求，而且还要具备交互性和高安全性等特点。无线传感器网络技术是智能电网的关键基础技术，智能电网构架中分布着输电、变电、配电网络，为了及时准确地调配电力资源，以达到有效合理地利用电力资源的目的，必须及时对智能电网的电力参数进行感知，详细了解电网运行状态。利用无线传感器网络对电力设备的运行状态进行实时监控，能够达到对电力故障的快速定位并及时排除故障的目的。

（8）无线传感器网络在物流跟踪中的应用

物流网络的信息化已成为物流产业发展的必然趋势，而利用无线传感器网络技术能高效地实现物流信息采集，降低物流成本，提高物流的信息化和智能化水平。货物物流状态的感知可以通过一个基于无线传感器网络的智能追踪系统，实时准确地获取货物的相关地理位置信息。无线传感器网络不仅限于自动跟踪监控等应用，同时也将感知的情景信息存储在特定数据库中，并能根据特定情况做出智能化的决策和建议。因此，利用无线传感器网络发展智能物流有很多优势。

（9）无线传感器在智能家居中的应用

智能家居的主要控制部分为由嵌入家具和家电中的传感器与执行单元组成的无线传感器网络，无线传感器网络可智能控制空气的温度和湿度等，并检查分析空气成分，使住户安心入住。同时，智能家居中的无线传感器网络可以根据住户的要求合理地调整控制方案，加强紧急处理、危机救护等急救控制，提供更加方便、舒适、具有人性化的智能家居环境，使控制更高效、便捷，还能为家庭的日常生活节约能耗，提高能源利用率。

2.3 本 章 小 结

物联网是以感知为目的的物物相连系统，因此感知技术是构建整个物联网系统的基础。本章主要介绍了物联网感知技术中的两种主要技术——传感器技术和识别技术。物联网的不断发展将对物联网感知技术提出更多、更高的要求，同时也将促进感知技术的进一步革新和突破。

第3章 物联网网络技术

3.1 近距无线通信技术

全面的互联互通是物联网的特点之一。通常情况下，网络中既有智能设备又有非智能设备，非智能设备通常速率较低、通信覆盖范围较小、计算能力较差、自身能量也非常有限。低速无线网络是为适应物联网中这些智能程度较低的设备而提出的短距离、低功耗无线通信方式。

3.1.1 红外

红外是一种点对点的近距离无线通信方式。任何具有红外端口的设备间都可进行信息交互，且设备通常体积小、成本低、功耗低、不需要频率申请。由于需要将端口对接才可进行点对点数据传输，因此保密性较强。但其设备必须在可见范围内，传输距离较短，对障碍物的衍射能力较差。

红外的标准是红外数据组织 IrDA（the Infrared Data Association，红外线数据协会，简称红外数据协会）提出的 IrDA 数据协议。IrDA 数据协议由物理层、链路接入层和链路管理层三个基本协议层组成，并且 IrDA 协议栈支持 IrLAP、IrLMP、IrIAS、IrIAP、IrLPT、IrCOMM、IrOBEX 和 IrLAN 等。

红外端口是目前在世界范围内被广泛使用的一种无线连接端口，被众多的硬件和软件平台所支持，尤其在小型移动设备中应用更为普遍。如配备有红外端口的手机只需要设置好红外连接协议便可轻松实现无线上网，不需要有线媒介和智能卡支持。但由于红外技术功能单一，扩展性差，且传输过程不可控，现已逐渐退出市场，被其余的无线通信技术所取代[39]。红外模块及正在利用红外端口传送数据的手机如图 3-1 所示。

图 3-1　红外模块及正在利用红外端口传送数据的手机

3.1.2 蓝牙

1. 蓝牙技术概述

随着通信技术不断深入到人类的日常生活，人们提出了在自身附近几米范围内通信的要求，这样就出现了个人区域网络（Personal Area Network，PAN）和无线个人区域网络（Wireless Personal Area Network，WPAN）的概念。WPAN 为近距离范围内的设备建立无线连接，把几米到几十米范围内的多个设备通过无线方式连接在一起，使它们可以相互通信甚至接入 Internet 和移动通信网。蓝牙及 ZigBee 都是为满足人们在几米到几十米的活动范围内的通信要求，可用于无线个人区域网络中的技术，其中蓝牙是一种支持设备短距离、高数据速率通信的无线电技术，工作在 2.4 GHz ISM（即工业、科学、医学）频段，可在移动电话、PDA、无线耳机和笔记本电脑等众多设备之间以无线传输的方式实现信息交互。为保证在复杂的无线环境中能够安全可靠地工作，蓝牙采用跳频和快速确认技术以确保链路稳定[40]。理论上，蓝牙所采用的跳频技术可达到每秒 1600 次，有 79 个可用的信道。蓝牙标志及蓝牙耳机如图 3-2 所示。

图 3-2　蓝牙标志及蓝牙耳机

蓝牙标准将输出功率范围提高为-20～+20 dBm，为蓝牙信号在更大范围内有效传输提供了保障。但是，无线信号在传输过程中受到的影响因素较多，发射功率与覆盖范围之间的关系难以准确计算。另外，材料、墙壁和其他 2.4 GHz 源的干扰都可能改变信号所达的范围。除了增加发射功率，在工程实践中还可通过提高接收灵敏度来加大传输距离。理论上，蓝牙发射和接收设备的有效工作距离可达 300 m。

蓝牙可支持最大为 2 Mbps 的数据流量。然而由于需要考虑跳频、纠错开销、协议开销、加密和其他环境因素，用于有效净荷传输的流量无法达到最大值。其他工作于 2.4 GHz 的设备，如 IEEE 802.11b 的 WAN 也将对蓝牙设备的信号造成干扰。

蓝牙是一个开放性、低功耗、低成本、短距离的无线通信技术，其采用 FM 调制方式以抑制干扰、防止衰落并降低设备的复杂性；同时，蓝牙以时分双工（TDD）方式进行全双工通信，其基带协议是电路交换和分组交换的组合。单个跳频频率发送一个同步分组，每个分组可以占用 1～5 时隙。此外，蓝牙技术支持异步数据信道，或三个并发的同步语音信道，同时，还支持单个信道同时传送异步数据和同步语音。每个语音信道支持 64 kbps 同步语音；异步信道可以支持非对称连接，两个节点的速率分别为 721 kbps 和 57.6 kbps，也可以支持 432.6 kbps 的对称连接。采用前向纠错（FEC）编码技术，包括 1/3 FEC、2/3 FEC 和自动重传请求（ARQ），以降低重发次数，减少远距离传输时的随机噪声影响。不过由于增加了冗余信息，造成了不必要的开销，使数据的吞吐量减小[41]。

2. 蓝牙标准分析

作为一种无线通信标准，蓝牙标准由相关特别兴趣小组（SIG）制定。SIG 于 1998 年 5 月，由 Ericsson、Intel、IBM、Nokia 和 Toshiba 等公司发起，目前，在全球范围内有超过 20 000 家成员，包括消费类电子产品制造商、芯片制造厂家与电信运营商等。

蓝牙标准体系中的协议按特别兴趣小组（SIG）的关注程度分为四层：核心协议，包括基带（Base-Band，BB）协议、链路管理协议（Link Manager Protocol，LMP）、逻辑链路控制适配协议（Logic Link Control and Adaptation Protocol，L2CAP）、服务发现协议（Service Discovery Protocol，SDP）；串口仿真协议（RFCOMM）；电话控制协议规范（Telephone Control Protocol Specification，TCS）；选用协议，包括点对点协议（Point to Point Protocol，PPP）、网际协议、传输控制协议、用户数据报协议（User Datagram Protocol，UDP）、对象交换协议（OBEX）和无线应用协议（WAP）等。此外，还定义了主机控制器接口（Host Controller Interface，HCI），为基带控制器、连接管理器、硬件状态和控制寄存器提供命令接口。蓝牙核心协议由 SIG 制定的蓝牙专用协议组成。绝大部分蓝牙设备都需要核心协议，而其他协议则根据用户需求选择性地使用。电缆代替协议和电话控制协议规范与被采用的协议在核心协议基础上构成了面向应用的协议。

3. 蓝牙网络拓扑结构

从 2011 年的蓝牙 4.2 到 2016 年的蓝牙 5，蓝牙主标准针对的都是点对点连接和点对多点连接，对应两种网络拓扑结构：微微网（Piconet）和散射网（Scatternet），如图 3-3 所示。微微网中只有一个主单元（Master），最多支持 7 个从单元（Slave）与主单元通信。主单元以不同的跳频序列来识别从单元，并与之通信。若干个微微网形成一个散射网，蓝牙设备既可以作为一个微微网中的主单元，也可以在另一个微微网中作为从单元。

多个微微网可以连接在一起组成更大规模的网络，靠跳频顺序识别每一个微微网，同一个微微网中的所有用户都与跳频顺序同步，其拓扑结构可以被描述为多微微网结构。在一个多微微网结构中，在带有 10 个全负载的独立微微网的情况下，全双工数据速率超过 6 Mbps。

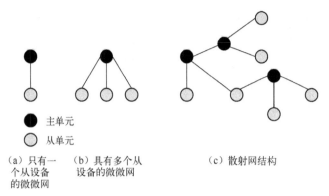

（a）只有一　（b）具有多个从　　　　（c）散射网结构
个从设备　设备的微微网
的微微网

图 3-3　微微网与散射网

2017 年 7 月，蓝牙技术开始全面支持 Mesh（网状）网络，形成多点对多点的连接。图 3-4 给出了蓝牙 Mesh 网络拓扑，节点可配置多个属性，包括代理节点（Proxy）、边缘节点（Edge）、中继节点（Relay）、朋友节点（Friend）和低功耗节点（Low Power）。与上述的星状网络不同，蓝牙 Mesh 网络中不存在主节点，每个节点可以跨越一定数量的中间节点以多跳的方式到达网络中的其他节点。在蓝牙 Mesh 网络中，没有静态或动态路由，而是采用可管理的洪泛机制进行消息传输，每个节点都采用广播方式转发收到的数据。多点对多点的 Mesh 技术让蓝牙在组网能力上有了巨大的提升，且具有较高的稳健性、安全性和兼容性。

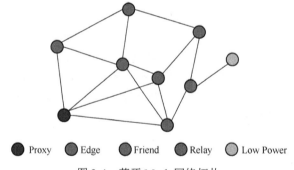

● Proxy　● Edge　● Friend　● Relay　○ Low Power

图 3-4　蓝牙 Mesh 网络拓扑

4. 蓝牙技术特点及应用

蓝牙技术设计之初是为取代现有的掌上电脑、移动电话等各种数字设备上的有线电缆连接，为用户提供低成本、近距离的无线通信，使得近距离内各种设备能够实现无缝资源共享。因此，蓝牙技术拥有如下几个特点。

● 全球范围适用；
● 可同时传输语音和数据信息；
● 可建立临时性的对等连接；
● 具较好的抗干扰能力；
● 体积小，便于集成；
● 功耗低；

- 开放的接口标准；
- 成本低。

2016 年 12 月初 SIG 推出了新的蓝牙核心规范版本——蓝牙 5，为物联网设备的低功耗连接提供了一个可行、高效的解决方案。蓝牙 5 除了具有蓝牙技术的特性，如无线频段选择、媒体介入控制和纠错等特性，还加入了以下全新的特性：4 倍的传输距离、2 倍的传输速度和 8 倍的广播数据传输量的提升，更好的兼容性和更高的室内定位精度[42]。蓝牙 5 新特性使数据传输多样化，优化用户获取信息的体验。更长的传输距离可以满足更广的覆盖范围；更快的传输速度可以提高设备的响应能力和性能；广播数据量的提升极大地提升了设备的数据发送量，满足更多的应用要求。蓝牙 5 的这些新特性使其可以在日新月异的智能家居、楼宇、医疗、信标、定位和其他物联网场景中的应用更为广泛。

2019 年 1 月，SIG 公布了蓝牙 5.1 标准。蓝牙 5.1 在蓝牙 5.0 的基础上引入了寻向功能，让蓝牙成为继 GPS 和 WiFi 之外另外一种使用定位服务的方式。寻向功能主要采用了两种定位技术，一种是到达角（Angle of Arrival，AoA）测量技术；另一种是出发角（Angle of Departure，AoD）测量技术。该测向功能不但可以在蓝牙 5.1 上检测到特定对象的距离，还能找到设备信号发射的方向，从而实现追踪物品和引导的功能，其精度达到了厘米级，能够应用于室内导航、物品追踪、房屋门禁等场景。此外，规范还增加了一些其他功能，例如，对通用属性配置文件（Generic ATTribufe ProFile，GATT）缓存的改进，可以在服务器和客户端之间实现更快、更节能的连接。

2020 年年初发布的蓝牙 5.2 标准主要增加了 LE 同步信道、增强 ATT 和 LE 功率控制三个功能。LE 同步信道是支撑下一代蓝牙音频的核心技术，LE 同步信道为实现下一代蓝牙音频的多声道音频流和基于广播音频流的共享音频应用打下了基础。蓝牙 5.2 版本还对 ATT 协议进行了完善，用于快速读取属性值，这一新增功能将提高基于 ATT 协议的信息交互效率，实现快速服务发现等功能。同时，蓝牙 5.2 版本定义了低功耗蓝牙的双向功率控制协议，有助于在保持连接的情况下进一步降低功耗并提高设备连接的稳定性和可靠性，可用于实现多种应用场景。

3.1.3　ZigBee

1. ZigBee 技术概述

与蓝牙标准类似，ZigBee 技术也是针对 WPAN 网络而产生的一种面向自动控制的低速率、低功耗、低成本短距离无线通信技术。该技术标准由 IEEE 802.15.4 小组与 ZigBee 联盟专为低速率传感器和网络控制设计。ZigBee 联盟是一个全球性的企业联盟，由 Honeywell、Mitsubishi、Motorola、Philips 和 Invensys 共同成立，旨在合作实现基于全球开放标准的、可靠、低成本、低功耗的无线联网产品。

ZigBee 的名称来源于蜜蜂的八字舞，蜜蜂之间通过跳 Zigzag 形状的舞蹈互相交流，与同伴传递花粉所在方位和距离等信息。同其他无线协议相比，ZigBee 提供了低复杂性、低功耗的通信方式。ZigBee 技术能融入各类电子产品，应用范围横跨全球民用、商用、公用及工业等领域。随着 ZigBee 技术的不断完善，它将成为当今世界最前沿的数字无线技术，它的广泛应用必将为人们的日常生活带来极大的方便与快捷。ZigBee 模块与 ZigBee 网络如图 3-5 所示。

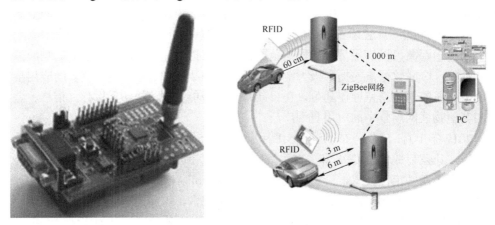

图 3-5 ZigBee 模块与 ZigBee 网络

2. ZigBee 协议栈

ZigBee 协议栈是在 OSI 七层模型的基础上根据市场和实际需要定义的，自下而上包括物理层、媒体访问控制（MAC）层、网络层（NWK）和应用层（APL）。其中，物理层和 MAC 层由 IEEE 802.15.4 制定，网络层和应用层由 ZigBee 联盟制定[43]。ZigBee 协议栈如图 3-6 所示。

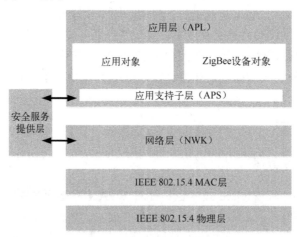

图 3-6 ZigBee 协议栈

（1）物理层

IEEE 802.15.4 物理层负责无线发射机的激活或非激活状态管理，节点采用

CSMA/CA 方式进行空闲信道评估、信道频率选择、数据的发送和接收，同时，节点还可以在当前信道内进行能量检测，衡量当前节点之间的链路质量。IEEE 802.15.4 定义了两个物理层标准，分别是 2.4 GHz 物理层和 868/915 MHz 物理层。两者均基于直接序列扩频（Direct Sequence Spread Spectrum，DSSS）技术。868 MHz 支持一个信道，传输速率为 20 kbps；915 MHz 支持 10 个信道，传输速率为 40 kbps，两个频段均采用 BPSK 调制。2.4 GHz 支持 16 个信道，能够提供 250 kbps 的传输速率，采用 O-QPSK 调制。

信道能量检测为网络层提供信道选择依据，它主要测量目标信道中接收信号的功率强度，由于检测过程本身不进行解码操作，所以得到的结果是有效信号功率和噪声信号功率之和。

当网络层或应用层接收数据帧时，链路质量参数能够为节点提供无线信号的强度和质量相关信息，与信道能量检测不同，链路质量评估过程需要对信号进行解码，生成信噪比相关指标数值，进而，与物理层数据单元一起提交给上层进行进一步处理。

空闲信道评估：IEEE 802.15.4 定义了三种空闲信道评估模式。第一种模式，简单判断信道的信号能量，当信号能量低于某一个门限值时就认为信道空闲；第二种模式，通过无线信号的特征判断信道空闲，该特征主要包括两个方面，即扩频信号特征和载波频率；第三种模式是前两种模式的综合，同时检测信号强度和信号特征，给出信道空闲判断。

（2）MAC 层

IEEE 802.15.4 标准中所定义的 MAC 层主要对无线物理信道的接入过程进行管理，并产生和识别节点网络地址以及帧校验序列。具体功能包括：网络协调器（Coordinator）产生网络信标、网络中设备与网络信标同步、完成 PAN 的入网和脱离网络的过程、网络安全控制、利用 CSMA/CA（Carrier Sense Multiple Access with Collision Avoidance）机制进行信道接入控制、处理和维持保护时隙（Guaranteed Time Slot，GTS）机制、在两个对等的 MAC 实体间提供可靠的链路连接。

IEEE 802.15.4 LR-WPAN 标准允许使用超帧结构，每个超帧都以网络协调器在规定的时间间隔内发出信标帧为开始，在该信标帧中包含了超帧将持续的时间以及对这段时间的分配等信息。网络中的普通设备接收到超帧开始时的信标帧后，就可以根据其中的内容安排自己的任务，例如，进入休眠状态直到这个超帧结束。

超帧将通信时间划分为活动期和睡眠期（不活跃时段）。在睡眠期，协调器不会同网络中的其他节点发生信息交换，进入低功耗模式以节省能量。超帧的活动期又划分为三个时段：信标发送时段、竞争访问时段（Contention Access Period，CAP）和非竞争访问时段（Contention Free Period，CFP）。超帧活动期被划分为 16 个等长的时隙，每时隙的长度、竞争访问时段包含的时隙数等参数都由协调器设定，并通过超帧开始时发出的信标帧广播到整个网络。图 3-7 所示为超帧结构。

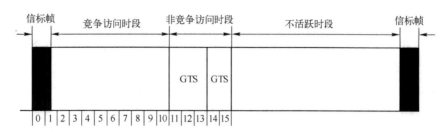

图 3-7　超帧结构

在超帧的竞争访问时段，IEEE 802.15.4 网络设备使用 CSMA/CA 访问机制，并且任何通信都必须在竞争访问时段结束前完成。竞争访问时段结束后是非竞争访问时段，它由保护时隙构成，一般情况下，保护时隙的数量最多为 7 个。在超帧结构中，必须保证有足够长的非竞争访问时段，以向网络中的设备提供竞争接入的机会。任何设备的信息传输必须在下一个保护时隙开始前或者非竞争访问时段结束前完成。

媒体访问控制（MAC）层的帧被称为 MAC 层协议数据单元（MPDU），由 MAC 头（MAC Header，MHR）、MAC 净荷（MSDU）和 MAC 尾（MAC Footer，MFR）三部分组成。MAC 帧结构如图 3-8 所示。

字节：2	1	0/2	0/2/8	0/2	0/2/8	可变	2
帧控制域	帧序列号域	目的 PANID	目的地址	源 PANID	源地址	帧净荷	FCS
		地址域					
MHR						MSDU	MFR

图 3-8　MAC 帧结构

其中，MAC 头由帧控制域、帧序列号域和地址域组成；MAC 净荷（MSDU）为 MAC 帧携带的数据净荷；MAC 尾（MFR）包含相应 MAC 帧的 FCS 校验信息，保证数据的可靠传输。

MAC 帧有四种不同的帧形式，即信标帧、数据帧、确认帧和 MAC 命令帧。

① 信标帧。

信标帧的 MSDU 由四个部分组成：超帧描述字段、GTS 分配字段、待转发数据目标地址字段和信标净荷数据。其中，超帧描述字段规定了该超帧的持续时间、活跃时段持续时间以及竞争访问时段持续时间等信息。GTS 分配字段将非竞争时段分为若干个 GTS，并把每个 GTS 具体分配给某个设备。待转发数据目的地址字段列出了与协调器保存的数据相对应的设备地址。信标帧净荷数据为上层协议提供数据传输接口。

② 数据帧。

在 ZigBee 设备之间进行数据传输时，要传输的数据由应用层生成，经过逐层处理后发送给 MAC 层，形成了 MAC 层服务数据单元（MSDU），再加上 MHR 信息和 MFR 信息后，就构成了 MAC 帧。

③ 确认帧。

为保证设备之间通信的可靠性，发送设备通常要求接收设备在接收到正确的帧信息后返回一个确认帧，向发送设备表示已经正确地接收了相应的信息。帧确认机制是一种可选机制，发送设备可以要求发送确认信息，也可以不要求发送确认信息。设备只对数据帧和 MAC 命令帧使用帧确认机制，在任何情况下都不会给信标帧或确认帧回应确认信息。设备设有超时重传机制，在一定时间内没有收到确认帧，会择机重新发送该帧。对于不要求确认的数据帧，发送以后就认为该数据帧发送成功，并从本地缓冲队列中删除该数据帧。

④ MAC 命令帧。

MAC 命令帧主要用于完成三个功能：关联设备到 PAN 网络、与协调器交换数据和分配 GTS。命令帧在帧格式上与其他类型的帧没有太多的区别，只是帧控制字段的帧类型位有所不同。命令帧的具体功能由帧的负载数据表示。负载数据是一个变长结构，所有命令帧负载的第一字节是命令类型字节，后面的数据针对不同的命令类型有不同的含义。

（3）网络层

ZigBee 的网络层负责完成网络层级的通信，包括网络拓扑结构管理、节点间的路由选择以及消息安全性控制。ZigBee 网络是一种动态网络，因而网络层需要不断维护网络中的节点信息。在实际应用中，网络层协议的配置需指定网络的性能及参数。例如，网络拓扑类型、节点数量以及数据安全性等。具体来说，ZigBee 网络层的主要功能就是通过相关的功能实体确保 ZigBee 的 MAC 层（IEEE 802.15.4）正常工作，并且为应用层提供合适的服务接口。为了向应用层提供接口，网络层提供了两个必需的功能服务实体，它们分别为数据实体和管理实体[44]。网络层数据实体（NLDE）通过网络层数据实体服务接入点（NLDE-SAP）提供数据传输服务，网络层管理实体（NLME）通过网络层管理实体服务接入点（NLME-SAP）提供网络管理服务，并且，网络层管理实体还需要完成对网络信息库（NIB）的维护和管理[45]。MAC 层实体通过 MAC 公共部分服务接入点（MCPS-SAP）提供数据服务，通过 MAC 层管理实体服务接入点（MLME-SAP）提供管理服务。网络层参考模型如图 3-9 所示。

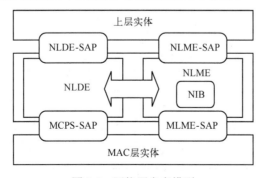

图 3-9　网络层参考模型

每个网络层帧由网络层（NWK）帧头和网络层（NWK）净载荷组成；其中，NWK 帧头由帧控制域、地址域（包括目的地址、源地址和广播半径）和序列号组成；NWK 净载荷长度可变，其中包含了指定帧类型的信息。

NWK 帧格式如图 3-10 所示。

2字节	2字节	2字节	1字节	1字节	可变
帧控制域	目的地址	源地址	广播半径	序列号	帧载荷
	路由域				
NWK帧头					NWK净载荷

图 3-10 NWK 帧格式

1）帧控制域

NWK 帧控制域长度为 16 bit，其格式如图 3-11 所示，各子域说明如下。

bit:0～1	2～5	6～7	8	9	10～15
帧类型	协议版本	发现路由	广播标记	安全	保留

图 3-11 NWK 帧控制域格式

① 帧类型子域如表 3-1 所示，其长度为 2 bit，且设置为非保留值。

表 3-1 帧类型子域

帧类型值	帧类型名称
00	数据帧
01	NWK 命令帧
10～11	保留

② 协议版本子域的长度为 4 bit，反映了当前使用的 ZigBee 网络层协议版本号，该版本号为网络层参数 nwkcProtocolVersion，如果使用 ZigBeeSpecification Version 1.0，则该值为 0x01。

③ 发现路由子域如表 3-2 所示，其长度为 2 bit，该子域用于控制路由发现。

表 3-2 发现路由子域

发现路由子域的值	域的含义
0x00	禁止路由发现
0x01	使能路由发现
0x10	强制路由发现
0x11	保留

④ 广播标记子域的长度为 1 bit，为 0 表示单播或者广播，为 1 表示组播。

⑤ 安全子域的长度为 1 bit，只在该子域的值为 1 时，实现网络层安全操作。如果该帧的安全在另一层执行，或不使能，该子域值为 0。

2）地址域

① 目的地址域的长度为 2 字节，并且持有 16 bit 网络地址或者广播地址（OxFFFF），设备的网络地址应该与它的 IEEE 802.15.4—2003 MAC 短地址相同。

② 源地址域的长度为 2 字节，是这帧的源设备的网络地址。

③ 广播半径的长度为 1 字节，它规定了一个传输范围（又称半径）。网络层帧中的半径只有在目的地址为广播地址时才存在，该半径限定了广播范围。

3）序列号

序列号的长度为 1 字节，每传输一个新的帧，该值加 1，源地址和序列号唯一确定一帧数据。

NWK 层包含两种帧类型：一种是数据帧；另一种是命令帧，包括路由请求命令、路由响应命令、路由错误命令和离开命令四种。数据帧的 NWK 净载荷部分是数据载荷，命令帧的净载荷部分包括 NWK 命令标识符和命令净载荷。NWK 命令帧格式如图 3-12 所示。

图 3-12 NWK 命令帧格式

（4）应用层

ZigBee 的应用层主要根据应用由用户自主开发，维持器件的功能属性，根据服务和需求使多个节点间能够进行通信。应用层由应用支持子层（APS）、设备对象（ZDO）及应用框架三部分组成。APS 的作用包括维护绑定列表（绑定列表的作用是将基于两个设备的服务和需要绑定在一起），并在绑定的设备间传输信息，同时，定义、删除并过滤组地址信息，完成 64 位 IEEE 地址到 16 位 NWK 地址的地址映射。ZDO 的作用是在网络中定义一个设备（如协调器、路由器、终端设备），发现网络中的设备并确定它们能提供何种应用的服务：起始或回应绑定需求，在网络设备中建立一个安全连接。ZigBee 应用层除了提供一些必要的函数以及为网络层提供合适的服务接口，一个重要的功能就是应用者可以通过 APS 灵活地定义自己的应用对象，APS 帧格式如图 3-13 所示。

1字节	0/1字节	0/2字节	0/2字节	0/2字节	0/1字节	1字节	可变
帧控制	目的端点	组ID	群集ID	配置ID	源端点	APS 帧计数器	帧负载
	地址信息						
APS帧头						APS 负载	

图 3-13　APS 帧格式

3. ZigBee 路由协议

ZigBee 路由协议的设计是组网的关键，为满足 ZigBee 组网要求，其路由协议应满足如下条件：

- 对拓扑的变化具有快速反应能力，并且避免路由环路的产生；
- 高效利用带宽资源，尽可能压缩开销；
- 尽可能缩减传递的数据量，节约能源。

为达到上述目标，ZigBee 网络采用 Cluster-Tree 与 AODV（Ad Hoc On-Demand Distance Vector Routing，Ad Hoc 按需距离矢量路由）相结合的路由协议，其中 Cluster-Tree 协议包括地址的分配与寻址路由两部分，包括子节点的 16 位网络短地址的分配，以及根据分组目的节点的网络地址来计算分组的下一跳的协议。AODV 是一种按需路由协议，利用扩展环搜索的方法来限制搜索发现过程的范围，该协议支持组播，同时，可以在 ZigBee 节点间实现动态、主动路由，使节点以较快的速度获得到达目的节点的路由[46]。但 ZigBee 中所使用的 AODV 协议与自组织网络（Ad Hoc）中的 AODV 协议并不完全相同，准确地说，ZigBee 网络针对自身特点使用了一种简化版的 AODV，即 AODVjr（AODV Junior）。在 ZigBee 网络中，节点可以按照父子关系（当网络中的节点允许一个新节点通过它加入网络时，它们之间就形成了父子关系）使用 Cluster-Tree 算法选择路径，即当一个节点接收到分组后发现该分组不是给自己的，则只能转发给它的父节点或子节点。显然这并不一定是最优的路径，为了提高路由效率，ZigBee 网络中也让具有路由功能的节点使用 AODVjr 协议发现路由，即具有路由功能的节点可以不按照父子关系而直接发送信息到其通信范围内的其他具有路由功能的节点，而不具有路由功能的节点仍然使用 Cluster-Tree 路由发送数据分组和控制分组。

（1）Cluster-Tree 协议

Cluster-Tree 是一种由网络协调器展开生成树状网络的拓扑结构，适合于节点静止或者移动较少的场合，属于静态路由，不需要存储路由表。树簇中的大部分设备为全功能设备（Full Function Device，FFD），精简功能设备（Reduced Function Device，RFD）只能作为树枝末尾的叶节点，其主要原因在于 RFD 一次只能连接一个 FFD。在建立一个 PAN 时，首先 PAN 主协调器将自身设置成簇标识符（CID）为 0 的簇头（CLH），然后选择没有使用的 PAN 标识符，向邻近的其他设备以广播方式发送信标帧，从而形成第一簇网络。接收到信标帧的候选设备可以向簇头申请加入该网络，主协调器根据请求信息做出是否允许其加入网络的判断。若允许，将该设备作为子节点加入自己的邻居列表，同时子设备也将其父节点加入邻居列表。当网络达到规模上限时，PAN 主协调器将会指定一个子设备为另一簇新网络的簇头，成为 PAN 主协调器，随后其他设备逐个加入形成一个多簇网络。簇树网络结构如图 3-14 所示。

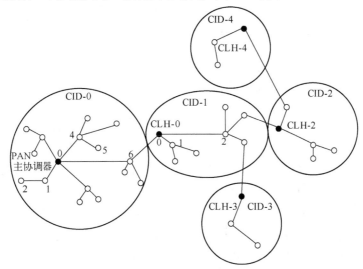

图 3-14　簇树网络结构

分簇协议是动态加表簇树算法的一种变形，用于构成多簇网络，典型的分簇路由协议有 LEACH 协议（Low Energy Adaptive Clustering Hierarchy，低能耗自适应聚类层次协议，又称低功耗自适应集簇分层型协议）、TEEN 协议（Threshold sensitive Energy Efficient sensor Network protocol，阈值敏感节能传感器网络协议，又称门限敏感的高效能传感器网络协议）、PEGASIS 协议（Power Efficient GAthering in Sensor Information System，传感器信息系统中的节能采集协议）、EEUC 协议（Energy-Efficient Uneven Clustering，节能型非均匀分簇协议，又称节能不均匀聚类协议）[47]。

其中 LEACH 协议强调数据融合的功能，采用簇式的集群型结构，具有本地数据处理和压缩、动态分配簇首等功能，可用于对于数据具有高度相关性的应用场景。由于采用了数据融合技术，节点能够消除大部分冗余数据，因此在能耗方面性能较好。但其没有考虑网络中节点的剩余能量，且簇首分布不均匀，易产生簇首数量不稳定等问题。

在 LEACH 协议的基础上，TEEN 协议进行了改进。该协议定义了两个门限：硬门限与软门限。硬门限是根据用户对感兴趣的数据范围设定的，达到极大地降低冗余数据传输的目的。如果获知的数据波动情况较小，则节点就不需要向簇首报告。感应数据所耗能量比传输数据所耗能量要少得多，虽然节点一直处于感应状态，但是由于减少了很多不必要的数据传输，因此较为节能。

PEGASIS 协议是在 LEACH 协议基础上发展而来的基于"链"的路由协议。该协议的核心思想是利用贪婪算法在无线传感器网络中形成一个包含所有节点的"链"，节点从邻居节点接收数据，融合后发送给相应的邻居节点，直至到达"簇头"节点，进而将数据发给目的节点。该协议比 LEACH 协议更节能，但维护节点位置信息（相当于传统网络中的拓扑信息）需要额外的资源。

EEUC 协议是一种基于非均匀分簇的无线传感器网络多跳路由协议，候选簇首通过使用非均匀的竞争范围来构造大小不等的簇。EEUC 协议通过减小靠近基站的簇规模来达到减少簇内成员节点数量的目的，使簇首能够节省在簇内相关处理中消耗的能量，用于簇首间的数据转发，从而解决网络"热区"问题。

（2）AODVjr 协议

AODVjr 协议是对 AODV 协议的改进，具有 AODV 协议的主要功能，考虑到节能、应用方便性等因素，简化了 AODV 协议的一些特点。

① AODVjr 协议中并没有使用目的节点序列号，以减少控制开销和简化路由发现的过程。AODV 协议中使用目的节点序列号确保所有路径在任何时间无环路，而在 AODVjr 协议中为了保证路由无环路，规定只有分组的目的节点能够回复 RREP（路由应答消息），即使中间节点有通往目的节点的路由也不能回复 RREP。

② AODVjr 协议不存在 AODV 协议中的先驱列表（Precursor List），从而简化了路由表结构。在 AODV 协议中，如果节点探测到下一跳链路中断，则通过上游节点转发 RERR，通知所有受到影响的源节点。在 AODVjr 协议中，RERR 仅转发给传输失败的数据分组的源节点，因而不需要先驱列表。

③ AODVjr 协议采用本地修复解决在数据传输中的链路中断问题，由于没有使用目的节点序列号，在路由修复的过程中仅允许目的节点回复 RREP。若本地修复失败，则发送 RERR 至数据分组源节点，通知它由于链路中断而引起目的节点不可达。RERR 的格式也被简化至仅包含一个不可达的目的节点，而 AODV 协议的 RERR 中包含多个不可达的目的节点。

④ 在 AODV 协议中节点周期性地发送 Hello 分组（又称 Hello 数据包），为其他节点提供连通性信息；而 AODVjr 协议中节点不发送 Hello 分组，仅根据收到的分组或者 MAC 层提供的信息更新邻居节点列表。

（3）ZigBee 路由

在 ZigBee 路由中，可以将节点分为两类：RN+和 RN-。其中 RN+是指具有足够的存储空间和能力执行 AODVjr 协议的节点，RN-是指由于存储空间受限，不具有执行 AODVjr 协议能力的节点，RN-收到一个分组后只能用 Cluster-Tree 协议处理。

在 Cluster-Tree 协议中，节点收到分组后可以立即将分组传输给下一跳节点，不存在路由发现过程，这样节点就不需要维护路由表，从而减少了路由协议的控制开销和节点能量消耗，并且降低了对节点存储能力的要求；但由于采用 Cluster-Tree 协议建立的路由不一定是最优的路由，会造成分组传输时延较大，而且较小深度的节点（即靠近 ZigBee 协调点的节点）往往业务量较大，较大深度的节点业务量又比较小，容易造成网络中通信流量分配不均衡。因而，ZigBee 中允许 RN+节点使用 AODVjr 协议去发现一条优化路径，RN+节点收到分组后，执行 AODVjr 协议中的路由发现过程，找到一条通往目的节点的最优路径。ZigBee 中的路由度量指标需要考虑 IEEE 802.15.4 物理层提供的 LQI（Link Quality Indicator，链路质量指示）值，

LQI 值越大表示链路质量越好。在选择路由时考虑 LQI 指标的方法有很多，综合考虑路由的各项性能指标，我们可以按照以下规则选择路径：选择一条通往目的节点的最短路径，当存在两条相同跳数的最短路径时，节点选择 LQI 值较大的那条路径。路由建立过程结束后，节点沿着刚刚建立的路由发送分组。如果某条链路发生中断，RN+节点将发起本地修复过程修复路由。由于 AODVjr 协议的使用，降低了分组传输时延，提高了分组投递率[48]。

4. ZigBee 组网方式

（1）两种功能类型设备

ZigBee 定义了两种功能类型设备：全功能设备（FFD）和精简功能设备（RFD）。FFD 实现完整的协议功能，支持任何拓扑结构，可充当协调器（Coordinator）、路由器（Router）和普通节点（Device）。RFD 是为实现最简单的协议功能而设计的，只能作为普通节点存在于网络中。FFD 可以与 RFD 或其他的 FFD 通信，而 RFD 只能与 FFD 通信，RFD 之间不能直接通信。

（2）三种类型节点

ZigBee 网络包含三种类型的节点，即协调器（Coordinator）、路由器（Route）和终端设备（End Device），其中协调器和路由器均为全功能设备（FFD），而终端设备为精简功能设备（RFD）。一个 Zigbee 网络由一台协调器、若干台路由器和一些终端设备组成。

① 协调器：该设备负责启动网络，配置网络成员地址，维护网络，维护节点的绑定关系表等。一旦启动和配置网络的任务完成，协调器就以路由器节点的角色运行。

② 路由器：主要实现网络扩展及路由消息功能。网络扩展是指路由器作为网络中的潜在父节点，允许更多的设备加入网络。路由器只有在树状网络和网状网络中存在。路由器必须不断准备转发数据，通常采用干线供电，而非电池供电。

③ 终端设备：不具备成为父节点或路由器的能力，没有维持网络的基础结构的特定责任，一般作为网络的边缘设备，负责与实际的监控对象相连。这种设备只与自己的父节点主动通信，具体的信息路由任务则全部交由其父节点及网络中具有路由功能的协调器和路由器完成。

（3）三种网络拓扑

ZigBee 网络支持三种网络拓扑结构：星状拓扑、树状拓扑和网状拓扑[49]。如图 3-15 所示。

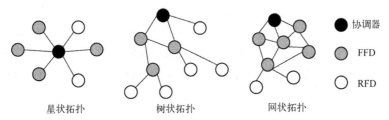

星状拓扑　　　　树状拓扑　　　　网状拓扑

● 协调器
● FFD
○ RFD

图 3-15　ZigBee 网络拓扑结构

　　星状拓扑由一台协调器和一系列的 FFD/RFD 构成，其他节点分布在协调器的通信范围内，节点之间的数据传输都要通过协调器转发。通常情况下，星状网的控制和同步都比较简单，适合应用于节点数量较少的场合。

　　树状拓扑由一台协调器和一个或多个星状拓扑组合而成。节点可以与自己的父节点或子节点进行点对点的直接通信，也可采用 Cluster-Tree 路由进行数据和控制消息的传输，即当一个节点向另一个节点发送数据时，信息将沿着树的路径向上传递到最近的协调器然后再向下传递到目标节点。树状网的优点是可以加大网络覆盖范围，但随之产生的消息传输时延也会增加。

　　网状拓扑由若干台 FFD 连接在一起组成骨干网，节点之间可完全对等通信。网状网中除了允许父节点和子节点之间通信，也允许通信范围之内具有路由能力的非父子关系的邻居节点之间进行通信。网状网是在树状网基础上实现的，其路由可自动建立和维护。网状拓扑为传输的数据提供了多条路径，一旦一条路径出现故障，可快速切换至另一条路径，并且网络还可以通过多跳的方式进行通信，因此，网状网是一种高可靠性、高冗余的网络。网状拓扑结构减少了消息的传输时延，增强了可靠性，但其缺点是存储空间的开销较大[50]。

3.1.4　6LowPAN

1. 6LowPAN 概述

　　随着网络的迅速发展和用户规模的不断扩大，现有 IPv4 的网络协议由于其地址空间缺乏等因素，不能满足实际的网络需求，于是新的网络协议 IPv6 应运而生[51]。IPv6 拥有几乎取之不尽的地址空间和突出的通信性能，这为物联网的发展创造了良好的网络通信条件和可拓展性。IPv6 还具有很多适合物联网大规模应用的特性，例如，IPv6 简洁的报头和良好的可扩展性、突出的安全性、自动地址配置和移动性等特性，这些都促使 IPv6 成为物联网应用的基础网络技术。

　　尽管新的 IPv6 通信协议能解决 IPv4 在地址资源数量上的限制，但在窄带宽、低功耗的嵌入式网络中直接采用完整的协议栈也会带来一系列的问题。为了扫除 IPv6 技术在物联网中的障碍，互联网工程任务组（IETF）提出了针对嵌入式网络设计的 6LoWPAN（IPv6 over Low Power Wireless Personal Area Network）协议，它融合了互联网协议 IPv6 与无线个域网标准 IEEE 802.15.4，从而使得物联网和 IP 网络得以衔接。IETF 对 6LoWPAN 有如下定义："6LoWPAN 是一种通过适配层技术使得基于 IEEE 802.15.4 标准的低功耗有损网络节点能够采用 IPv6 技术进行通信和交互的技术。" IETF 已经完成了 6LowPAN 的核心标准规范，包括 IPv6 数据报文和帧头压缩规范，面向低功耗、低速率、链路动态变化的无线网络路由协议[52]。

2. 6LowPAN 协议栈

6LowPAN 与 ZigBee 和蓝牙等无线技术类似，在数据通信上也符合标准的 OSI 模型。图 3-16 给出了典型的 6LowPAN 协议栈，同 ZigBee 技术一样，6LowPAN 技术采用 IEEE 802.15.4 规定的物理层和 MAC 层，用于支持低功耗、低速率、窄带宽消耗通信。不同之处在于 6LowPAN 技术在网络层只支持 IFTF 规定的 IPv6。为了提供对 IPv6 的必要支持，需要在网络层和 MAC 层之间加入一个适配层（LowPAN），对上层信息进行有效处理，再发送到下层。在传输层，6LowPAN 最常用的传输协议为用户数据报协议（UDP），并用互联网控制消息协议版本 6（ICMPv6）进行消息控制[53]。因为 TCP 的效率较低，复杂度较高，在 6LowPAN 中的性能较差，所以它不常被 6LowPAN 使用。

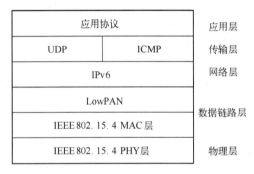

图 3-16　典型的 6LowPAN 协议栈

3. 6LowPAN 适配层技术

在 6LowPAN 中，网络层采用的 IPv6 和 MAC 层的 IEEE 802.15.4 MAC 协议由于设计特性上的不同，导致了 IPv6 无法像以太网那样直接构架到 MAC 层上。6LowPAN 在网络层和 MAC 层之间增加适配层以屏蔽各自的差异性，从而实现了二者的互通。

适配层在 6LowPAN 的协议栈中起承上启下作用，它主要提供数据的压缩、分段和重组功能[54]。

（1）头部压缩

6LowPAN 的底层协议的最大传输单元为 127 字节，除去自身所需要的控制部分和安全头部，还需要承载上层头部，其中，仅 IPv6 就占用了 40 字节，如果 IPv6 的负载里还有上层协议数据，如 UDP，其报头也会占用一定的空间，这使得剩余数据负载非常有限。虽然通过分段和重组可通过下层协议传输较大的数据报，但这会降低传输效率并增加电池的耗电量，因此需要对数据报进行压缩。IEEE 802.15.4 和 IPv6 的数据格式如图 3-17 所示，该图给出了两种协议规范的数据格式对比。

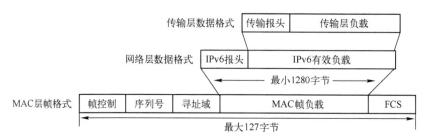

图 3-17　IEEE 802.15.4 和 IPv6 的数据格式

6LowPAN 适配层主要是通过压缩编码对 IPv6、ICMPv6 和 UDP 的头部字段进行压缩的。核心思想是通过下层信息导出上层字段，以消除消息的冗余。借鉴传统 IP 压缩技术，可以总结 6LowPAN 报头压缩技术的基本原则如下：

● 在链路连接过程中报头中保持不变的域可以压缩；
● 报头中可以提前预知的信息域可以压缩；
● 可从链路层推断得出的域可以压缩；
● 报头中的可选域视情况压缩。

目前，6LoWPAN 工作组已经提出了 LoWPAN_HC1 和 LoWPAN_HC2（在 RFC 4944 中提出）、LoWPAN_IPHC 和 LoWPAN_NHC（在 RFC 6282 中提出）、LoWPAN_GHC 在（RFC 7400 中提出）等相对成熟的报头以及下一个报头的压缩方案[55]。6LoWPAN 在 MAC 报头之后定义了一个分配报头，用于表示决定压缩报头的具体格式和算法。

当分配报头为"01000010"时，表示采用 HC1 算法对 IPv6 数据报的头部信息进行压缩。HC1 压缩技术采用无状态的报头压缩方案，其主要思想是对本地链路地址进行高度压缩优化，HC1 的压缩字段如图 3-18 所示。使用 HC1 压缩可以对 IPv6 头部进行相当大的裁剪，对端口地址、流标签和类型等共同信息进行压缩，只留下一些需要被顺序携带的信息，如 6LowPAN 字节、HC1 字节和跳数限制字段，在理想情况下，可将 40 字节的 IPv6 报头压缩至 3 字节。HC1 报头压缩方案对于链路本地单播通信是十分有效的[56]。但是，由于链路本地地址通常适用于局部协议交互，一般不用于应用层数据流，因此 HC1 的实际应用价值非常有限。

图 3-18　HC1 的压缩字段

HC2 压缩方案是用来压缩 UDP 头部的一种方法。一般情况下，HC2 在 HC1 字节后面提供 UDP 头部压缩方案的信息，允许把 UDP 头压缩到不同的程度[57]。使用 HC1 的同时也可以选择使用 HC2。UDP 的报文格式较为简单，包含源端口、目的端口、长度和校验和四个字段。其中，端口号可通过偏移量代替进行压缩；长度字段包含报头和数据负载，固定的报头长度也是可压缩的；校验和用于判断报文在网络内传输过程中是否被更改或遭到破坏，其校验值是变化的，不能被压缩。在 6LowPAN 中，HC2 压缩方案按照上述方式对 UDP 报头进行压缩，HC2_UDP 压缩字段如图 3-19 所示。最理想的情况下，UDP 报头可以被压缩成 4 字节，包括 1 字节的 HC2 编码域，1 字节的端口号，以及未被压缩的 2 字节的校验和字段。

UDP 源端口	UDP 目的端口	长度	HC2 编码

图 3-19　HC2_UDP 压缩字段

上述两种压缩方式皆为针对无状态地址机制的报头压缩技术，在本地链路通信中十分有效，但无法适应大规模物联网中多播通信的场景。IEIF 在说明文档里提出了基于上下文的头部压缩算法，用于弥补无状态压缩算法的缺陷。基于上下文的报头压缩方案主要采用两种新的压缩技术：LOWPAN_IPHC 和 LOWPAN_NHC，简称 IPHC 和 NHC。

IPHC 可以解决 HC1 算法无法高效压缩全局可路由地址和广播地址的问题。为了能够有效地进行压缩，IPHC 使用整个 6LoWPAN 相关的信息，根据上下文的共享信息可有效地压缩 IPv6 本地单播地址、全局单播地址和组播地址，其中，单播地址可能被压缩到 64 bit、16 bit 或者完全省略。多播地址可以被压缩为 8 bit、32 bit、48 bit。对于跳数限制的几个常用值，IPHC 也进行了压缩。负载长度字段在一般情况下往往被省略，可从 IEEE 802.15.4 的长度字段或者从 6LoWPAN 分片头中计算出来。

NHC 技术实现了对 UDP 报头的压缩。当 UDP 头部被采用 NHC 算法压缩之后，被顺序携带的部分与它们在原来报头格式中的出现顺序完全相同。UDP 数据分组的长度字段可通过在接收节点使用 6LoWPAN 分片报头的 MAC 层帧头计算得出，因此可以省略。需要注意的是，NHC 的端口号压缩也是针对固定端口的，不能将该范围端口作为动态端口分配使用。因为 NHC 只能对这 16 个连续的端口号进行有效压缩，所以这 16 个连续的端口号不能包含太多的应用信息。

尽管上述压缩方法的压缩效果非常明显，但对于每次要压缩的 IP 头，都要有一种新的规范与之对应。这将导致 6LowPAN_HC 在每次收到新头部时都需要重新处理，而 GHC 算法可用于解决该问题。GHC 算法通过在数据中添加一些简单明了的标记字节来完成压缩。同时，为了实现反向查询，在 GHC 算法中定义一个 48 字节的预定义字典。预定义字典包括源地址、目的地址和 16 字节的静态字典。在 GHC 算法中为各种类型的报头添加了一种效率不高却极其通用的压缩方案。

（2）数据报的分片和重组

为了缩短报文长度，适配层帧头部分为两种格式，一种为分片格式，另一种为不分片格式。分别用于负载大于 MAC 层最大传输单元（MTU）以及负载小于 MAC 层 MTU 的报文。当 IPv6 报文要在 IEEE 802.15.4 链路上传输时，IPv6 报文必须封装在这两种格式的报文中[58]。

适配层不分片报文格式如图 3-20 所示。

● LF：链路分片（Link Fragment），此处应该为 0。

图 3-20　适配层不分片报文格式

- port_type：指出紧随在头部后的报文类型。当其为 1 时表示 IPv6，当其为 2 时表示头部压缩编码字段。
- M：指出头部后是否存在 Mesh Delivery 字段。
- B：指出头部后是否存在 Broadcast 字段。
- rsv：保留，应该全部设置为 0。

分片报文格式如图 3-21 所示。

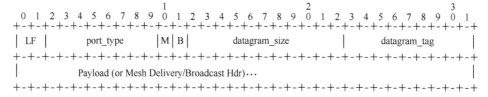

图 3-21　适配层分片报文格式

- LF：链路分片状态，其中 00 表示不分片；01 表示第一片；10 表示最后一片；11 表示中间分片。
- port_type：报文类型，只在第一个链路分片中出现。
- M：如果需要在多跳拓扑中路由，每个分片中都应该包含该字段。
- B：广播帧中每个分片都要包含此字段。
- datagram_size：表示分片前整个 IP 包的长度，值的大小在所有分片中都相等，比 IPv6 中的负载字段的值多 40 字节，最大值为 1280 字节。并不是所有的分片中都必须携带此字段的信息，可以只在第一个分片中携带该字段信息，在其他分组中省略，但这会增加后续分组先于第一个分组到达时所带来的重组风险。
- fragment_offset：报文分片偏移，只出现在第二个以及后继分片中，该字段以 8 字节为单位，因此分片报文 Payload 必须以 8 字节边界对齐。
- datagram_tag：分片标识，同一负载报文的所有分片的 datagram_tag 应该相同。每个节点需要维护一个变量来记录该值，一开始是一个随机的初始值，每发送一个完整的帧该值加 1，达到 511 后翻转为 0。

当 6LowPAN 适配层启动分片过程时，首先要判断网络层协议数据单元长度加上 6LowPAN 适配层字段的长度之和是否大于 MAC 层的最大载荷长度[59]。

确认需要分片后，则开始组装第一个分片。需要建立一个新的 IEEE 802.15.4 数据帧，并将第一个分片前 5 位置为 "11000"；接下来将 datagram_tag 填入计数器当前值，将 datagram_size 填入分片前网络层报文总长度；最后将网络层数据报文复制到第一个分片中以完成第一个分片的组装。

接下来判断剩余报文是否需要继续分片，是则组装后续分片，否则进行最后一个分片的组装。后续分片与第一个分片类似，但需要在 datagram_size 字段中填入当前分片在原数据分组中的偏移量，以 8 字节为一个偏移单位。datagram_tag 和 datagram_size 字段的值与第一片中的相同。适配层数据分片过程如图 3-22 所示。

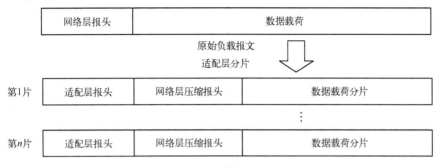

图 3-22　适配层数据分片过程

数据的重组是分片的逆过程。当接收端的适配层收到某分片时，需要根据片头判断是否为分片数据帧，是则进行重组。首先启动重组定时器，要求在规定时间内接收到该数据分组的所有分片，否则需要进行重传。然后判断该分片属于哪个数据分组，如果是第一次收到某负载报文的分片，适配层会将该分片的源 MAC 地址和 datagram_tag 字段进行缓存，以便接收其他分片；如果已经收到该数据分组的其他分片，则根据当前分片的 fragment_offset 字段进行重组。当成功接收某数据分组的所有分片时，将所有分片按 offset（偏移量）进行重组，并将重组好的原始数据分组传递给上层，同时删除缓存区内容[60]。

4. 6LowPAN 移动性和路由

6LoWPAN 的路由根据负责路由决策程序所属层的不同，可分为 Mesh-under 路由和 Route-over 路由两种。

Mesh-under 路由：路由决策在 6LoWPAN 适配层完成，采用链路层地址，根据 Mesh 头部实现二层转发，为点对点路由。

Route-over 路由：在 IPv6 网络层实现路由，采用 IP 地址，根据网络层头部实现路由转发，为逐跳路由。

6LowPAN 路由决策如图 3-23 所示，该图给出了二者的对比。

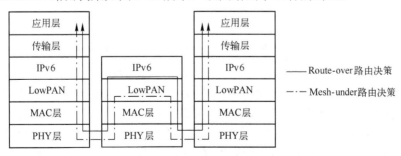

图 3-23　6LowPAN 路由决策

在 Mesh-under 路由机制下，6LowPAN 网络的路由决策在适配层完成，适配层要执行路由发现和路由选择过程，主要路由协议有 AODV 协议、LOAD 协议和 Hilow 协议等。

（1）AODV 协议

AODV 协议是一种非常适合移动网络的按需路由协议。该协议的关键在于对序列号的使用，序列号在路由发现、路由响应与链路修复中有重要作用。对处理能力强、内存大、网络带宽宽的节点而言，序列号的使用最大限度地避免了路由环路的产生，但是使用序列号带来了操作复杂、逻辑多、时间长、占用内存大的缺点，对低功耗网络来说是一个致命的缺陷。同时，AODV 协议对于 6LoWPAN 网络而言，还存在以下几个问题。

① AODV 协议是传输层协议，要将其移植到适配层，使其能够更好地匹配 6LoWPAN 是一个难点。

② AODV 协议在设计之初就未将能耗纳入考虑，这对于 6LowPAN 而言难以承受，另外，AODV 协议的路由代价是链路跳数，也无法满足当前的行业需求。

③ AODV 协议通过周期性发送 Hello 分组（又称 Hello 数据包）检测断链，这种机制虽然增加了算法发现链路断链的机会，但是也增加了无效数据在网络中的传播，增加了路由的开销，对于 6LoWPAN 也不可取。

（2）LOAD 协议

LOAD（6LoWPAN Ad Hoc On-demand Distance Vector Routing）协议是对 AODV 协议的修正。LOAD 路由基本操作，如路由发现、路由响应、路由维护都与 AODV 协议相似，但为了匹配 LowPAN 网络低速、低功耗等特点，LOAD 路由删除了 AODV 协议中的先驱列表和控制包的目的序列号，减少了路由表条目，减小了控制分组大小，从而简化了路由发现过程[61]。为了避免环路，LOAD 协议只有目的节点发起对路由请求消息的回复。LOAD 协议除了使用跳数和弱链路，还使用源节点到目的节点的累计链路开销作为路由度量指标，即 IEEE 802.15.4 PHY 层的 LQI 指标。LOAD 路由协议为 LQI 设置了一个门限阈值，在阈值限制下，选择跳数和弱链路条数均最少的路径作为最优路由路径。此外，LOAD 协议还采用 MAC 层的确认机制来保证传输的可靠性。

（3）Hilow 协议

Hilow 协议采用与 AODV 协议和 LOAD 协议完全不同的路由机制，是一种层次式路由机制。HiLow 协议使用 16 位唯一短地址作为接口标识符来增强路由的可扩展性和节省内存占用。在 HiLow 协议中，当设备加入 LoWPAN 网络时，首先通过扫描进程发现存在的网络，如果没有发现 6LoWPAN 网络，节点将成为一个初始节点，并且指定它的短地址为 0。否则，节点将会在已存在的网络中寻找邻居节点，并且通过与其通信来获取自己的短地址。在 HiLow 路由操作中，假定所有节点都知道自己的深度[62]。当一个节点收到一个 IPv6 数据分组时，将判断自身是目的节点的上升节点还是下降节点，从而推算出数据分组的下一跳节点地址。Hilow 协议的路由结构简单，可扩展性很强，能耗低。然而，如果在路由过程中出现链路故障，HiLow 协议不再支持类似于 AODV 协议和 LOAD 协议中的链路修复机制。

目前，Route-over 路由的研究尚属初级阶段，许多问题仍需要解决。路由在网络层进行，所以必须要使用 IPv6 地址进行寻路，而 IPv6 地址占用了大量的存储空间，因此给资源受限的传感器节点带来很大的负担。同时，IP 网络现有的三层路由协议，如 RIP、OSPF 等无法直接应用到无线传感器网络当中。可用于 Route-over 路由的协议并不多，主要有 IETF RoLL 工作组研究制定的 RPL（IPv6 Routing Protocol for LLN）。

RPL 是一个基于 IPv6 的距离矢量路由协议，它通过一个目标函数和一些路由代价、路由约束建立一个面向目的地的有向无环图（Destination Oriented Directed Acyclic Graph，DODAG）。RPL 支持点对点、多点对点和点对多点三种数据流动方式，并同时支持存储模式和非存储模式[63]。在点对点数据流动方式中，非存储模式会将数据移交给源节点和目的节点的共同父节点进行转发，存储模式则由根节点进行转发；在多点对点的数据流动方式中，非存储模式和存储模式都会将父节点作为默认的下一跳节点，由父节点转发到根节点，根节点再转发数据到目的节点；在点对多点的模式下，非存储模式只有根节点有到下跳节点的路由表，而在存储模式下，所有的节点都有路由表。

RPL 的路径构建过程包括两部分：向上路由建立和向下路由建立。构建过程由三种路由消息控制，包括 DIO（DODAG Information Object，DODAG 信息对象）消息、DIS（DODAG Information Solicitation，DODAG 信息征集）消息和 DAO（Destination Advertisement Object，目标公告对象）消息。可通过 DIS 消息和 DIO 消息建立向上路由，通过 DAO 消息来完成向下路由的建立。在向下路由过程中，每个节点将其子孙节点的地址信息与自身地址信息单播给其父节点，建立由根节点到网络各个节点的路径。在向上路由过程中，从根节点开始，每个节点广播自身的 DIO 消息，邻居节点根据收到的消息选择最佳父节点加入，建立由节点到根节点的路径。

5. 6LowPAN 安全性

在物联网中最值得关注的是安全性，随着自动驾驶、智能家居等行业的兴起，网络的安全性显得越发重要。将 IPv6 引入 LowPAN 网络是一把双刃剑，它不仅带来了 IP 网络的优点，同时也带来了在当前 IP 网络中存在的一些安全问题[64]。为了满足 6LowPAN 网络的安全，需要满足以下几个方面的需求。

① 数据机密性：数据机密性对网络安全十分重要。数据机密性是指数据在传输和存储的过程中保证数据的机密性，未被授权者不能获取数据的内容。例如，一个 6LowPAN 节点不应该将采集的数据泄露给邻居网络。

② 数据完整性：数据的机密性可以保证攻击者无法获取数据的真实内容，而对数据完整性的鉴别可以确保数据在传输过程中没有被恶意篡改。然而，数字签名

鉴别对于内存资源有限的 6LoWPAN 网络，代价太大并不适合。在 6LoWPAN 网络中，一般采用消息认证码的方式来对数据完整性进行校验。

③ 数据真实性：数据真实性指数据来源于合法节点而非伪造。在 6LoWPAN 网络中，向网络注入恶意消息很容易，这就非常有必要进行节点身份认证，接收者需要对数据源认证以确定数据的可靠性。

④ 可用性：可用性指合法用户能够正常使用 6LoWPAN 网络所提供的各种服务，并能抵御非法用户的恶意攻击。对于资源受限的 6LoWPAN 网络应该选用一种简单、高效的安全机制，以减少能耗并延长网络寿命。

⑤ 安全路由：在 6LoWPAN 网络中路由和数据转发是极其关键的功能。攻击者可以针对路由协议发起 DOS 等攻击，从而阻止正常通信。由于 6LowPAN 的路由协议较为简单且尚未成熟，健壮性较差，需要设计强壮的安全路由来抵抗各种攻击。

6LowPAN 网络中节点受到以下条件的约束：节点的各种资源有限，如能量有限，缓存资源和计算资源有限。同时，6LowPAN 网络具有节点间通信不可靠、物理安全无法保证、节点的部署密度大且随机布置、网络拓扑灵活多变，以及安全需求与应用相关等特点，因此，6LowPAN 的安全机制主要面临以下挑战：

① 最大限度地减少资源消耗和提高安全性能。

② 链路层的攻击从被动监听扩展到积极干预。

③ 必须有中间节点参与网络内端到端的信息传输。

④ 传统的安全机制不再适合 6LoWPAN 网络通信。

3.2　低功耗广域网通信技术

随着物联网的发展，物联网技术在各行业中的应用越来越广泛，不同的应用对无线传输技术的需求也各不相同。现如今广泛使用的无线传输技术具有传输距离短、速度快等特征，并不适用于物联网数据传输所要求的窄带宽、低功耗、长距离通信。因此，有了一项新兴技术：低功耗广域网（Low-Power Wide-Area Network，LPWAN）[65]。LPWAN 是一种革命性的物联网无线接入新技术，与蓝牙和 ZigBee 等现有成熟商用的无线技术相比，具有远距离、低功耗、低成本、覆盖容量大等优点，适合长距离发送小数据量且使用电池供电方式的物联网终端设备。LPWAN 与传统的互联网技术在工作模式上有很大的区别，为了减少终端功耗，LPWAN 仅在有数据传输的条件下才会建立连接。因此，LPWAN 使用少量的数据集中节点、传输设备就可以支撑大规模的终端通信。

LPWAN 采用了 NB-IoT、LoRa 和 Sigfox 等几种比较典型的技术，根据工作模式可将其分为两类：授权频段和非授权频段。截至目前，低功耗广域网络大部分部署在非授权频段上，即 ISM 频段，如 LoRa 和 Sigfox。而 NB-IoT 则基于现有的移动网络。总的来说，在技术方面，多种 LPWAN 技术的特点各异，采用不同的方式，实现物联网专用网络低成本、低功耗、远距离、大量连接的特性。

3.2.1 NB-IoT

1. NB-IoT 概述

NB-IoT 是一种全新的基于移动网络的窄带物联网技术，由 3GPP 定义，作为 3GPP R13 的一部分，在 2016 年 6 月实现标准化。NB-IoT 的特点是可以直接使用运营商的当前授权频段，可直接部署在 LTE 网络环境中，是一种可以在全球范围内广泛应用的新型物联网通信技术。

NB-IoT 技术优势主要体现在如下几个方面[66]。

● 网络覆盖广：相对 LTE，NB-IoT 技术的最大链路预算提升了 20 dB，几乎提升了 100 倍，即便处于恶劣的通信环境中，NB-IoT 仍然能保持较强的信号穿透力。

① 功耗管理灵活：NB-IoT 通过减少不必要的信令、采用更长的寻呼周期、使终端进入省电状态等机制来达到节能的目的，相比于其他低功耗广域网技术，NB-IoT 在电池寿命上依然具有优势。

② 成本低：NB-IoT 终端成本低，可以广泛应用于物联网环境。另外，基于移动网络的 NB-IoT 大大减少了部署成本和运营成本。

③ 大连接：NB-IoT 通过提高功率密度和重复传输的方式提高了网络覆盖的广度和深度。同时，NB-IoT 终端数据发送速率低，对时延不敏感，能够满足大量设备的连接请求。

④ 部署方式灵活：NB-IoT 可直接部署在 LTE 网络中，也可以利用 2G 和 3G 的频谱来部署，在数据安全和建网成本，以及产业链和网络覆盖方面相对于非授权频段都具有较大的优越性。

⑤ 安全性：继承了 4G 网络安全的能力，支持双向鉴权和空口严格的加密机制，确保 UE 在发送接收数据时的空口安全性。

2. NB-IoT 物理层

物理层位于 NB-IoT 协议栈的底层，提供物理介质中数据传输的所有功能，为高层提供信息传输服务，物理层用于解决如何通过无线接口传输数据，与传输内容相互独立。

（1）上下行传输方案

NB-IoT 的上下行传输广泛地复用 LTE 的设计方案。NB-IoT 上下行传输方案如图 3-24 所示。

180 kHz	子帧1	子帧2	⋯		180 kHz	子帧1	子帧2	⋯		180 kHz	子帧1	子帧2	⋯
	用户1	用户2	⋯			用户1	用户1	⋯			用户1		⋯
						用户3	用户4				用户2		
	1 ms	1 ms				1 ms	1 ms				4 ms		
多载波（15 kHz）					单载波（15 kHz）					单载波（3.75 kHz）			

图 3-24 NB-IoT 上下行传输方案

NB-IoT 上行采用 SC-FDMA 多址方式，支持多载波和单载波两种传输方式。多载波方式与 LTE 具有相同的 15 kHz 子载波间隔，时隙长度为 0.5 ms、子帧长度为 1 ms，每时隙包含 7 个 SC-FDMA 符号；单载波方式配置 15 kHz 和 3.75 kHz 两种子载波间隔，由于每时隙符号数需要保持不变，3.75 kHz 的子载波每时隙长度为 2 ms，子帧长度为 4 ms。

NB-IoT 下行采用 OFDMA 多址方式，在频域中仅使用 1 个 LTE PRB，即 12 个 15 kHz 子载波，共计 180 kHz。子载波间隔为 15 kHz，时隙长度为 0.5 ms，子帧长度为 1 ms，每时隙包含 7 个符号。此外，当进行带内部署时，NB-IoT 与其他 LTE PRB 之间的物理信道保持正交。

（2）频率部署方案

NB-IoT 定义了 3 种部署场景，按其分配频段与 LTE 频段的关系分为独立（Stand-alone）部署、保护带（Guard-band）部署和带内（In-band）部署。NB-IoT 频带部署方案如图 3-25 所示[67]。

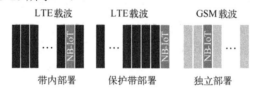

图 3-25　NB-IoT 频带部署方案

带内部署是将 NB-IoT 部署在 LTE 的有用带宽内，占用 LTE 载波的任意一个物理资源块。该模式可通过增加 NB-IoT 载波进行载波扩展，较为灵活，但会占用 LTE 的频谱资源。同时，为了减少对 LTE 的干扰，该模式下的 NB-IoT 需要控制下行发射功率，覆盖能力较弱。

保护带部署将 NB-IoT 部署在 LTE 的边缘保护频带内，不占用 LTE 的物理资源块，但需要预留和 LTE 之间的 100 kHz 以上的保护带，而且和带内部署一样，需要考虑下行发射功率对 LTE 的干扰。

独立部署是在 LTE 载波外选择任意空闲的超过 180 kHz 的频段部署 NB-IoT。相比于以上两种方式，独立部署对 LTE 系统的影响较小，可以有效增强 NB-IoT 的下行能力。但是，独立部署方案需额外占用频谱资源，并需要留出一定的频率保护间隔。实际上真正可用于部署的频率资源并不丰富，适用于部署在重耕的 GSM 频段。

（3）物理信道

① 下行链路。

针对 180 kHz 下行传输带宽的特点，同时满足覆盖增强的需求，NB-IoT 系统对下行物理信道类型进行了简化，重新设计了部分下行物理信道、同步信号和参考信号，具体包括窄带物理广播信道（NB-PBCH）、窄带物理下行共享信道（NB-PDSCH）、窄带物理下行控制信道（NB-PDCCH）、窄带主同步信号（NB-PSS）、窄带辅同步信号（NB-SSS）和窄带参考信号（NB-RS），并在下行物理信道上引入了重复传输机制，通过重复传输的分集增益和合并增益来提高解调门限，更好地支持下行覆盖增强[68]。NB-IoT 物理层的下行信道结构如表 3-3 所示。

表 3-3　NB-IoT 物理层的下行信道结构

#0（0 号子帧）	#1	#2	#3	#4	#5	#6	#7	#8	#9
									偶数帧：NB-SSS 奇数帧：NB-PDCCH 或 NB-PDSCH
NB-PBCH	NB-PBCH 或 NB-PDSCH	NB-PBCH 或 NB-PDSCH	NB-PBCH 或 NB-PDSCH	NB-PBCH 或 NB-PDSCH	NB-PSS	NB-PBCH 或 NB-PDSCH	NB-PBCH 或 NB-PDSCH	NB-PBCH 或 NB-PDSCH	

②　上行链路。

NB-IoT 系统也缩减了上行物理信道类型，重新设计了部分上行物理信道，具体包括窄带物理随机接入信道（NPRACH）、窄带物理上行共享信道（NPUSCH）；不支持物理上行控制信道（PUCCH）。为了更好地支持上行覆盖增强，NB-IoT 系统在上行物理信道上也引入了重复传输机制，通过该机制提高信道在条件恶劣时的传输可靠性，上行最多可重复传输 128 次。

3. NB-IOT 关键流程

（1）随机接入过程

在 NB-IoT 系统中，随机接入过程是一个至关重要的过程，只有通过随机接入过程实现上行同步后，用户方可进行上行数据传输。相对 LTE 系统而言，由于 NB-IoT 系统不支持切换功能，因此，随机接入场景被简化为以下 5 种。

①　无线资源控制（Radio Resource Control，RRC）空闲状态下的初始接入。

②　RRC 连接重建过程。

③　RRC 连接态下，上行失步情况下的接收下行数据过程。

④　RRC 连接态下，上行失步或触发调度请求情况下的发送上行数据过程。

⑤　RRC 连接态定位功能。

根据覆盖增强的对象，NB-IoT 系统选择包含了覆盖水平的随机接入。UE 依照测量所得的信号强弱对目前的覆盖级别进行分析，同时按照覆盖级别选取合适的资源完成随机接入过程。覆盖等级由 UE 测量的参考信号接收功率 RSRP 确定。UE 通过小区广播的系统消息获取 RSRP 阈值列表，其中至多包含两个 RSRP 阈值，UE 通过将接收信号与 RSRP 阈值进行对比得到当前所处等级。表 3-4 所示为 UE 覆盖等级判断[69]。

表 3-4　UE 覆盖等级判断

RSRP 测量值 R	覆盖等级	信道条件
$R < RSRP_2$	CE Lever 2	差
$RSRP_2 \leqslant R < RSRP_1$	CE Lever 1	中等
$RSRP_1 \leqslant R$	CE Lever 0	好

（2）寻呼过程

NB-IoT 寻呼是指在系统信息变更或有下行数据到达时对空闲态的终端进行通知。当核心网需要向终端发送数据时，将通过 MME 经 S1 接口向基站发送寻呼消息，基站收到该寻呼消息后，在收到的 TA 列表中的小区内进行寻呼。NB-IoT 寻呼过程如图 3-26 所示。

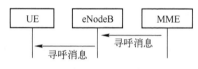

图 3-26　NB-IoT 寻呼过程

NB-loT 终端在空闲态下的被叫寻呼分为不连续接收（DRX）寻呼和扩展间断接收（eDRX）寻呼，处于空闲态的终端只要定义好固定的周期，就可以对 PDCCH 进行不连续的监听，这样可以节省终端发射功率。由于 NB-loT 对低功耗方面要求更高，新增的 eDRX 功能可进一步延长终端在空闲模式下的睡眠周期，减少接收单元不必要的启动。eDRX 适用于低速率、低频次的业务模型[70]。

4. NB-IoT 数据传输

NB-IoT 技术主要面向小数据传输、非频繁传输和低移动性、时延不敏感的业务场景。在 NB-IoT 标准制定过程中，为了降低基带芯片复杂度、降低成本，延长电池寿命，在协议层引入了两种数据传输模式，分别是 CP 模式和 UP 模式。其中，CP 模式是必选项，UP 模式是可选项。如果 UE 同时支持两种模式，则用户具体采用的模式由用户通过 NAS 信令与核心网设备进行协商确定。

CP 优化方案基于控制面的数据传输方式。由于采用控制平面来转发数据，用户数据被直接封装在 NAS 信令消息中，并采用部分加密方式进行加密。与传统 LTE 用户面的数据传输方式相比，CP 优化方案简化了 RRC/S1 信令流程，用户数据仅通过原控制面的 NAS PDU 打包进行传递，无须建立 S1-U，无须通过 RRC 重配置过程和 AS 安全过程，也不建立 DRB，用户直接在 SRB1bis 上进行数据传输，简化了流程，减小了信令开销，更适合短数据业务[71]。但 CP 优化方案需要在 MME 中增加用户面功能，以支持用户面流量的重定位和数据缓冲，增加了 MME 的处理负载。

UP 优化方案采用原有 LTE 用户面进行数据传输。与 LTE 用户面相比，UP 优化方案虽然也会通过 RRC 连接重配置过程和 AS 安全过程，建立 SRB 和 DRB，但引入了新的挂起/恢复机制，可快速恢复空口/S1-U 承载，减少了空口和核心网的信令流程。UP 优化方案对 eNodeB 的处理能力要求更高，需要一直存储 UE 空口和 S1 承载上下文。UP 优化方案是 3GPP 标准的可选方案，但在 eMTC 接入时，UP 方案优化为必选。

数据业务可采用两种数据分组方式：IP 或者 non-IP，non-IP 是为应对物联网发送的数据分组频率低、字节少而产生的，对于物联网的数据分组来说，UDP/IP 传输层协议栈占用字节中数据报头比例很高，尤其是在有效负荷小的情况下，报头甚至超过了数据。在这种情况下，终端传输 non-IP 数据可以大幅提高无线网络的数据传输效率[72]。

5. NB-IoT 组网方式

考虑到 NB-IoT 独立建网成本高，可共软硬件支持 NB-IoT 和 LTE，所以现网多采用联合规划，即 NB-IoT 基于 LTE 目标网络进行规划建设。在 LTE 规划站址上分布部署 NB-IoT，实现不同覆盖能力，一般有 LTE 1∶1 组网和 1∶N 组网两种方案，1∶1 组网深度覆盖效果较好，邻频干扰较小，但投资成本相对较高。

基于 LTE 的 NB-IoT 组网形式如图 3-27 所示，主要分为如下所述的 5 个部分[73]。

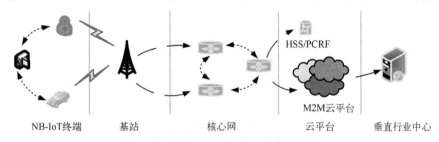

图 3-27　基于 LTE 的 NB-IoT 组网形式

① NB-IoT 终端：NB-IoT 终端指实际联网的物联网物理设备，包括专用业务芯片实体模块、传感器和无线传输模块等基础硬件，只需要安装相应的 SIM 卡就可以接入 NB-IoT。

② NB-IoT 基站：NB-IoT 基站是移动通信中组成小区的基本单元，主要指运营商已架设的 LTE 基站，可以实现移动通信网和窄带物联网终端之间的通信和管理功能，是连接移动通信网和窄带物联网终端的桥梁。

③ 核心网：核心网可以将基站与云平台连接起来。核心网网元包括负责物联网接入业务的移动管理实体、服务网关和物联网专网网关，需要根据标准进行开发，可通过现网升级改造的方式支持 NB-IoT 相关核心网特性，也可以新建独立的 NB-IoT 核心网。

④ 云平台：NB-IoT 云平台负责对各种业务数据进行处理和调度，比如应用层协议栈的适配以及大数据的分析等，并将处理结果转发给垂直行业中心的服务器或相应的 NB-IoT 终端。

⑤ 垂直行业中心：不同行业的应用服务器，可以获取 NB-IoT 终端数据，并控制各行业终端的业务周期。

3.2.2　LoRa

1. LoRa 概述

LoRa 全称是 Long Rang，是一种基于扩频技术的低功耗长距离无线通信技术，主要面向物联网，应用于电池供电的无线局域网和广域网设备[74]。LoRa 在 2013 年首先由 Semtech 公司推出，而后在 2015 年 3 月的世界通信大会上，由物联网界的领导者发起成立 LoRa 联盟。作为一个开放性的、非营利性组织，LoRa 联盟志在将 LoRa 技术在全球推广并实现商用。与其他 LPWAN 无线技术相比，LoRa 产业链更成熟，商业化应用较早，目前已成为新物联网和智慧城市发展的重要基础支撑技术。

LoRa 技术具有完善的网络架构、协议以及成熟的通信模块[75]。LoRa 的网络架构和协议栈如图 3-28 所示，网络架构中包括终端、网关、网络服务器和业务服务器等。其中终端节点包括物理层、MAC 层和应用层，处于整个网络的底层，主要功能是采集应用所需的传感信息，或执行上层发送的命令；终端通过星状拓扑连接到网关，由网关完成空口物理层的处理。网关收集 LoRa 终端上报的信息，将解调设备上发的射频信息，调制服务器下发的命令信息发送给终端；而网络服务器负责进行 MAC 层处理，包括自适应速率选择、网关管理和选择、MAC 层模式加载等。应用服务器从网络服务器获取应用数据，完成应用状态展示和即时告警等。

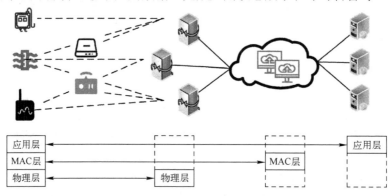

图 3-28　LoRa 网络架构和协议栈

LoRa 采用的通信模块在调制解调部分配置了标准的 FSK 调制解调器和远距离扩频调制解调器，用户可根据实际通信环境，选择适当的模式，如 OOK、FSK 调制以及 LoRa 扩频技术。LoRa 扩频技术可以实现长距离的通信并对干扰信号有较强的抵抗能力，可适应于低信噪比环境下的无线通信。

2. LoRa 物理层

LoRa 物理层主要完成不同地区的频段划分和 LoRa 技术的调制解调机制，以及对数据的发送与接收。数据在物理层以物理帧的形式传输。

LoRa 物理层信息有两种，分别为上行链路消息和下行链路消息。

① 上行链路消息：终端采集数据经过一个或多个网关透传到网络服务器。一台 LoRa 终端设备可以同时接入多个网关，并可与多个网关进行上行通信。

② 下行链路消息：服务器下发数据通过网关发给终端设备，每一个下发的数据对应的终端地址是唯一确定的，而且只通过一个网关转发。

（1）物理层帧格式

LoRa 数据帧在物理层增加了前导码和报头以及 CRC（循环冗余校验），以提高数据传输的可靠性。LoRa 物理层数据帧结构如图 3-29 所示。

前导码	报头	CRC	有效载荷	有效载荷 CRC
	显式报头			

图 3-29　LoRa 物理层数据帧结构

其中，前导码用于保持接收机与输入的数据同步，其长度可根据具体应用而变化。例如，在接收密集型应用中，可以缩短前导码长度，以减少传输数据与接收机的同步时间。可选报头分为显式报头和隐式报头。显示报头包括有效载荷的相关信息，如载荷长度、编码率、是否采用 CRC 等信息。报头含有自己的 CRC 用于接收机检验，接收机可以通过报头中的信息来判断是否继续接收该数据或直接将其丢弃。当有效载荷的相关信息固定且已知时，可采用隐式报头以缩短发送时间[76]。

（2）频段划分

LoRa 物理层对网络中的信道频率进行了规范，不同的国家和地区使用不同的工作频段，主要为各国的 ISM 频段，中国采用的频段为 470～510 MHz。物理层还定义了物理无线信道与 MAC 层之间的接口，每个区域可使用的频段至少可以划分出 16 个信道。各个地区对频段的规定除频率范围不同外，其他参数基本一致。

3. LoRa MAC 层

MAC 层是整个通信系统的关键层，是完善整个 LoRa 系统的关键。2015 年 6 月，LoRa 联盟发布了第一个开放性标准 LoRaWAN R1.0。LoRaWAN 提供了一种物理接入控制机制，使得众多使用 LoRa 调制的终端可以和基站进行通信。

（1）消息格式

MAC 层消息格式如图 3-30 所示[77]。其中，MHDR 为 MAC 头；MACPayload 为 MAC 负载；MIC 为消息一致性校验码。

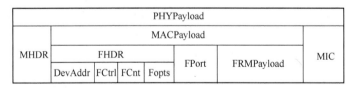

PHYPayload					
MHDR	MACPayload				
	FHDR			FPort	FRMPayload	MIC
	DevAddr	FCtrl	FCnt	Fopts			

图 3-30　MAC 层消息格式

在 MHDR 中定义了消息类型（MType）和当前消息结构所遵循的 LoRaWAN 协议的主版本号。LoRaWAN 自定义了 6 种不同的 MAC 消息类型：请求入网、同意入网、无须确认的上行消息、无须确认的下行消息、需要确认的上行消息和需要确认的下行消息。

MACPayload 为 MAC 负载，即所谓的数据帧，包含帧头（FHDR）、端口（Fport）和帧荷载（FRMPayload）。

帧头中包含了设备地址（DevAddr）、帧控制字节（FCtrl）、帧计数器（FCnt）

和配置字段（Fopts），其中 Fopts 用来配置传输 MAC 命令，最多 15 字节；帧控制字节（FCtrl）定义了上行和下行消息的信息。LoRa 帧控制字节如图 3-31 所示。

第几位(bit)		7	6	5	4	[3～0]
FCtrl	下行	ADR	RFU	ACK	Fpending	FOptLen
	上行	ADR	ADRACKReq	ACK	RFU	FOptLen

图 3-31　LoRa 帧控制字节

FCtrl 中的 ADR 和 ADRACKReq 用于数据速率自适应控制（Adaptive Date Rate，ADR），ADR 决定是否启用速率自适应功能，当 ADR 为 1 时则启用，当 ADR 为 0 时则不启用。在重发次数达到上限后，如果终端依然没有收到来自服务器的数据，终端将降低数据速率，以获得更远的射频传输距离，并重复上述过程直到终端达到最低数据速率。ACK 为消息确认位，当收到 Confirmed 类型的消息时用其进行应答。Fpending 为帧挂起位，只在下行交互中使用，表示网关还有数据挂起等待下发，此时要求终端尽快发送上行消息来再次打开接收窗口。FOptLen 被修改为帧配置长度，表示 FOpts 的实际长度。RFU 为保留字段，保留供将来使用。

（2）终端设备类型

在 LoRaWAN MAC 协议中将节点（终端设备）划分为三类，分别为 Class A、Class B 和 Class C。三类节点的主要区别在于数据传输时延和节点功耗[78]。

① Class A。

Class A 终端设备在上行传输结束后会打开两个下行的接收窗口 RX1 和 RX2，打开接收窗口的时延通过 ALOHA 协议进行微调，上行传输时间基于自身的数据传输需求[79]。Class A 终端设备的接收窗口开启时间较短，在没有数据发送任务时处于休眠状态，是功耗最低的终端模式，它只要求基站在终端设备发送一次上行数据后发送一次下行数据，发送数据和接收数据是交替进行的，这导致 Class A 终端设备的下行传输灵活性非常差，下行数据的时延也最长。简言之，Class A 终端设备的通信过程是由终端设备发起的，若基站想发送下行数据，必须等待终端设备先发送完上行数据。图 3-32 给出了典型的 Class A 传输模型。

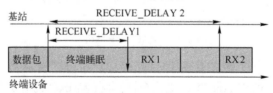

图 3-32　典型的 Class A 传输模式

② Class B。

Class B 终端设备的模式在 Class A 模式的基础上增加了同步接收窗口和预设接收窗口，分别用于接收时间同步信标（Beacon）和服务器指定时间的下行数据。由终端设备应用层根据需求来决定是否将终端设备切换到 Class B 模式。首先，网关会广播一个 Beacon 来为终端设备提供一个时间参考。据此，终端设备定期打开额外的接收窗口供基站发起下行数据，其个数根据服务器的下行数据量、下行时延要求及终端设备对能耗的要求确定。当终端设备的网络位置或者身份发生变化时，需要发送上行帧以更新下行路由表，否则终端设备会失去与网络的同步，此刻终端设备将切换回 Class A 模式。图 3-33 给出了典型的 Class B 传输模型。

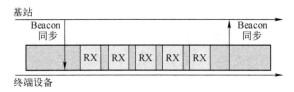

图 3-33　典型的 Class B 传输模式

③ Class C。

Class C 终端设备几乎持续为接收窗口开放，只要不是正在发送信息或正在 RX1 接收信息，Class C 终端设备就会在 RX2 侦听下行传输。为此，终端设备会根据 RX2 的参数设置，在上行传输和 RX1 之间打开一个短的接收窗口（图 3-34 中第一个 RX2），打开接收窗口的时间间隔很短，在 RX1 关闭后，终端设备会立刻切换到 RX2，直到有上行数据传输才关闭。Class C 终端设备和服务器交互的时延小，但比 Class A 终端设备和 Class B 终端设备更耗能，适用于供能充足的场景。图 3-34 给出了典型的 Class C 传输模型。

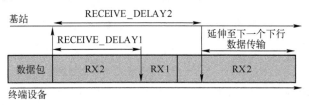

图 3-34　典型的 Class C 传输模型

LoRaWAN 协议规定，接入 LoRa 网络的 LoRa 节点需要至少实现 Class A 模式，不同类别的节点 MAC 协议定义也不同。Class A 终端设备节能效果最好，最适合用于移动供电的场景中，因此目前针对 LoRaWAN 的研究大多基于 Class A 节点协议进行。

（3）节点入网模式

LoRa 节点终端设备有两种入网模式，分别为 OTAA（Over-The-Air Activation，无线激活）和 ABP（Activation By Personalization，个性激活）[80]。ABP 是一种个性化激活模式，直接把终端设备和特定的网络连接到一起，这意味着节点在开启前就已经将所需信息全部烧写至节点内部，终端设备上电后就自动入网，无须注册即可进行正常的双向数据通信。而 OTAA 模式下的终端设备需要经历一个接入流程。终端设备在刚上电时并不处于入网状态，需要向服务器发送入网请求，由服务器响应并建立长地址和短地址之间的映射关系，生成通信密钥并下发给终端设备，终端设备根据响应内容生成注册信息，而后方可收发数据。

4. LoRa 关键技术

LoRa 技术本质上是扩频调制技术，同时结合了数字信号处理和前向纠错编码技术。LoRa 扩频调制技术是由 Semtech 公司针对超高信噪比环境推出的一种基于线性扩频调制技术的超远距离无线传输技术，采用在时间上线性变化的频率啁啾（Chirp）对信息进行编码。与传统扩频技术相比，它具有良好的对抗多径衰落和多普勒效应的能力，传输距离远，消耗能量低，同时放松了对晶体基准振荡器的频率容限要求，从而在降低成本的基础上保证了性能。

在 LoRa 调制模式下，最重要的参数为带宽、扩频因子以及编码速率。这些参数共同决定了 LoRa 收发器的能量消耗、信号传输范围、传输速率及抗噪声能力[81]。其中，扩频因子是指在使用扩频技术进行数据传输时，扩频后的码片速率与数据速率的比值。扩频因子的使用可以产生正交码，这样就可以在同一个频段内同时传输多路数据，合理选择扩频因子可以在保证数据传输可靠性的同时提高数据传输速率，扩频因子取值为 6～12。编码率表示数据流中有用部分的比例，LoRa 采用循环纠错编码对传输的数据信息进行编码，这会带来一定的开销，但能提高传输信号在强干扰环境下的信噪比，针对不同的应用环境可以设置相应的编码率。信号带宽指允许通过的最高频率信号与最低频率信号的频率之差。LoRa 调制解调器中描述的带宽指双边带带宽，取值为 7.8～500 kHz，较为常用的是 125 kHz 和 250 kHz。在 LoRa 调制模式下，带宽数值等于 Chirp 速率，带宽越大，比特速率越高，但同时接收灵敏度却在降低。

3.2.3 Sigfox

Sigfox 是一种商用化速度较快的 LPWAN 技术，由法国 Sigfox 公司提出，旨在构建低成本、低功耗的物联网专用网络。它使用工作于 1 GHz 以下的 ISM 频段。该技术使用极窄频带，通过 BPSK 调制，以 100 bps 的超低速率进行数据发送。由于超窄带技术将噪声能量密度扩展到整个频谱，所以其信号在任何窄的频谱内都大于噪声。通过低速率抗干扰的调制方式，Sigfox 可以换取极强的覆盖能力，最大允许路径损耗可达 160 dB，远超传统的移动通信技术，适用于深入地底下或被掩埋的传感器节点数据传输。然而，Sigfox 的数据发送能力较弱，每条信息最多为 12 字节，且每天的数据发送量不超过 140 条信息。因此，需要传输大量数据或保持长时间在线连接的物联网设备并不适用于 Sigfox 技术。Sigfox 更多应用于物联网应用中的短信息类业务，通过限制数据包传输大小，限定了单个节点占用的资源，以一种高效的方式满足类似温 / 湿度、位置等简单信息的传输需求[82]。Sigfox 没有上行信息确认能力，需要通过时频分集和重复传输技术来保证上行传输的可靠性。每个终端设备随机选择不同的频率通道发送三次信息，基站可以在所有信道上同时接收信息，降低了终端设备的复杂度和成本。

3.3　移动通信技术

全面的信息采集是物联网的基础，传感节点采集到的物体特征信息需要由网关节点通过承载网络传递到处理单元，这就要求承载网络"无所不在"，能够随时随地传输被采集的信息。不同的物联网应用对承载网络的要求存在较大的差异，因此能够全面接入并承载所有物联网应用的承载网络必须具备无缝的广域覆盖，灵活的接入手段。物联网中人与物、物与物之间的互联，大量信息的采集和交换设备的使用，使得信息安全和隐私保护成为亟待解决的问题。有线接入方式虽然可以为数据的传输提供安全、稳定、高速的通道，但物联网感知节点的广泛性与移动性决定了有线方式的应用场景有很大的局限性。移动通信网络以其相对有线网络无可比拟的可移动性与灵活性成为节点与远端控制中心进行远距数据传输的首选。将移动通信技术应用于物联网中的信息接入和传输，实现移动通信网络和物联网的有机融合，将能极大地促进物联网的普及与应用。

移动通信由若干个无线小区组成，每个小区都设置有一个小功率基站，随着用户数的增加，可以通过小区分裂、频率再用、小区扇形化等技术提高系统容量。近几十年来，移动通信技术一直在稳步发展，从第一代移动通信系统到第五代移动通信系统，移动通信一直致力于为用户提供更优质、更快捷、更有价值的服务。然而传统的移动通信主要满足人与人之间的通信需求，设备的成本较高且功耗巨大，而没有考虑物联网场景低成本、广覆盖、大容量和低功耗的需求，无法直接应用于物联网。在 4G/4.5G 中，增加了面向物联网的标准，如 LTE-eMTC，支持更低功耗，更低成本的设备。5G 更是将物与物之间的通信作为一个主要场景，有效支持物联网设备的海量连接。随着物联网场景日趋复杂化，6G 的智能化将为物联网提供强有力的支撑。

3.3.1　第四代移动通信技术

1. 4G 概述

第四代移动通信技术，即 4G，现阶段主要包括 TD-LTE 和 FDD-LTE 两种制式。其中 TD-LTE 主要由中国主导制定，TD-LTE 的下行速率最高为 100 Mbps，上行速率最高为 50 Mbps；FDD-LTE 的下行速率最高为 150 Mbps，上行速率最高为 50 Mbps。4G 网络主要核心技术包括正交频分复用技术、基于 IP 的核心网技术、多用户检测技术、多输入多输出技术和智能天线技术等。4G 网络是 3G 网络的延伸，与 3G 网络相比，4G 网络采用了新的调制方式、更好的编码方案和分集接收等新技术，4G 网络采用多载波正交频分复用调制技术，提高了频谱的利用率。

4G 网络具有高速率、良好的兼容性和灵活性、多类型用户并存、多种业务相融等特性。与 3G 网络相比，4G 网络速率更高，并且能够兼容 2G 网络和 3G 网络，具有全球漫游和开放接口的功能。4G 网络采用智能技术，不仅能根据用户业务的变化自动分配相应业务所需要的资源，而且可以根据网络动态和信道变化自动处理，使各种用户设备能够共存与互通，满足多类型用户的各种需求。由于 4G 具有的高速率特性，因此 4G 网络不仅可以实现语音通话功能，还可以支持视频会议、移动采访等功能。

LTE 是当前 4G 采用的技术标准，要实现 4G 和物联网的有机融合，需要对 LTE 的技术核心有清晰的认识，并充分发挥其技术优势。

2. LTE 网络架构

LTE 系统由核心网络（EPC）、地面无线接入网（E-UTRAN）和用户设备（UE）3 部分组成。其中 EPC 是 LTE 系统的核心部分；由 eNodeB（简称 eNB）组成的 E-UTRAN（LTE）是 LTE 系统的接入网部分；UE 为用户终端设备。eNB 与 EPC 通过 S1 接口连接；eNB 之间通过 X2 接口连接。E-UTRAN 结构如图 3-35 所示。

eNB 提供无线资源管理、IP 头压缩和用户数据流加密、从 MME 发起的寻呼消息的调度和发送、从 MME 或操作和维护系统发起的广播消息的调度和发送、移动性及调度测量与测量上报配置等功能。

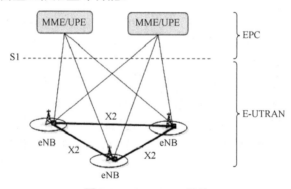

图 3-35　E-UTRAN 结构

eNB 是向 UE 提供的控制平面和用户平面协议的终点。eNB 之间通过 X2 接口互连。eNB 通过 S1 接口同演进的分组交换核心网相连。eNB 提供无线资源管理功能，包括无线承载控制、无线接入控制、连接移动性控制和动态资源分配功能。

移动性管理实体（MME）负责将寻呼信息分发至 eNB。用户平面实体（UPE）负责对用户数据流的 IP 首部进行压缩和加密，终止用于寻呼的用户平面数据包，为支持 UE 移动性进行用户平面的切换。

S1 接口是区分 E-UTRAN 和 EPC 的接口。S1 接口包括两部分，分别是控制平面接口（S1-C）和用户平面接口（S1-U）。S1-C 是 eNB 与 EPC 中 MME 之间的接口，而 Sl-U 是 eNB 与 EPC 中 UPE 之间的接口。S1-C 无线网络层协议支持的功能有：移动性功能（支持系统内和系统间的 UE 移动性）、连接管理功能（处理 LTE_IDLE

到 LTE_ACTIVE 的转变，漫游区域限制等功能）、SAE 承载管理（SAE 承载的建立、修改和释放）、总的 S1 管理和错误处理功能（释放请求、所有承载的释放和 S1 复位功能）、在 eNB 中寻呼 UE、在 EPC 和 UE 间传输 NAS 信息，以及 MBMS 支持功能。

S1-U 无线网络层协议支持 eNB 和 UPE 之间用户数据包的隧道传输。隧道协议支持的功能有：对数据包所属的目标基站节点的 SAE 接入承载的标识、减少由于移动性而导致的数据包丢失、错误处理机制、MBMS 支持功能和包丢失检测机制。

X2 接口是 eNB 之间的接口，X2 接口包括两部分，分别是控制平面接口（X2-C）和用户平面接口（X2-U）。X2-C 是 eNB 之间控制平面的接口，而 X2-U 是 eNB 之间用户平面的接口。X2-C 无线网络层协议支持移动性功能（支持 eNB 之间的 UE 移动性，包括信令切换和用户平面隧道控制）、多小区 RRM 功能（支持多小区的无限资源管理及总的 X2 管理和错误处理功能）。X2-U 无线网络层协议支持 eNB 之间用户数据包的隧道传输。隧道协议支持的功能有：对数据包所属的目标基站节点的 SAE 接入承载的标识和减少由于移动性而导致的数据包丢失。

随着信息技术的快速发展，物联网信息的种类和数量等都在不断增加，需要分析的数量呈爆发式增长，物联网面临着如何有效处理各种异构网络以及系统之间的数据融合的挑战。

LTE 与已有的其他移动通信网络相比，其根本的优点就是采用了全 IP 的网络体系架构，可以实现不同网络间的无缝互联。LTE 的核心网采用 IP 后，所使用的无线接入方式和协议与核心网络（CN）协议、链路层是相互独立的。IP 与多种无线接入协议相兼容，因此在设计核心网络时具有很大的灵活性，不需要考虑无线接入究竟采用何种方式和协议。

3. LTE 协议架构

3G 网络由基站（NB）、无线网络控制器（RNC）、服务通用分组无线业务支持节点（SGSN）和网关通用分组业务支持节点（GGSN）组成。RNC 的主要功能是负责网络相关功能、无线资源管理、无线资源控制（RRC）的维护和运行，提供网管系统的接口等。RNC 的主要缺点是负责与空中接口相关的许多功能都在 RNC 中，导致资源分配和业务不能适配信道，协议结构过于复杂，不利于系统优化。2006 年 3 月，3GPP 决定 LTE 网络由 E-UTRAN 基站（eNB）和接入网关（AGW）组成，网络结构呈现扁平化。

E-UTRAN 的总体协议架构如图 3-36 所示，其中，AGW 是否被分为用户平面和控制平面还需要进一步研究；图中还给出了 E-UTRAN 的两个主要实体：eNB 和 AGW；图中也给出了各个实体在用户平面的主要功能。由于 MBMS（Multimedia Broadcast Multicast Service，多媒体广播组播业务）的特殊之处，关于 MBMS 与 E-UTRAN 的相关描述将在后面给出。

eNB 主要包含空中接口的 PHY、MAC、RLC、RRC 各层实体单元，可以实现资源调度及动态资源分配。eNB 主要功能有：① 无线资源管理功能，包括无线承载控制、无线接入控制、链路管理控制、UE 的上下行动态资源分配等；② IP 头压缩及用户数据流加密；③ 移动性管理实体的选择；④ 寻呼消息的组织和发送；⑤ 路由用户面数据；⑥ 广播消息的组织和发送；⑦ 以移动性或调度为目的的测量及测量报告配置。

AGW 的主要功能有：产生寻呼信息、用户平面的数据加密、PDCP 执行与维护、LTE-IDLE 状态下的移动性管理和系统架构演进（SAE）承载控制等。

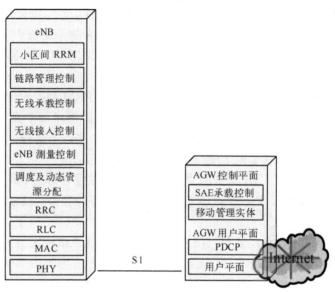

图 3-36　E-UTRAN 的总体协议架构

E-UTRAN 的协议栈结构从整体上主要进行了如下简化：

● 使用共享信道用于承载用户的控制信令和业务，取代了 R6 中的专用信道，减少传输信道个数，使多个用户共享空中接口的资源；

● 减少 MAC 层实体个数；

● 使用 MBMS 代替 BMC（Broadcast/Multicast Control，广播 / 组播控制）和 CTCH（Common Traffic Channel，公共业务信道）。

● 删除下行宏分集；

● 使用时隙统筹方案代替 UTRAN 的压缩模式；

● 简化无线资源控制（RRC）状态，删除了 CELL_FACH 状态，将 UTMS 中的 RRC 状态和 PMM 状态合并为一个状态集。

（1）用户平面协议栈结构

用户平面用于执行无线接入承载业务，主要负责处理用户发送和接收的所有信息。用户平面协议栈结构如图 3-37 所示，该图展示了 E-UTRAN 的用户平面协议栈结构，可以看出，其中包括了传统 UTRAN 中的各个子层，如分组数据汇聚协议（Packet Data Convergence Protocol，PDCP）子层、无线链路控制（RLC）子层、媒体访问控制（MAC）子层和物理层，只是位置稍有变化。在 E-UTRAN 中不采用传统的 RNC，采用 AGW 和 eNB 直连的方式实现用户面的快速接入。在这种接入方式下，各功能体的功能也有了变化，RNC 功能在 E-UTRAN 中被分别分配到了 eNB 和 AGW 实体，其中 RLC 和 MAC 功能在 eNB 实现，而 PDCP 功能在 AGW 实体执行。

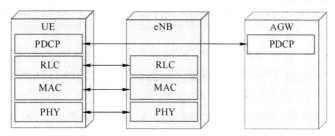

图 3-37 用户平面协议栈结构

LTE 中 MAC 层的主要功能有：逻辑信道和传输信道的映射、复用和解复用；数据量测量；HARQ 功能；UE 内的优先级调度和 UE 间的优先级调度；TF（传输格式）选择；RLC PDU（协议数据单元）的按序提交。

RLC 层支持的主要功能有：AM（确认模式）、UM（非确认模式）、TM（透明模式）数据传输；ARQ；数据切分（重切分）和重组（级联）；SDU（业务数据单元）的按序发送；数据的重复检测；协议错误检测和恢复；AGW 和 eNB 间的流量控制；SDU 丢弃。

PDCP（分组数据的报头压缩）层位于 UPE（User Plane Entity，用户面实体），主要任务是：报头压缩，只支持 ROHC 算法；用户面数据加密；下层 RLC 按序投递 SDU 时，PDCP 的重排缓冲（主要用于跨 eNB 切换）。

（2）控制平面协议栈结构

控制平面负责用户无线资源的管理、无线连接的建立、业务的 QoS 保证和资源释放，主要由 RRC 层和 NAS 层实现。这种结构简化了控制平面从睡眠状态到激活状态的过程，使得迁移时间相应减少。控制平面协议栈结构如图 3-38 所示，该图展示了 E-UTRAN 的控制平面协议栈结构，其中 RLC 和 MAC 层完成与用户平面内同样的功能。

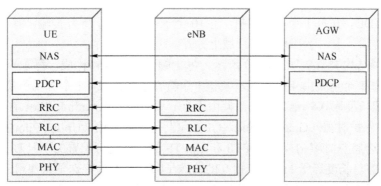

图 3-38 控制平面协议栈结构

在 E-UTRAN 的控制平面协议栈中，NAS 功能有：SAE 承载管理；鉴权；AGW

和 UE 间信令加密控制；用户面信令加密控制；移动性管理；LTE_IDLE 状态的寻呼发起。NAS 主要包括以下 3 个协议状态。

- LTE_DETACHED：网络和 UE 侧都没有 RRC 实体，此时 UE 通常处于关机、去附着等状态。
- LTE_IDLE：对应 RRC 的 IDLE 状态，UE 和网络侧存储的信息包括给 UE 分配的 IP 地址、相关安全参数（密钥等）、UE 的能力信息和无线承载。此时 UE 的状态转移由基站或 AGW 决定。
- LTE_ACTIVE：对应 RRC 连接状态，状态转移由基站或 AGW 决定。

RRC（无线资源控制）层主要用于系统消息广播和寻呼建立、管理、释放 RRC 连接，RRC 信令的加密和完整性保护，RB 管理，广播 / 多播服务支持，NAS 直传信令传递。控制面 RRC 功能被移入 eNB 中，并且只含 RRC_IDLE 和 RRC_CONNECTED 两种状态：在 RRC_IDLE 状态下，eNB 不存储 UE 上下文，对应 LTE_IDLE；在 RRC_CONNECTED 状态下，eNB 存储 UE 上下文，网络侧知道 UE 的 Cell 级位置，可进行信令传输，对应 LTE_ACTIVE。

4. LTE 帧结构

LTE 支持两种类型的帧结构，即适用于 FDD 模式的类型 1（Type 1）和适用于 TDD 模式的类型 2（Type 2）。LTE 帧结构类型 1 如图 3-39 所示。每 1 帧长度为 10 ms，由 20 时隙构成，每时隙的长度 T_{slot}=15360×T_s=0.5 ms，T_s 表示一个采样周期，是基本的时间单位，T_s=32.55 ns。这些时隙的编号为 0～19。每个子帧由两个连续的时隙组成，其中第 i 个子帧由第 i 个和 i+1 时隙构成。

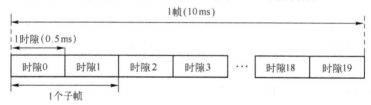

图 3-39　LTE 帧结构类型 1

对于 FDD，在每 1 个 10 ms 中，有 10 个子帧可以用于下行传输，有 10 个子帧用于上行传输，上、下行传输在频域上分开。

LTE 帧结构类型 2 如图 3-40 所示。每 1 帧由 2 个半帧构成，每 1 个半帧长度为 5 ms。每 1 个半帧由 4 个常规子帧和 1 个特殊子帧构成。1 个常规子帧包含 2 时隙，每时隙长度为 0.5 ms。特殊子帧由下行导频时隙（Downlink Pilot Time Slot，DwPTS）、保护时隙（Guard Period，GP）和上行导频时隙（Uplink Pilot Time Slot，UpPTS）3 个特殊时隙构成，DwPTS 和 UpPTS 的长度是可配置的，但 DwPTS、GP 和 UpPTS 的总长度等于 1 ms。半帧 0 的特殊子帧总是作为特殊子帧使用，而半帧 1 的特殊子帧则是在表 3-5 所列的配置 0、1、2 和 6 中才作为特殊子帧使用，表 3-5 给出了 LTE TDD 模式上、下行子帧切换点配置。

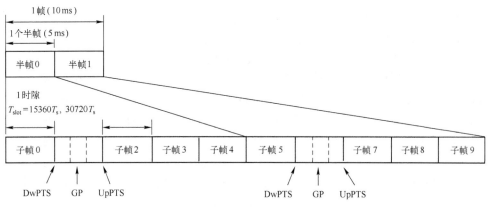

图 3-40　LTE 帧结构类型 2

表 3-5　LTE TDD 模式上、下行子帧切换点配置

配置	切换周期	子帧序号									
		0	1	2	3	4	5	6	7	8	9
0	5 ms	D	S	U	U	U	D	S	U	U	U
1	5 ms	D	S	U	U	D	D	S	U	U	D
2	5 ms	D	S	U	D	D	D	S	U	D	D
3	10 ms	D	S	U	U	U	D	D	D	D	D
4	10 ms	D	S	U	U	D	D	D	D	D	D
5	10 ms	D	S	U	D	D	D	D	D	D	D
6	5 ms	D	S	U	U	U	D	S	U	U	U

对于 TDD，LTE 支持 5 ms 和 10 ms 的上、下行切换周期。具体的子帧切换配置见表 3-5，表中，D 表示用于下行传输的子帧，U 表示用于上行传输的子帧，S 表示特殊子帧。

子帧 0、子帧 5 和 DwPTS 总是预留为下行传输。在 5 ms 切换周期模式下，UpPTS 和紧跟特殊子帧的子帧 2、子帧 7 预留为上行传输。在 10 ms 切换周期模式下，DwPTS 在 2 个半帧中都存在，但是 GP 和 UpPTS 只在第 1 个半帧中存在，在第 2 个半帧中的 DwPTS 长度为 1 ms。UpPTS 和子帧 2 预留为上行传输，子帧 7 到子帧 9 预留为下行传输。

5. LTE 物理层

在 LTE 的物理层的多址方案中，在下行方向上采用基于循环前缀（CP）的正交频分复用（OFDM），在上行方向上采用基于循环前缀的单载波频分多址（SC-FDMA）。为了支持成对的和不成对的频谱，支持频分双工（FDD）模式和时分双工（TDD）模式。物理层是基于资源块以带宽不可知的方式进行定义的，从而允许 LTE 的物理层适用于不同的频谱分配。1 个资源块在频域上或者占用 12 个宽度为 15 kHz 的子载波，或者占用 24 个宽度为 7.5 kHz 的子载波，在时域上持续时间为 0.5 ms。

LTE 帧结构 1 用于 FDD 模式（包括全双工和半双工），其帧长度为 10 ms，包含 20 时隙。每时隙长度为 0.5 ms。两个相邻时隙构成一个子帧，长度为 1 ms。LTE 帧结构 2 用于 TDD 模式，具有 2 个时长为 5 ms 的半帧，每 1 个半帧包括 8 个长度为 0.5 ms 的时隙和 3 个特殊区域：下行导频时隙（DwPTS）、保护时隙（GP）和上行导频时隙（UpPTS），这 3 个特殊区域的总时长为 1 ms，各自的时长可分配。除子帧 1 和子帧 6 以外，1 个子帧包括 2 个相邻的时隙，子帧 1 和子帧 6 包括 DwPTS、GP 和 UpPTS，支持 5 ms 和 10 ms 的切换点周期。

为了支持多媒体广播组播业务（MBMS），LTE 提供了在多播广播单频网（Multicast Broadcast Single Frequency Network，MBSFN）中传输多播／广播业务的可能性，即在给定的时间内，可以从多个小区发送时间同步的公共波形。MBSFN 提供了更高效的 MBMS，允许终端可以在空中合并多个小区的传输数据，其中使用循环前缀来应对不同传输时延的差别，这对于终端来说，MBSFN 传输就像来自一个大覆盖小区的传输一样。对于 MBSFN，支持在专用载波上使用更长的 CP 和 7.5 kHz 的子载波间隔，并且在一个载波上可以使用时分复用的方式支持 MBMS 传输和点对点传输。

（1）协议结构

LTE 物理层无线接口协议结构如图 3-41 所示。物理层与层 2 的媒体接入控制（MAC）层和层 3 的无线资源控制（RRC）层具有接口，其中椭圆圈表示不同层／子层间的服务接入点（SAP）。物理层向 MAC 层提供传输通道，MAC 提供不同的逻辑信道。

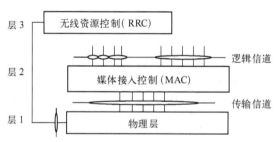

图 3-41　LTE 物理层无线接口协议结构

（2）物理层功能

物理层向高层提供数据传输服务，可以通过 MAC 层并使用传输信道来接入这些服务，总体来说，物理层主要提供如下功能：传输信道的错误检测并向高层反馈检测结果、传输信道的前向纠错编码和解码、具有软合并功能的混合自动重传请求（HARQ）、编码的传输信道与物理信道之间的速率匹配与映射、物理信道的功率加权、物理信道调制与解调、频率与时间同步、射频特性测量并向高层反馈检测结果、物理层测量与指示、物理层映射、物理信道的复用、无线射频处理、可能的上行功率控制、切换、上行信道定时提前、链路自适应、分集技术和 MIMO 技术支持。

3.3.2　第五代移动通信技术

1. 5G 概述

为了应对移动数据流量和终端连接数量的快速增长所带来的挑战，同时为了给用户提供更高传输速率、更低传输时延以及更高体验质量的服务，业界于 2012 年开始研究 5G，并于 2015 年正式确定其名称为 IMT—2020。5G 不同于 2G、3G、4G，其定义不局限于单一的业务能力或某个典型的技术，5G 网络是面向用户体验和业务应用的智能网络，可满足包含数据和连接的广泛业务需求。

5G 将在大幅提升以人为中心的移动互联网业务使用体验的同时，全面支持以物为中心的物联网业务，实现人与人、人与物和物与物的智能互联。5G 的接入网和核心网将进一步向智能化、扁平化方向发展，实现多网融合，有效支持移动物联网的应用场景，包括传感器类的低功耗大连接以及自动控制类的低时延高可靠性应用场景，其高传输速率、大传输容量可以为物联网提供更快的数据传输和处理能力，降低数据传输和处理的时延，满足物联网对时延的容忍度。另外，针对物联网设备和数据的快速增长和日趋复杂化，5G 应用了云计算、大数据技术，为物联网的数据处理提供智能化平台，可对网络进行高效管理[83]。

5G 相关国际标准主要由 3GPP 研究制定，分为 R15 和 R16 两个版本来满足 ITU IMT—2020 的全部需求。R15 为 5G 基础版本，分为早期版本、主要版本和晚期版本。目前基于 R15 的 5G 标准已经冻结，最新版本已具备商用条件，重点满足增强移动宽带和基础的超可靠低时延通信应用需求。R16 主要满足海量机器类通信应用需求，以及对超可靠低时延通信应用的增强，分步骤满足 5G 各个业务场景的标准制定，计划于 2020 年 6 月冻结，届时将形成完整的 5G 标准。R16 作为 5G 的增强版本，在 R15 的基础上，进一步增强网络支持 eMBB 的能力和效率，重点提升对垂直行业应用的支持，特别是对 URLLC 类业务和 mMTC 类业务的支持。R16 版本的逐步完成，从网络更智能、性能更优异、部署更灵活、支持的频段更丰富、应用更广泛等五大维度对 5G 网络进行了增强，促使 5G 应用重点向控制和物联网业务转移。

2. 5G 应用与核心指标

4G 改变生活，5G 改变社会。5G 具有鲜明的场景应用特征，它围绕人们居住、工作、休闲、交通以及垂直行业的需求展开商用部署。这些场景需求具有超高速率、超大容量、超可靠低时延、超高密度、超大连接数、超高移动性等一系列特点[84]。

根据业务需求特点和应用场景的不同，ITU 在其发布的 5G 白皮书中定义了 5G 的三大应用场景：增强移动宽带（eMBB）、超可靠低时延通信（URLLC）和大规模机器类通信（mMTC）。

（1）增强移动宽带（eMBB）

增强移动宽带是指在现有移动宽带业务场景的基础上，着眼于 2020 年及未来的移动互联网业务需求，提供更高速率和更大带宽的接入能力，进一步提高用户体验等性能，追求人与人之间极致的通信体验，如 4K/8K 超高清视频、全息技术、增强现实 / 虚拟现实等应用。

（2）超可靠低时延通信（URLLC）

超可靠低时延通信主要面对对可靠性和时延有极高要求的应用场景，如车联网、远程工业控制、远程医疗等垂直行业的特殊应用场景，5G 提供低时延和高可靠的信息交互能力，支持互联实体间高度实时、高度精密和高度安全的业务协作，提高整个业务的操作可靠性，确保向用户提供更加优质化的服务。

（3）大规模机器类通信（mMTC）

大规模机器类通信面向物联网场景，主要满足物与物之间通信的需求，支持大规模、低成本、低能耗物联网设备的高效接入和管理，设备发送少量的时延不敏感数据，需要低成本和超长的电池寿命。其主要应用于环境监测、智慧农业、森林防火以及智慧城市等领域。

为了满足 5G 的场景需求，5G 在提升峰值速率、移动性、时延和频谱效率等传统指标的基础上，新增加了用户体验速率、连接数密度、流量密度和能效 4 个关键能力指标[85]。具体来看，5G 用户体验速率可达 100 Mbps～1 Gbps，支持移动虚拟现实等极致业务体验；连接数密度可达每平方千米百万个连接，有效支持海量的物联网设备接入；流量密度可达 100 Mbps/m²，支持未来移动业务流量的千倍式增长；传输时延可达毫秒级，满足车联网和工业控制的严格要求。5G 与 4G 的关键能力对比如图 3-42 所示。

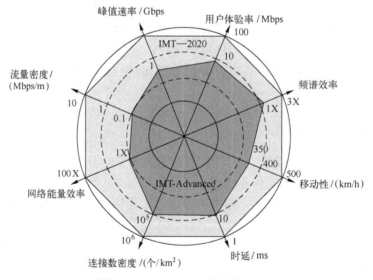

图 3-42　5G 与 4G 的关键能力对比

3. 5G 网络架构

新技术的发展给未来 5G 网络架构技术特征的满足带来了希望。其中，以控制面与数据面分离和控制面集中化为主要特征的 SDN 技术，以及以软件与硬件解耦为特点的 NFV 技术的结合，可有效地满足未来 5G 网络架构的主要技术特征，使

5G 网络具备网络能力开放性、可编程性、灵活性和可扩展性。

（1）SDN

软件定义网络（Software Defined Network，SDN）是由斯坦福大学于 2006 年提出的概念。SDN 采用集中控制的新型网络架构，能够在不改变传统网络数据转发行为的基础上，将传统数据转发设备的数据转发与逻辑控制功能分离，实现了数据层与控制层的解耦，从而实现更加高效、灵活的数据转发及设备管理[86]。

SDN 典型架构分为三层，自顶而下分别为应用层、控制层和基础设施层。ONF（Open Networking Foundation，开放网络基金会）定义的 SDN 框架如图 3-43 所示。

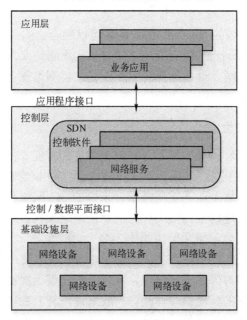

图 3-43　ONF 定义的 SDN 框架

应用层位于 SDN 架构中的顶层，是 SDN 可编程性的体现。该层包括各类用户业务及应用。通过应用层与控制层之间的应用程序接口，应用层共性及用户定制化软件可提供各类网络服务，如用户访问控制、路由决策、策略管理和流量工程等。

控制层包含各类 SDN 控制器。通过南向与数据平面接口，控制器可与基础设施层设备进行交互，通过接收基础设施层设备上报的信息，可获取设备状态信息，从而产生全局网络拓扑；通过向基础设施层设备发送控制信息，执行策略制定和表项下发操作，实现统一控制功能。通过北向与应用平面接口，控制层将抽象的底层网络设备资源信息通过 API（Application Programming Interface，应用程序接口）提供给上层应用。

基础设施层包含各类数据转发设备，通过开放标准的接口为控制层提供服务。底层转发设备通过接收控制器下发的控制指令，可实现对用户数据分组的转发、丢弃或修改等操作，而无须运行网络相关及应用相关的各种复杂信令协议，因而可极大地简化网络设备复杂性。

（2）NFV

网络功能虚拟化（Network Functions Virtualization，NFV）是由欧洲电信标准组织从网络运营商的角度出发提出的一种软件和硬件分离的架构，是一种通过硬件最小化来减少依赖硬件的更灵活和简单的网络发展模式。NFV 通过标准化的 IT 虚拟化技术，将网络功能从专用硬件设备中剥离出来，实现硬件和软件的解耦，并采用业界标准的大容量服务器、存储器和交换机承载各种各样的网络软件功能，实现软件的灵活加载，从而可以在数据中心、网络节点和用户端等不同位置灵活地部署和配置。

NFV 和 SDN 有很强的互补性，尽管两者可以融合，但并不相互依赖，即 NFV 可以不依赖于 SDN 而另行部署。SDN 对网络架构重新定义，对控制面和用户面进行解耦。而 NFV 是对网元设备结构的重新定义，将网络服务从与专用硬件及位置的紧耦合关系中分离出来[87]。

（3）三朵云概念架构

5G 网络是基于 SDN、NFV 和云计算技术的更加智能、灵活、高效和开放的网络。中国 IMT—2020 推进组于 2015 年 2 月发布了"5G 概念白皮书"。为了应对 5G 的需求场景，并满足网络及业务发展需求，未来的 5G 网络将更加灵活、智能、融合和开放，其目标网络逻辑架构被简称为三朵云网络架构，包括接入云、控制云和转发云三个逻辑域。三朵云概念架构如图 3-44 所示[88]。

① 控制云：控制云是网络架构中的核心，该部分主要由各个云计算功能模块构成，各模块协同工作对信息进行处理，可在很大程度上提高信号传输的质量，从而给用户提供一个良好的移动终端体验。一般来说控制云在工作时可以对用户的所在位置进行捕捉，从而对其信号进行处理。而各个网络计算模块在工作过程中，可以通过优化网络资源配置以实现信号的集中处理，且在信号覆盖的范围内实现信号的无缝衔接。总之，控制云一方面提高了网络传输的设备性能，另一方面有利于功能模块的优化，可在很大程度上弥补设备开发的不足，对于传输速率的提高具有很大的促进作用。

② 接入云：接入云技术在网络架构体系中的作用主要是保证信号质量，提高信号配置，可从宏基站、微基站和两种基站的联合作业三个方面进行提升。宏基站对信号传输过程非常重要，因为其具有比较固定的设备，而且设备功率比较大，从而保证了信号在传输过程中的接入质量。微基站在信号传输过程中起弥补的作用，因为这种设备具有可方便移动的特点，可用于宏基站传输的补充。在信号传输过程中，两种基站联合，互相补充不足，使信号覆盖更为全面、稳定。此外，接入云采用集中式的资源协同管理、无线网络虚拟化以及以用户为中心的虚拟小区建立进行集中控制优化。在宏基站与微基站的协作中，宏基站充当微基站间的接入集中控制模块，以辅助微基间的干扰协调、资源协同管理。

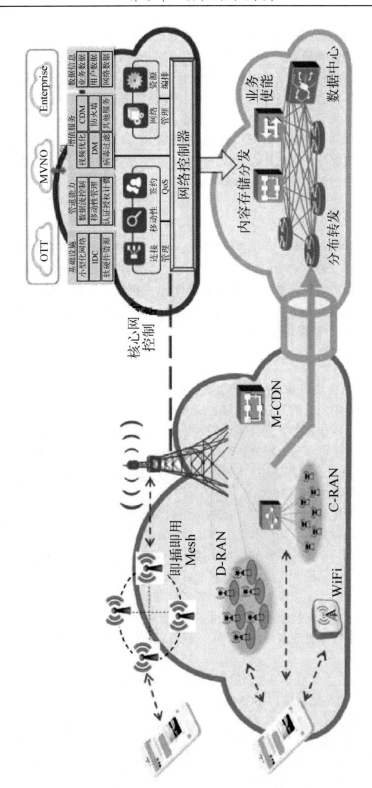

图3-44　三朵云概念架构

③ 转发云：转发云在 5G 网络架构中主要是为了分离核心网的数据面和控制面，提升数据流的处理效率。具体而言，5G 网络架构的数据传输稳定性很大程度上取决于存储数据的缓存要求，以此为基础，面对不稳定的网络架构，通过微基站和移动终端对数据传输缝隙进行弥补。具体来说，转发云可根据控制云的集中控制，使 5G 网络能够根据用户业务需求，采用软件定义每个业务流转发路径，实现对转发网元与业务使能网元的灵活选择。此外，转发云还可以根据控制云下发的缓存策略实现流行内容的缓存，降低核心网数据流量。需要注意的是，对时延要求严格的事件，需要考虑控制云与转发云的传播时延。

4. 5G 关键技术

5G 的目标是实现无缝、可靠的全球互联互通，有效地改善当前的网络状况，解决 4G 发展困境，满足未来社会的大数据需求。要实现未来 5G "信息随心至，万物触手及" 的愿景，需要关键技术的支撑。5G 的关键技术是对现有的无线通信技术的进一步演进，如多址技术、编码技术、大规模 MIMO 技术等。随着这些技术的融入，5G 的性能将不断得到提升。

（1）多址技术

多址技术是无线通信系统网络升级的核心问题，决定了网络的容量和基本性能，并从根本上影响系统的复杂度和部署成本。从 1G 到 4G 无线通信系统，大都采用了正交多址接入技术[89]。正交多址接入技术通过在时域、频域或码域去除正交资源上的干扰信号，可以在系统复杂度和部署成本都较低的条件下，尽可能实现多用户接入。然而，正交多址接入技术无法满足 5G 通信系统超高系统接入容量、超低时延和海量用户连接的需求。

以叠加传输为特征的非正交多址技术与传统的正交多址相比，可有效满足 5G 典型场景的性能指标要求。采用非正交多址技术，通过多用户信息的叠加传输，在相同的时频资源上可以支持更多的用户连接，可以有效满足物联网海量设备连接能力指标要求；此外，采用非正交多址技术，可实现免调度传输，与正交传输相比可有效简化信令流程，大幅度降低空口传输时延，有助于实现 1 ms 的空口传输时延指标；最后，非正交多址技术还可以利用多维调制和码域扩展以获得更高的频谱效率。因此，通过引入非正交多址技术，可以获得更高的系统容量，更低的时延，支持更多的用户连接。

当前业界提出了一些非正交多址技术，主要包括 NOMA（Non-Orthogonal Multiple Access，非正交多址）、SCMA（Sparse Code Multiple Access，稀疏码分多址）、PDMA（Pattern Division Multiple Access，图样分割多址，图分多址）和 MUSA（Multi-User Shared Access，多用户共享多址）等。其中，SCMA 和 MUSA 是基于码域叠加的非正交多址技术，PDMA 则联合了空域、码域和功率域并进行了优化，技术方案相对比较复杂。NOMA 是最基本的非正交多址技术，采用简单的功率域叠加方式，该方式主要通过将 SNR 差距较大的两个用户进行配对，为远端用户分配更高的发射功率，为近端用户分配较低的发射功率。在接收侧，远端用户直接进行信息解调，而近端用户先解调远端用户的信息，从接收信号中去除远端用户干扰后再解调自身信息，从而实现信息的叠加传输。

（2）编码技术

信道编码技术通过差错控制来保障可靠传输，是物理层技术的重要组成部分，也是 5G 的关键无线技术之一。为了实现 5G 在关键性能参数方面的显著提升，用于 5G 的信道编码技术应具有编码增益大、编译码复杂度低、编译码时延小、数据吞吐量大、码参数覆盖范围广且灵活可变等特征。5G 将针对不同场景和业务，选择不同的新型信道编码方案，进而达到相应的技术指标要求[90]。Turbo 码、LDPC 码和 Polar 码是热门的候选信道编码方案。在 3GPP 的 RAN1 #87 会议上将 LDPC 码确定为 eMBB 场景的数据信道上行和下行信道编码方案，而 Polar 码成为控制信道上行和下行信道编码方案。

① Turbo 码。

Turbo 码是一种并行级联卷积码，信号的发送方采用编码器和交织器来迭代发送码元。在采用 BPSK 方式编码的情况下，Turbo 码的编码能力通过这种方式在一定条件下可接近香农定理的理论极限，在移动网络领域得到了极大的推广和发展。另外，Turbo 码的编码复杂度低，符合 5G 移动通信技术的发展要求。目前大量研究人员正在大力推动 Turbo 码的改革，使其适应 5G 的要求，主要包括归零法、咬尾法、直接截尾法等多种方法的应用。

② LDPC 码。

LDPC 码是线性分组码的一种，具有校验矩阵系数的特点，是一种性能优异的实用的信道编码，具有较强的纠错能力和检错能力。LDPC 码通过一个生成矩阵 G 将信息序列映射成发送序列。与 Turbo 码相比，LDPC 码可以并行译码，降低了译码时延，并且具有较低的译码计算量和复杂度，有利于硬件实现，具有很大的灵活性和较低的地板效应，当采用长码时使用 LDPC 码性能更为优异，可以满足大数据量传输的要求。

③ Polar 码。

Polar 码是一种基于信道极化理论的编码方式，同时具备了代数编码和概率编码各自的特点，并且是已知的唯一一种能够被严格证明"达到"信道容量的信道编码方法。Polar 码的编码没有考虑最小距离特性，而是利用了信道联合与信道分裂的过程来选择具体的编码方案。只要给定编码长度，就可以确定 Polar 码的编译码结构，通过生成矩阵的形式完成编码过程。其译码过程采用概率算法，具有较低的复杂度。

（3）大规模天线技术

多输入多输出（Multiple-Input Multiple-Output，MIMO）技术，又被称为多天线技术，通过在通信链路的收发两端设置多个天线而充分利用空间资源，可提供分集增益、复用增益、阵列增益以分别提升系统的可靠性、频谱效率和功率效益，近

20 年来一直是无线通信领域的主流技术[91]。

纵观多天线技术发展历程，3G 时代只能使用 SISO（单输入单输出），下行峰值速率约为 7.2 Mbps。3.5G 时代开始支持 2×2 MIMO，下行峰值速率为 42 Mbps。4G 时代的 3GPP LTE 标准支持 SISO、2×2 MIMO 和 4×4 MIMO，下行峰值速率为 100 Mbps。4.5G 在 4G 基础上大幅度改善 MIMO 的覆盖性能，开发出以 3D-MIMO 为代表的天线传播优化技术。5G 时代将采用大规模 MIMO（Massive MIMO）技术，基站使用大规模天线阵列。

在大规模 MIMO 系统中，基站配置大量的天线，天线数目达到几十、几百甚至几千根，是现有 MIMO 系统的天线数目的 1～2 个数量级以上。理论上，当小区的基站天线数目趋于无穷时，可以忽略加性高斯白噪声和瑞利衰落等负面影响，从而极大地提高了数据传输速率。同时，多个天线采用同一个时频资源同时服务多个用户，以提升空间自由度，基站天线的数目远大于基站服务的用户数。大规模 MIMO 的基本模型如图 3-45 所示，通过在接收端和发射端增加多条平行数据传输通路，实现同一个信号的不同版本接收，或者在同时刻接收不相关的信号，从而在不消耗额外频谱资源和发射功率的前提下提高信息传输速率和可靠性。

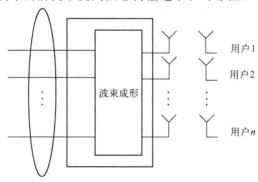

图 3-45　大规模 MIMO 的基本模型

（4）移动边缘计算

目前，增强现实、在线游戏、云桌面等新型移动互联网业务飞速发展。同时，智慧城市、智慧交通、智慧农业等物联网业务不断涌现。然而，现有终端设备处理能力较低，难以满足上述应用的需求，进而影响用户体验。移动云计算通过将移动设备的本地计算任务部分或完全迁移到云端服务器执行，从而解决了移动设备自身资源紧缺问题。但是，由于云端服务器距离用户较远，无法满足 5G 场景中低时延、高可靠性的需求。而移动边缘计算（Mobile Edge Computing，MEC）允许设备将计算任务卸载到网络边缘节点，如基站、无线接入点等，以一种低时延的方式扩展了终端的计算能力。这使得 MEC 迅速成为 5G 的一项关键技术，有助于达到 5G 业务超低时延、超高能效、超可靠性等关键技术指标[92]。移动边缘计算架构如图 3-46 所示。

边缘计算有机地融合了分散在网络终端上的计算、存储及通信资源，与传统宏基站集中式网络架构相比，移动边缘网络通过缩短终端设备与 MEC 服务器的距离，降低了任务的端到端时延，减少了任务卸载和无线传输的能耗，并借助内容感知提高了用户的服务质量。

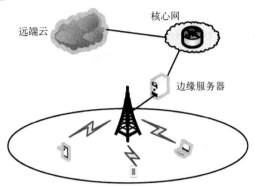

图 3-46　移动边缘计算架构

（5）同频同时全双工

传统的通信设备一般工作于半双工模式，极大地限制了系统的频谱效率。与 4G 相比，5G 网络对更高频谱效率、更快速率、更大容量的性能要求将导致频谱资源更为紧张。而同频同时全双工（Co-frequency Co-time Full Duplex，CCFD）技术可以提高传输效率，是 5G 的关键技术之一。

CCFD 是指同一通信设备中的发射机和接收机占用相同的时频承载资源传输数据，使得通信的双方在上、下行方向上以相同频率同时进行传输，其原理如图 3-47 所示。与传统 TDD 和 FDD 只能单方面在时域或频域双工通信相比，CCFD 占用了全部时域和频域的承载资源，同时包含了时分双工和频分双工的传输方式，不仅提高了无线传输资源的应用效率，还能提升无线传输信道的性能[93]。

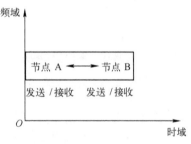

图 3-47　CCFD 原理

CCFD 的主要技术瓶颈是发射机与接收机间的强自干扰。由于收发链路隔离有限，近端信号会淹没远端信号，形成自干扰现象。CCFD 的一大难点在于对消自干扰信号。目前的主流研究都采用多级消除法，即系统通过天线干扰消除、射频干扰消除和数字干扰消除 3 级方式以达到预定的效果[94]。在 5G 网络中，由于大规模 MIMO 的应用，传统的自干扰消除技术难以满足需求，需要合理设计以适应 5G 移动通信的特殊要求。

3.3.3　第六代移动通信技术

1. 6G 概述

到目前为止，1G 到 5G 的设计都遵循网络侧和用户侧的松耦合准则。通过技术驱动，在一定程度上满足了用户和网络的基本需求，如时延、能效和频谱效率等需求。但是受制于技术驱动能力，1G 到 5G 的设计并未涉及更深层次的通信需求。在未来第六代移动通信系统（the Sixth Generation Mobile Communication System，6G）中，网络与用户将被视为一个统一整体，需要进一步挖掘和实现用户的需求，并以此为基准进行技术规划与演进布局。6G 的早期阶段将是对 5G 的进一步扩展和深入研究，以人工智能、边缘计算和物联网为基础，对智能应用与网络进行深度融合[95]。与此同时，与 5G 相比，6G 除了对更高网络性能的追求，还会更加侧重于人的个性化需求，建设更加智能、安全和灵活的网络。

近几年来，学术界和工业界越来越多的机构或个人开始涉及 6G 概念，世界各国正在紧锣密鼓地开展 6G 的相关工作。由此可以看出，业界对现在启动 6G 相关研究有一定的共识。

不过，现在 6G 定义还未出现。各方都有自己的愿景，并未得到统一的、大家都认可的 6G 定义。从已完成的工作可以看出，6G 将探索并汇集 5G 所遗漏的相关技术，却又不仅仅是简单地对网络性能的突破，更是为了缩小数字鸿沟，实现万物智联。

2. 6G 愿景

6G 网络主体、新形态特征和关键性指标发展趋势与之前的网络截然不同，甚至有颠覆性变化，将充分满足人类在实体和虚拟世界中的各种个性化需求。6G 网络主体的演进趋势将在原本的"人-机-物" 3 个维度之上扩展出第四个维度——"灵"。"灵"指的是虚拟世界空间，包含虚拟物理空间和虚拟行为空间，指一切影响人类个性化发展的空间、情境甚至是意境。与 5G 时代以物为主体相比，6G 时代的主体更为抽象，泛化为物理世界中任何一种能够自我学习思考并能同环境互相交流的实体，更智能、更灵活。因此，6G 除了对通信性能的提升，还将在认知和体验方面进一步挖掘和发展，从而实现智慧通信、深度认知、全息体验和泛在连接，这也是 6G 的四大特征。

（1）智慧通信

未来 6G 网络将会是一个更复杂、更庞大的网络，终端设备和业务的多样化使得移动网络与人工智能的融合成为必然趋势。应用在 5G 中的人工智能技术只是对网络架构进行升级改造，而 6G 将通过人工智能技术实现通信系统内在的智能化，包括网元与网络架构的智能化、连接对象的智能化、信息承载的智能化等。"智慧"将成为 6G 网络的内在特征，并成为其他三大特征的支撑。

（2）深度认知

随着信息交互需求的类型和场景的复杂化，物联网通信需求快速提升，在空间范围和信息交互类型方面都得到极大的扩展，包括连接对象活动空间的深度扩展、感知交互的深入、物理网络世界的深度数据挖掘、深入神经的交互等。6G 接入需求将从深度覆盖演变为"深度认知"。

（3）全息体验

6G 提供高保真 AR/VR、全息通信等需求。全息通信及显示可随时随地进行，人们可以在任何时间、任何地点享受完全沉浸式的全息交互体验，实现"全息体验"的愿景。

（4）泛在连接

6G 网络将实现广泛存在的通信，以在任何时间、任何地点、任何人、任何物都能顺畅地通信为目标。对比深度认知，泛在连接强调的是通信的广度，形成全地貌、全空间立体覆盖连接，即空天地海一体化。

3. 6G 需求与挑战

6G 网络美好愿景的实现还面临着诸多技术需求与挑战。6G 网络性能指标遵循 TRUST 原则，并积极探索各种其他未知的关键性指标，将超过之前任何一代移动通信系统[96]。

2018 年 10 月 2 日，国际电信联盟在美国纽约召开"网络 2030"研讨会，会议针对 6G 以下三大场景达成了共识。

（1）甚大容量与极小距离通信

包括超越 AR/VR、全息通信、高吞吐量（>Tbps，即大于太比特每秒）、全息传送（<5 ms）、数字感官和定性沟通协调流等。

（2）超越"尽力而为"与高精度通信

包括无损网络、吞吐量保证、时延保证（及时保证、准时保证、协调保证）和用户-网络接口。

（3）融合多类网络

包括卫星网络、互联网规模的专用网络、移动边缘计算、专用网络／特殊用途网络、密集网络、网络-网络接口和运营商-运营商网络。

为了实现上述场景，满足未来通信的要求，6G 面临着诸多技术需求与挑战。大数据的智能化应用、沉浸式 AR/VR 和全息通信等场景将带来海量的数据传输需求，6G 需要更高的峰值速率和更低的交互时延。而且，不同于以往对局部地区的需求，6G 要求随时随地享受高速率、低时延的连接，这是 6G 网络需要面临的巨大挑战；超高吞吐量、超大带宽、超海量无所不在的无线节点将产生巨大的能源消耗，使得绿色节能通信显得更为重要和迫切。与此同时，在实现万物互联的过程中，6G 网络将面临与其他复杂多样的垂直行业标准和技术融合的问题，这就需要 6G 具备自聚合能力，以更加智能灵活的方式聚合不同类型的网络和技术，以便动态自适应地满足复杂多样的场景与业务需求。

4. 6G 使能技术

6G 将向空天地海空间不断延伸，为人们提供无所不在、无时不在的信息基础设施。要实现 6G 的任何人在任何时间、地点都可与任何人进行任何业务通信的目标，除了对 5G 中的关键技术进一步扩展，还需要有专有技术的支撑，其中较具代表性的技术有太赫兹通信、空天地海一体化和触觉互联网。

（1）太赫兹通信

太赫兹频谱是随着当前频谱资源枯竭而发展起来的全新频谱资源，太赫兹波是指频率为 0.1～10 THz、波长为 3 mm～30 μm 的电磁波，其频段介于毫米波与远红外光之间[97]。太赫兹频谱通信的传输速率高、容量大，具有很宽的瞬时带宽，是未来 6G 移动通信系统极具吸引力的宽带通信技术。太赫兹频谱既有微波的特性，又有光波的特性，具有方向性好、安全性高、辐射小和穿透性好等特点，可高效支持 6G 大数据实时传输。太赫兹频谱用于 6G 在拥有显著优点的同时，也避免不了存在很多技术上的难点与挑战，如大尺度衰落特性、太赫兹直接调制技术、太赫兹混频调制技术，以及低功耗、低复杂度的高速基带信号处理技术等。

（2）空天地海一体化通信

空天地海一体化通信的目标是扩展通信覆盖广度和深度。在传统移动网络的基础上分别与卫星通信和深海远洋通信深度融合，是实现 6G 超泛在通信的关键。从基本的构成上，空天地海一体化通信系统包括两个子系统：陆地移动通信网络与卫星通信网络结合的空天地一体化通信子系统，陆地移动通信网络与深海远洋通信网络结合的深海远洋通信子系统。

空天地一体化通信子系统是指以地面网为依托，以天基网为拓展，采用统一的网络架构、技术体制、标准规范，实现空天地互联互通，其内涵是实现多种功能平台之间的数据融合与信息共享。为了应对空天地一体化通信网络信息传输量的指数级增长，空天地一体化将采用新的通信手段。空间激光通信具有传输速率高、可用带宽宽、无须频率许可、抗电磁干扰能力强、保密安全性好，以及激光终端体积小、质量轻和功耗低等优点，是解决空天地一体化通信网络信息高速传输的首选途径。此外，多维路由技术、端到端传输技术和安全控制技术也是空天地一体化通信网络的重要技术基础。

深海远洋通信子系统以水下无线通信为基础，可分为水下电磁波通信、水声通信和水下光通信三种，它们分别具有不同的特性及应用场景[98]。水下无线电磁波通信是指用水作为传输介质，把不同频率的电磁波作为载波传输数据、语言、文字、图像、指令等信息的通信技术，主要用于远距离的小深度的水下通信场景。水声通信采用属于机械波的声波，在水下声波具有比电磁波更好的传播性能，可以实现水下较远距离的通信，在水下通信、定位、导航、传感、探测等领域获得广泛应用。水下光通信是一种将激光作为载波传递信息的技术，与传统的水下电磁波通信与水声通信相比，其优势在于具有超宽的带宽。水下光通信具有信息承载能力强、传输速度快、保密、抗电磁干扰能力强等优点，可在海洋信道中实现高速度、大容量、远距离的无线通信。

（3）触觉互联网

未来 6G 网络连接的将是普遍具备智能的对象，其连接通信关系不仅是感知，还包括实时的控制与响应，即所谓"触觉互联网"。利用触觉互联网中的感知应用，可以为用户与目标对象间提供实时的感知和控制交互。感知应用通过提供实时的感知内容，帮助操作者实现与远程环境或者远程目标间的交互，并且实现对远程目标的控制操作[99]。

实现触觉互联网的关键技术挑战之一是将通信、控制和计算系统组合成一个共享的基础设施，通过将移动通信系统作为底层无线网络，连同其软件化和虚拟化的逻辑网元实体，集成为一个实时控制环路，以使预期的实时控制与网络边缘高效计算能力相结合。

可以预期，6G 时代是无所不在的触觉互联网与无所不在的感知对象和智能对象进行实时传送控制、触摸和感应驱动信息的通信，从而实现"一念天地，万物随心"。

5. 6G 应用前景

6G 网络将致密化，理论下载速度将达到太比特每秒（Tbps）的量级，是 5G 下载速度的 100 倍，用户实际体验到的数据率将达到 10～11 Gbps；6G 时代有望实现万物智联。万物智联是将人、人工智能、流程、数据和事物结合在一起，使得网络连接变得更加相关，更有价值。6G 将拉近万物的距离，通过无缝融合的方式，便捷地实现人与万物的智能互联。届时，智慧城市、智慧社会、智能家居等都将得到进一步发展；6G 时代有望提供基于家庭的 ATM 通信系统、卫星到卫星直接通信、海上到空间通信，提供家庭自动化、智慧家庭／城市／村落、防卫、灾害防治以及其他相关应用。

3.4　本　章　小　结

物联网产业链由标识、感知、处理和信息传输四个环节组成，网络技术解决的是物联网中海量物体间的通信问题。本章对物联网中的主流网络技术进行了总结，并对 6LowPAN、NB-IoT 和 5G 进行了重点介绍。在物联网中，物物相连将会产生大量的通信数据，而这些海量信息的快速、可靠传送无疑将会越来越依靠网络技术的发展、进步。

第4章 物联网应用技术

物联网是当今信息通信技术深入发展的典型代表，一经出现便在世界范围内引起了广泛的关注。各种类型与全行业的物联网应用大力普及和逐渐成熟，促使物联网进入了万物互联的时代，可以通过智能设备、智能家居、智能机器人等连接网络。物联网的出现，使得海量的数据在转眼间迅速生成。对物联网的全面研究与分析，将有助于实现社会和经济朝着智能化、精细化、网络化、高端化的方向发展。而在物联网的发展过程当中，交互技术、计算技术、数据处理技术以及信息安全技术等起着不可忽视的作用。

4.1 交 互 技 术

交互技术又称交互设计，是定义、设计人造系统的行为的设计领域。人造物，即人工制成物品，例如，软件、移动设备、人造环境、服务、可佩带装置以及系统的组织结构。互动设计在于定义人造物的行为方式（即人工制品在特定场景下的反应方式）相关的界面。技术与传媒业之间历来是一种互为依托，互为促进的关系，前者助推传媒业的不断革新和持久繁荣。例如，当下人工智能、数据以及虚拟现实技术等方兴未艾，其与传媒业的联姻，创造出形式丰富的新闻产品和内容服务，极大限度地增强了新闻信息的表现力。同时，也造就了新闻传播领域"百家争鸣，百花齐放"的格局和态势。另外，技术产生于社会生活，源于人类的社会需求。有学者认为，判断一种技术是否有未来的市场、是否有价值以及有多大价值，主要基于三个标准：能否促进社会成员间的信息流动性；能否扩大人类的行动半径；能否增强人类对现实的把控能力。

4.1.1 Web 技术

互联网作为一种"自由的技术"，已然成为媒体乃至人类社会变革的重要推动力。从 Web1.0、Web2.0 到 Web3.0，从门户网站到社交媒体、再到今天的智能媒体；从一对多的"布告式"传播到多对多的圈群化传播、再到基于算法的个性化发展，每一种新的媒介形态和传播模式的演变，都是技术的量变所引起的质变的结果[100]。

1. Web1.0

互联网和网络不是同义词，两者是两个独立但相关的事物。互联网是网络的网络，全球有数百万台计算机连接在一起，形成一个网络，其中任何计算机都可以与任何其他计算机进行通信。互联网是一种通过在浏览器上显示网页来访问信息的方法，信息通过超链接连接，可以包含文字、图形、音频、视频。

网页技术最早用于大学间论文交流，只是简单的格式文档，并没有复杂的技术组合应用其中，在互联网的演化进程中，网页制作是 Web1.0 时代的产物，用户使用网站的行为以浏览为主。从技术上讲，Web1.0 的网页信息不对外部编辑，用户只是单纯地通过浏览器获取信息，信息不是动态的，只有网站管理员才能更新站点信息，所以 Web1.0 的特点是机械化，不能满足用户个性化需求，这一特点给 Web2.0 的出现提供了必然的前提条件。

Web1.0 具有以下特点：

① Web1.0 基本采用的是技术创新主导模式，信息技术的运用和变革对于网站的新生与发展起到了关键性的作用。例如，国内的新浪最初以技术平台起家，搜狐以搜索技术起家，腾讯以即时通信技术起家，盛大以网络游戏起家等。

② Web1.0 时代站点盈利模式较为单一，基本通过点击流量进行盈利，无论是早期融资还是后期获利，依托的都是为数众多的用户和点击率，以点击率为基础上市或开展增值服务。受众的基础规模，决定了盈利的水平和速度。

③ Web1.0 的发展后期出现向综合门户合流的趋势，许多知名网络公司都纷纷走向了门户网站。这一情况的出现，在于门户网站本身的盈利空间更加广阔，盈利方式更加多元化，拓展为网络平台，可以更加有效地实现增值盈利，并可扩展主营业务之外的其他各类服务[101]。

与 Web1.0 有关的问题是它的速度慢，在每次将新信息输入到网页中时，都需要刷新。Web1.0 不支持双向通信，它完全基于只能由客户端启动的客户端模型（HTTP）。在 Web1.0 中使用的搜索技术基本上集中在索引的大小上，忽略了相关性。

Web1.0 背后最错误的想法是，它忽略了网络效应的力量，Web1.0 由很少的编写者和大量的读者组成，导致网络运行缓慢并使用户渴望资源。如果越来越多的人使用网络服务，那么它对于使用该网络的每个人都将变得更加有用，但是 Web1.0 通过允许 Web1.0 为只读而忽略了这一概念。它假设网络是发布而不是参与，用户只能读取信息，而不能与网页进行任何交互。它误解了网络的动态，将软件用作应用程序而不是服务。总体来说，Web1.0 依赖于旧软件业务模型[102]。

2. Web2.0

Web2.0 始于 2004 年 3 月 O'Reilly Media 公司和 MediaLive 国际公司的一次头脑风暴会议。Tim O'Reilly 在发表的"What Is Web2.0"一文中概括了 Web2.0 的概念，并给出了描述 Web2.0 的框图——Web2.0 Meme Map，该文成为 Web2.0 研究的经典文章。此后关于 Web2.0 的相关研究与应用迅速发展，Web2.0 的理念与相关技术日益成熟和发展，推动了互联网的变革与应用的创新。在 Web2.0 中，软件被当成一种服务，互联网从一系列网站演化成一个成熟的为最终用户提供网络应用的服务平台，强调用户的参与、在线的网络协作、数据储存的网络化、社会关系网络、RSS 应用以及文件的共享等成为 Web2.0 发展的主要驱动力和表现。Web2.0 模式大大激发了创造和创新的积极性，使互联网重新变得生机勃勃[103]。

Web2.0 从模式上是单纯的"读"向"写"和"共同建设"发展；由被动地接收互联网信息向主动创造互联网信息迈进；在基本构成单元上，由"网页"向"发表/记录的信息"发展；在工具上，由互联网浏览器向各类浏览器、RSS 阅读器等发展；在运行机制上，由"Client Server"向"Web Service"转变；在应用上，由初级的应用向全面大量应用发展；作者由程序员等专业人士向普通用户发展。在 Web 2.0 主要涉及的技术名词中，Mashup、Ajax、RSS、WiKi 和 Tag 是被提及最多的。

① Mashup：直接译义是网络聚合应用，即将一个或多个信息源整合起来的网络应用。最常见于在线地图的应用，如某个在 Google Maps 提供的 API 基础上延展出新的服务。对应用开发者来说，Mashup 带来的最大优点是简单、快捷。

② Ajax：异步 JavaScript 和 XML 的简称，通过这一技术，实现了无须刷新整个页面，而只更新网页中的一部份数据的功能。对用户来说，使用了 Ajax 的网页较以往的静态页面更具有美观性和互动性。此外，由于实现了局部更新，服务器与浏览器之间交换的数据也大大减少，使互动相应更为迅速。

③ RSS：Really Simple Syndication 的缩写，一种用于描述和同步网站内容的格式，常用于信息资源的聚合、共享、推送、订阅或发布，中文意思是简易信息整合，简易信息聚合。由于一个 RSS 文件就是一段规范的 XML 数据文件，因此 RSS 实际上是搭建了一个使信息迅速传播的平台，使得每个人都成为信息提供者。具有 XML 标准特性的 RSS Feed 能够被其他终端所调用。

④ WiKi：一类新的网页设计概念，也是一类 WiKi 应用的统称。与以往网页内容由设计者预先设定好不同，WiKi 页面的使用者可以修改该网页中的内容，并同时保存好更新记录。WiKi 技术也指现在大多 WiKi 网站使用的 WiKi 程序，如 MediaWiki 和 MoinMoin 等。

⑤ Tag：一种分类系统，其"祖先"最早被用于图书馆的书籍标引工作中。与图书馆分类法必须严格按照要求对书籍进行内容划分不同，Tag 标引更为自由，不同人对同一页面所使用的 Tag 也不完全相同，在大量 Tag 以及群体智慧的协作下，最终实现自身价值。

Web2.0 中涉及的其他技术还有 SNS、浏览器插件和 OpenSource 等。可将上述的技术划为两大类：一类更多地与网站（网页）设计相关，如 Mashup 或 Ajax；另一类则更多地接近于应用层面，其最明显的特征是它们与应用往往具有相同的名称，如 WiKi 技术与 WiKi 应用。目前，Web2.0 技术遇到的主要问题和受到的限制集中在网站或网页设计技术方面[104]。

通过上述对 Web2.0 应用的介绍，可以归纳出其特色如下。

① 用户中心：无论是鼓励使用者参与内容创造，如播客或博客的内容上传，或者与使用者之间的互动，只要是在网站上的行为都要以使用者为中心。

② 开放与共享：平台是开放的，顾客可以随时随地分享各种观点，而不受时

间和地域的限制，顾客会有较大热情积极主动参与，除了得到自己需要的信息，也可以发布自己的观点。鼓励使用者开放讨论，创造出分享和合作的文化。

③ 信息聚合：信息在网络上不断积累，不会丢失。以兴趣为聚合点的社群。对某些问题感兴趣的群体容易聚合在一起，有利于在碰撞中产生新知识[105]。

3. Web3.0

随着 Web3.0 理念逐步深入广大网民的思维，Web3.0 在 Web2.0 的基础上将杂乱的微内容进行最小单位的继续拆分，进行词义标准化、结构化，实现了微信息之间的互动和微内容间基于语义的链接，实现了更加智能化的人人及人机之间的互动交流。基于此，人们提出了 Web3.0 的核心理念——个性、精准和智能，Web3.0 网站内的信息可以直接和其他网站的相关信息进行交互，也能通过第三方信息平台同时对多家网站的信息进行整合使用，这就要求在 Web3.0 中整合数据、应用、功能、服务、流程、信息、知识（统称为数据）来满足用户的需要和偏好[106]。

本书总结了 Web2.0 与 Web3.0 的区别，如表 4-1 所示。

表 4-1　Web2.0 与 Web3.0 的区别

	Web2.0	Web3.0
主要任务	集中社区力量来创建动态内容和交互技术	网络上的链接数据，设备和人员
连接	围墙花园阻碍了互操作性	数据和设备以新方式轻松连接
内容	个人和组织创建内容	个人、组织、机器创建的内容可以重复使用
技术	Ajax	RDF 和 OWL
网站	Google、Facebook、Wikipedia、eay 和 YouTube	DBpedia，SIOC 项目

Web3.0 引入了用于组织内容的新技术和新工具，这些新工具使软件和应用程序能够以为信息以前没有的含义和结构添加含义和结构的方式来收集、解释和使用数据。从概念上讲，Web3.0 能够释放从不同的数字源中截取大量信息的服务，例如，Web 内容、电子邮件或 PC 上的文件，以提供更相关的搜索结果。它还提供了一些工具来更好地管理信息流，提供更快、更丰富的用户体验。

Web3.0 的基本特征之一是它能够通过在发布信息的上下文中表达含义来更智能地使用 Web 上的非结构化信息。Web 上的特定信息资源将通过使用自然语言处理和语义技术来组织，关联和链接到其他共同感兴趣的资源，这些技术可以对数据进行搜索，然后对其进行查找，解释并在不同数据元素之间建立关系，预期用户的搜索需求。

例如，用户可以以类似于当前用于处理来自电子表格和数据库的结构化或数字数据的方法来处理基于文本的信息，即使搜索结果不一定包含所使用的特定搜索词，搜索引擎也能够理解作为完整问题提出的查询并提供准确且相关的结果[107]。

4.1.2　VR 与 AR

当前社会中大众对 VR 和 AR 技术并不陌生，在很多领域都能够接触到 VR 和 AR

技术。VR（虚拟现实）技术通过将虚拟世界中的相关信息加以处理，利用传感器的方式将其更真实地传递给使用者。使用者的行动也会通过 VR 设备展现在虚拟世界中，为大众营造进入虚拟世界的感受。随着 VR 技术的发展，VR 技术被应用于大部分领域。由于 VR 技术具备成本低、代入感强的优势，所以发展空间广阔。目前 VR 技术正在研究中，如果将其应用到较为复杂的环境中，对于 VR 技术精准图像展现会造成影响。正因如此，VR 技术还需要深入研究。

AR（增强现实）技术以信息集成手段将真实世界、虚拟世界相结合，营造虚拟物，满足现实发展要求。AR 技术最先接触的行业为录像装置，帮助录像装置采集真实世界数据，随后采用虚拟景象合成技术，通过计算机进行合成处理。AR 技术与 VR 技术不同，AR 应用更为方便，下载 AR 相关软件即可进行操作。当然这种操作体验并不很理想。随着 AR 技术不断创新，结合光学透视相关原理，可将现实世界与虚拟信息融合显示，强化现实显示内容。AR 技术的应用需要投入较多资金，并且技术要求十分严格。在现实中 AR 技术主要有谷歌眼镜，目前，AR 技术还处于开发研究阶段，在很多方面还需要进一步升级。AR 技术在军事、医疗以及工业等领域都有应用，AR 技术为使用者提供精准的信息与定位，辅助使用者达到研究与操作目的。

1. VR 与 AR 概述

（1）虚拟现实（Virtual Reality，VR）

顾名思义，就是虚拟与现实相互结合。从理论上来讲，虚拟现实技术是一种可以创建和体验虚拟世界的计算机仿真系统，它利用计算机生成一种模拟环境，使用户沉浸到该环境中。虚拟现实技术利用现实生活中的数据，通过计算机技术产生的电子信号，将其与各种输出设备结合并使其转化为能够让人们感受到的现象，这些现象可以是现实中真真切切的物体，也可以是我们肉眼所看不到的物质，通过三维模型表现出来。因为这些现象不是我们直接所能看到的，而是通过计算机技术模拟出来的现实中的世界，故称为虚拟现实。

虚拟现实技术受到了越来越多人的认可，用户可以在虚拟现实世界中体验到最真实的感受，其模拟环境的真实性与现实世界难辨真假，让人有种身临其境的感觉；同时，虚拟现实技术可实现一切人类所拥有的感知功能，比如听觉、视觉、触觉、味觉、嗅觉等感知系统；最后，采用虚拟现实技术可构建一个超强的仿真系统，真正实现了人机交互，使人在操作过程中，可以随意操作并且得到环境最真实的反馈。正是虚拟现实技术的存在性、多感知性、交互性等特征使它受到了许多人的喜爱[109]。

（2）增强现实（Augmented Reality，AR）

增强现实也被称为扩增现实。AR 技术是促使真实世界信息和虚拟世界信息内容之间综合在一起的新技术，其将原本在现实世界的空间范围中比较难以进行体验的实体信息在计算机等科学技术的基础上进行仿真处理、叠加，将虚拟信息内容在真实世界中加以有效应用，并且在这一过程中能够被人类感官所感知，从而实现超越现实的感官体验。真实环境和虚拟物体之间重叠之后，能够在同一个画面和空间中同时存在。

增强现实技术不仅能够有效体现真实世界的内容，也能够将虚拟信息内容显示出来，使这些细腻内容相互补充和叠加。在视觉化的增强现实中，用户需要在头盔显示器的基础上，使真实世界和计算机图形重合在一起，在重合之后可以充分看到真实的世界围绕着用户。增强现实技术中主要包括多媒体和三维建模以及场景融合等新的技术和手段，增强现实所提供的信息内容和人类能够感知的信息内容之间存在着明显不同[108]。

VR 与 AR 对比如表 4-2 所示。

表 4-2 VR 与 AR 对比

名称	定义	特点
桌面式 VR	利用计算机形成三维交互场景，通过鼠标、力矩球等输入设备交互，由屏幕呈现出虚拟环境	易实现、应用广泛、成本较低，但因会受到环境干扰缺乏体验感
分布式 VR	将 VR 技术与网络技术相融合，在同一 VR 环境中，多用户之间可以相互共享任何信息	忽略地域限制因素，共享度高，同时研发成本极高，适合专业领域
沉浸式 VR	借助各类型输入设备与输出设备，给用户一个可完全沉浸、全身心参与的环境	良好的实时交互性和体验感，但对硬件配置和混合技术要求较高，开发成本高
增强式 VR（AR）	将虚拟现实模拟仿真的世界与现实世界叠加到一起，用户无须脱离真实世界即可提高感知	体验更完美，但对混合技术要求更高，开发成本高，起步晚

2. VR 与 AR 关键技术

（1）VR 关键技术

VR 技术呈现以渲染能力提升和技术发展为基础，屏显技术完善为展现依托，丰富的智能定位技术为互动保证，虚化了虚拟世界和真实世界的界限，使之达到某种程度上的融合。

1）VR 渲染技术

虽然 GPU 处理能力得到了迅猛提升，但还存在处理能力和价格高企的普及瓶颈。当前主要的技术研究方向都集中在降低 GPU 消耗上，确保更多的计算平台具有支持 VR 的能力。Nvidia 推出了 MRS（Multi-Resolution Shading，多分辨率着色）渲染技术，采用分区域差别分辨率的方法，降低消耗；为了提升精确度，国内外厂商分别提出了相似的解决方案，其中典型代表为国内某公司研发的焦点渲染（Foveated Rendering）技术。

① 多分辨率着色渲染技术：采用将整体渲染画面分区域模式，按照从中央到两边采用不同分辨率的方法，降低 GPU 渲染压力。

● 技术原理：MRS 渲染技术不再将整个画面以相同的分辨率渲染，而采用分区域差异化处理的方式，对人眼看到的主要中央区域以完整的高分辨率进行渲染，对边缘区域则以更低分辨率进行渲染。

- 硬件支持：使用 Nvidia Maxwell 架构的显卡，包括 GeForce Titan X 和 GTX 900 等系列。
- 应用效果：据称效率提高大概 50%左右，如原来渲染 90 帧／秒，采用 MRS 渲染技术可以做到 140 帧／秒左右。

② 焦点渲染技术：针对 MRS 渲染技术渲染区域划分较为粗糙的情况，焦点渲染技术采用眼球追踪技术使之精细化[110]。

- 技术原理：在 MRS 渲染技术的基础上，使用眼球追踪技术开发出了对人眼关注的焦点区域采用高分辨率，其他区域逐步从焦点向外递减的渲染技术，进一步缩小高清渲染的范围，提升用户体验。
- 应用效果：据称可以将渲染像素降低到 MRS 渲染技术方案的 10%左右，可将能够支撑 VR 技术的 PC 设备从当前仅有 10%提升至 30%。

2）计算机图形技术

所谓计算机图形技术，就是通过计算机生成绘制图形的技术。计算机图形可以数据的形式进行展现，并且能够将图形进行绘制打印，通过将数据转换成线条，能够保证制作出大量的运动图形和三维图形，这也突破了传统绘图技术的局限。立体显示技术是虚拟现实最主要的实现技术，立体显示包括真三维立体显示、立体投影设备显示和更高级的设备显示。视觉跟踪与视点感应技术通过对图像序列中的运动目标进行检测、提取、识别来获得运动物体的参数。加速度等技术加强了对目标动作行为的分析和处理，减少三维图形的传输时间。

3）语音输入输出技术

语音识别技术作为一门交叉学科，取得了非常明显的进步，而且在各行各业中都得到了广泛应用。语音识别技术包括信号处理、识别人声分析以及人工智能等相关技术。

4）听力触觉感知技术

在虚拟现实技术发展的过程中，通过对眼球、手势、语音进行控制，能够实现自动感知的功能。从目前来看，面部识别和接触式手势控制得到了广泛运用，眼球运动追踪技术和非接触式手势控制技术得到了较大突破，通过在虚拟现实中的应用，能够对人的面部表情进行全面的分析和整合[111]。

（2）AR 关键技术

1）跟踪注册技术

跟踪注册技术是增强现实系统的核心技术之一，增强现实系统的最终效果与其所用的跟踪注册技术密不可分。跟踪注册技术通过相应算法快速地计算虚拟空间与现实空间坐标系的映射关系，使其精准对齐，从而实现虚拟信息在真实世界的完美叠加。建立虚拟空间坐标系与真实空间坐标系的转换关系，使得虚拟信息能够正确地放置于真实世界中，此过程为注册。实时从当前场景获得真实世界的数据并根据观察者位置、视场、角度、方向、运动情况等因素来重建坐标系，将虚拟信息正确地放置于真实世界中，此过程为跟踪。

2）显示技术

增强现实系统中另一关键技术为显示技术，显示技术决定了用户使用增强现实应用时的沉浸感和体验感等因素。目前，增强现实系统实现虚实融合显示的主要设备一般分为头戴显示式、手持显示式和投影显示式等几种。

3）人机交互技术

随着计算机和移动设备等逐步智能化，人机交互技术越发重要。而在增强现实系统中，人机交互的方式尤为重要。从传统的鼠标键盘交互方式到语音、手势交互方式等新型交互方式，人机交互技术的发展将会给增强现实系统带来无限可能[112]。

4）三维注册技术

三维注册是指通过计算机图形学的分析过程，获得三维空间中具体物体准确的坐标，然后根据获得的坐标把计算机生成的虚拟物体拼接到实景空间中去，使得真实环境和虚拟物体能够准确地无缝融合。注册是增强现实技术中的一个难题，也是其中需要不断地持续研究的主题。目前，对该问题的处理方法主要有以下四种。

① 对真实场景进行三维建模，在此基础上得到虚拟物体在真实场景中的注册信息。

② 从环境的自然特征点中提取出对虚拟物体进行注册所需的信息。

③ 将一些特征标识物放置在场景中，通过对标识物特征点的识别，就可以提取出物体在真实场景中的注册信息。

④ 将一些电磁感应装置放置在场景中，通过对标识物特征点的识别，就可以提取出物体在真实场景中的注册信息。

5）摄像机标定技术

在增强现实系统中，在用户视界范围中的虚拟物体或信息与真实环境中物体必须非常精确地对准。当用户的观察视角发生改变时，虚拟摄像机的参数要和真实摄像机的参数保持一致，与此同时，还要对真实物体的位置和姿态等参数进行实时跟踪，不断地对参数进行更新。在这样一个虚拟对准过程中，系统中摄像机的内部参数及其相对位置和方向等参数始终保持不变，因而可以对这些参数提前进行测量或标定。增强现实系统中常用的显示设备有两种：视频透射头盔显示器（以下简称视透头盔）和光学透射头盔显示器（以下简称光透头盔）。由于两种设备的特性不同，标定的方法也不同。光透头盔的标定比视透头盔更加复杂也更加困难，这是因为：① 佩戴视透头盔的用户是通过头盔中的显示器间接地获取图像信息的，而佩戴光透头盔的用户则是用眼睛透过半透明眼镜直接获得自然环境中的图像信息的。② 对于光透头盔而言，当同一用户多次使用和不同用户使用时，人眼的位置很可能会不同，从而增加了光透头盔的标定难度。

6）摄像机跟踪技术

虚实物体位置的一致性问题是增强现实技术中的一个非常基本的问题。当摄像头等输入设备在场景中发生位移时，为了设置正确的摄像机参数以便绘制虚拟物体，需要计算出其方位信息，从而在使用非穿透式显示设备时使虚拟物体在输出设备中的成像与输入设备捕获的场景保持一致，而在使用穿透式显示设备时使虚拟物体在输出设备中的成像与人眼看到的场景保持一致。在增强现实技术中，完成该过程的技术被称为摄像机跟踪技术[113]。

3. VR 与 AR 主要应用

（1）游戏娱乐类

游戏是 VR 技术重要突破口，也是以最轻松的方式认识和学习新事物的一种良好渠道。目前，以头戴式显示器（Head Mounted Display，HMD）为主的沉浸式游戏模式已在业界掀起了热潮。已有不少公司发布了各类虚拟现实游戏及相关设备，从根本上改变了传统的键鼠／手柄操作模式。其中，Oculus 在 FPS 射击游戏上的成果有较强吸引力。

采用 HMD 这种即时跟踪、能够通过调整用户游戏视角、完善游戏体验的模式弥补了 3D 游戏沉浸感的不足。虽然多数游戏依然处于探索阶段，但随着时间的推移，VR/AR 游戏势必受到为数众多年轻人的推崇与追捧。在影视娱乐方面，VR 技术的应用场景经历了本地视频改造、VR 动画展示，借助 360°全景摄像和双目摄像等设备，采用拼接算法制作 UGC 影视等多个过程。在电影领域，更多的采用 VR 技术拍摄的影片将进入大众视野[114]。

（2）教育应用

在基础教育行业中，VR 与 AR 技术最初应用在职业教育中。国内有条件的中小学均在部分课程中应用 VR 与 AR 技术，其目的是引导学生在真实的场景中学习。借助虚拟现实技术，能够为学生创建真实的学习情境，更直观地将知识表现出来，为人们提供生动的交互体验，使学生学会观察和探索，不断开展实验，加深学生对知识的理解与认知，激发学生的学习兴趣，以此丰富学生的学习体验，保障教学质量与教学效率。VR 与 AR 技术可强化现实技术、感知技术的应用，为学生创建全新的智慧教育环境。各级教育主管部门、学校应当积极组织研讨，不断提升中小学教师对虚拟现实技术的认知，强化科技教学的认知，合理应用科技教学手段。2017年 4 月，南京市举办了"VR 与 AR 技术在教育教学中的应用研讨"活动，在整个研讨活动中，不仅探索了 VR 与 AR 技术在教育教学中的应用价值与应用前景，分析了 VR 与 AR 技术的应用现状，明确了其中存在的缺陷。2016 年美国在 K12 课堂中逐步应用了 VR 与 AR 技术，旨在借助 VR 与 AR 技术，激发学生的学习兴趣，增强学生的学习意识。据报道，在 K12 课堂中应用 VR 与 AR 技术的教师占比 5.0%。在中学计算机科学课程和技术课程中，VR 与 AR 技术的应用占比较高，为 9.0%～12.0%，6～8 年级学生 VR 与 AR 技术应用占比为 9.0%，9～12 年学生 VR 与 AR技术应用占比为 8.0%[115]。

（3）生活服务

① 旅游：生活水平的不断提高，使得人们开始追求精神层面的享受，旅游逐渐成为人们放松自我、修养身心的一种非常重要的方式。VR 技术在旅游产业中的

应用,最初仅仅是将其与 GIS 系统等结合在一起,实现虚拟化漫游,这种漫游缺乏交互性,与其说是虚拟旅游,倒不如说是在观看电视或者电影。新时期,科学技术的飞速发展,使得 Web 3D 技术支持的虚拟旅游系统得以出现,使得用户可以待在家中,对模拟构建的 3D 景观进行观赏和浏览,而且相比较传统系统,交互性更强,能够给用户带来身临其境的感觉。

② 家居:新时期,智能化逐渐成为家居发展的关键性特征,同样也吸引了 VR/AR 技术的应用,现阶段,VR/AR 技术在家居领域的应用主要是利用 Web 3D 技术配合无线传感器网络,结合专用的传感器设备,实现对室内空间温度、湿度等数据信息的采集,构建相应的智能家居模型,实现对智能化电气设备的控制[116]。

③ 交通:采用 VR/AR 技术现实对交通的仿真,可以建立可视化的交通场景,分析在不同交通环境下可能出现的交通行为,从而找出合理的解决方法,对当下我国交通运输设计、管理等方案展开合理测评并进行积极改正。虚拟现实交通需要通过建立仿真场景、交通仿真以及人机交互等方式来展开,同时需要结合不同对象对仿真环境进行具体分类,如轨道交通仿真、航空交通仿真以及行人仿真等,其目的是给人们提供更安全、便利的交通环境,通过人们的感知做出相应的改进,使交通设计朝着更加人性化的方向发展[117]。

(4)军事领域

随着军事科技的快速发展,无人化战争已经成为未来发展趋势,此时应用虚拟现实技术就能够实现无人化战争。借助虚拟现实技术的三维场景建模能力,以及仿真的环境和画面,通过虚拟现实技术系统可使军事指挥官具有亲临前线的感觉,全面掌握作战双方的实际情况。除上述以外,虚拟现实技术系统还能够有效训练高科技单兵,开发高科技武器,实现实时协同作战等功能。

训练场景模拟应用:除了战场模拟应用,虚拟现实技术还可以应用于训练场景模拟中,由于现实场景很难满足单兵训练的需要,且很容易受到外部环境的影响,从而大大降低了训练效果。通过应用虚拟现实技术,可以建立各种现实中无法实现的训练场景,如暴雨、沙尘、负伤等,满足不同场合训练需要。同时还可以利用立体头盔、数据服等设备来增强模拟效果,提高士兵心理素质和作战水平。与传统实地训练相比,虚拟现实技术的应用可以大大提高士兵的作战效率,场景体验感强,且操作简单。相信随着科技水平的提升,虚拟现实技术在训练场景模拟中的应用也会越来越多,必将会成为今后军事训练的重要手段。

4.1.3 脑机接口(BCI)技术

BCI(Brain Computer Interface)技术是一种多学科交叉的新兴技术,它涉及神经科学、信号检测、信号处理、模式识别等多种学科领域。BCI 技术的研究具有重要的理论意义和广阔的应用前景。由于 BCI 技术的发展起步较晚,相应的理论和算法很不成熟,对其应用的研究很不完善,有待于更多的科技工作者致力于这一领域的研究工作。随着技术的不断完善和成熟，BCI 将会逐步地应用于现实，并为仿生学开辟新的应用领域。

1. BCI 概述

脑机接口技术是一种将人脑与计算机或其他外界电子设备直接连接，而不依靠正常的大脑信号（外周神经与肌肉组织）输出途径的通信系统，涉及神经科学、信号检测及处理、模式识别等多个学科。1973 年美国计算机科学家 Vidal 首次提出脑机接口这一概念，而在 1999 年和 2002 年召开的两次脑机接口国际会议更是为脑机接口技术未来的发展方向提供了参考。目前，脑机接口技术已成为生物医学工程、计算机科学、通信技术等诸多领域关注的焦点。我国对该技术的研究始于 21世纪初，相比于欧美等国家稍有滞后[118]。

近 20 年来，随着计算机科学、材料科学和神经生物学等学科的快速发展，来自不同领域的研究者共同推动 BCI 的研究并取得了突破性的进展。根据电极的不同，BCI 系统可以分为三类。第一类是将微电极阵列直接植入大脑内，通过电极直接记录细胞的放电信号；第二类是将电极放置于大脑皮质的表面，记录大脑皮质电位信号；第三类是将电极置于大脑头皮上，记录大脑头皮电信号。前两类方法都是侵入式的 BCI 系统，虽然能够获得高空间分辨率、高信噪比的神经电信号，但是因为需要侵入大脑，因此，难以进行长期稳定的记录，并且还存在感染的风险。第三类方法记录到的虽然是大量神经元的群体电活动信号，而且由于颅骨对电信号传播的阻碍，记录到的信号空间分辨率、信噪比都很低，但是头皮脑电作为三类 BCI 系统中唯一具有无创性的方法，采集方便、安全性高、成本较低。基于头皮脑电的BCI 系统应用范围更广且适用场景更多，是研究最多的一种 BCI 系统[119]。

2. BCI 系统基本结构

BCI 系统由三部分组成：脑电信号采集模块、脑电信号处理模块（包括预处理子模块、特征提取子模块和特征分类子模块）和控制对象模块。每一个模块在整体的 BCI 系统中都会成为影响判断用户脑意识活动的因素，也直接影响系统的稳定性。BCI 系统结构图如图 4-1 所示。

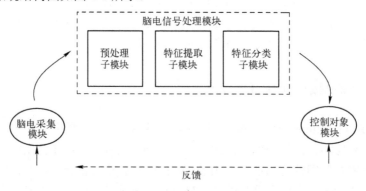

图 4-1　BCI 系统结构图

脑电信号采集模块用于以脑电的方式采集并记录大脑活动情况。通过特定的外界的刺激源（外界源）或自身的思维活动（自发源），用户的脑电信号会发生被动性或者主动性的变化。可以使用功能性核磁共振技术（FMRI）、正电子发射断层成像技术（PET）和脑磁图（MEG）等技术观测大脑的活动状态，但是这些设备具有体积比较庞大、信号的时间分辨率低等缺陷，通常采用电极在大脑内或者大脑外采集大脑活动的电信号，但此信号的幅度小，于是需要在采集模块中添加信号放大器装置。在脑电信号采集模块中，有人自制采集系统，比如单电极，但是更多的研究者直接使用主流的脑电公司的开发产品，比如 Biosemi Active Two EEG 系统。

脑电信号处理模块包含三个子模块。采集后的 EEG（脑电波）信号不可避免地包含一些噪声，比如常见的工频干扰、肌电伪迹以及其他方面的干扰源的伪迹噪声，信号通过预处理子模块尽可能地去除噪声并提高信噪比；EEG 信号有四种波段，每种波段都代表不同的生理特征。在预处理子模块中，将 EEG 信号设置为无参考电极模式，通常采用公共平均参考法；为了选择特定波段的 EEG 信号，通常采用巴特沃斯滤波器进行带通滤波。

特征提取模块可以利用不同的模式识别算法在不同组合的波段中提取最有价值的脑活动信息，用以表示不同大脑思维的特征，降低原始数据的维度，这些精简的 EEG 信息更适合当前的分类器。在特征提取子模块中，时频处理分析方案通常采用小波变换分析与小波包变换（Wavelet-packet Transform，WLT）分析的能量特征和功率频谱密度（Power Spectral Density，PSD）分析的能量特征，空间处理分析方案通常采用公共空间模式（Common Spatial Pattern，CSP）。

特征分类子模块将最重要的特征向量进行分类处理，从而判断出用户的脑意识活动，为控制对象传送易识别的控制指令。在特征分类模块中，分类器通常选择最简单的线性判别分析（Linear Discriminant Analysis，LDA）分类器。

在控制对象模块中，将用户的脑意识转为控制指令，对外界的对象进行操作或控制。BCI 设计者需要根据用户的实际用途，将获得的分类结果转为对应外界对象的命令。根据控制对象的属性，BCI 系统可用于残疾人士的康复医疗领域，为生活困难者解决一些生活的不便问题；也可以用于正常人的生活娱乐领域，比如智能家居、多模态脑电游戏；更可以应用于军事领域，便于高效率地行军作战等。至此，大脑可以与外界设备进行直接的交互，不需要通过脊髓神经等通道，于是单方向 BCI 通信模式构建成功。

在大多数的 BCI 系统中，这些被控制的对象也可能会有相应的反馈信息，并将这些信息通过视觉或者触觉等模式反馈给用户。一方面，BCI 系统可根据用户的操作情况自适应地调节系统中的参数；另一方面，用户可以根据反馈信息调节自己的脑意识活动的状态，减弱或加强控制力度，进而让人脑与外界对象更好地适应，从而形成高效的闭环回路模式[120]。

3. BCI 分类

（1）非植入式 BCI 和植入式 BCI

BCI 根据采集脑电信号的方式可分为非植入式 BCI 和植入式 BCI 两种。非植入式 BCI 不打开头部，将电极放在头皮表面采集脑电信号；植入式 BCI 要打开头部，将芯片植入脑内采集脑电信号，这种方式采集到的脑电信号为皮层脑电信号。与非植入式 BCI 相比，植入式 BCI 采集的信号的优点是信号幅度宽，能避免信号干扰，容易识别和利用；缺点是需要做手术打开头部放入电极，有一定的危险性，但随着各方面技术的逐渐成熟，植入式 BCI 必然广泛应用。

（2）诱发脑电 BCI 与自发脑电 BCI

根据受试者脑电信号产生原因可将 BCI 分为诱发脑电 BCI 和自发脑电 BCI，诱发脑电指被测对象接收到外界刺激后生成的反射诱发的脑电波信号。视觉诱发电位（Visual Evoked Potential，VEP）通过被测对象眼神关注倾向其中的一个列表，使人眼神在关注各个列表时生成差异的脑电波信号。诱发脑电 BCI 的缺陷是需要提供同步刺激给被测对象，优点是被测对象无须长久练习。自发脑电 BCI 需要被测对象通过自我调节诱发脑电波信号，自发脑电信号由被测对象自己生成，很随意，容易控制，但被测对象要经过特殊的练习，才能产生强烈的脑电波信号，例如想象四肢运动等。

（3）同步 BCI 与异步 BCI

同步 BCI 系统要求被测对象在某个一定的时间内完成思想过程，在特定的时间内思想过程会产生脑电波信号，通过集中分析处理特定的脑电波信号，可以简化数据处理过程。在异步 BCI 系统中被测对象可以在任意时刻进行特定的思想过程，这样与实际中人脑对外部设备的操控模式更加相似。然而异步 BCI 难于操控，由于异步 BCI 要求系统可以随时无误地确定被测对象思想过程的开始和转折点，被测对象的脑电波信号必须一直被监控。当然，异步 BCI 系统的开发比同步 BCI 系统的开发要困难。因此，大多数的 BCI 研究机构都在研究同步式 BCI，只有少数研究机构能够实现异步 BCI 系统。然而，异步 BCI 系统在开发应用方面还有很多问题需要继续研究和探讨。

（4）依赖式 BCI 和独立式 BCI

依赖型式 BCI 通过检测脑输出通路中周边神经和肌肉部分所包含的脑电波信号，将采集到的脑电信号进行识别并将识别结果转换成控制装置的指令。依赖型 BCI 主要依靠自发脑电波（alpha 波）和视觉诱发电位等，它和传统的信息交流渠道有很多类似的地方，但在实用性方面却有很强的操作性。独立型 BCI 通过思维活动直接可以与外界进行信息交换与设备控制，不利用脑输出通路产生的特定脑电信号和信息。利用事件相关的电位 P300、自发 mu 节律以及 ERS/ERD 信号等的 BCI 就属于独立型 BCI[121]。

4. BCI 关键技术

（1）脑电采集技术

脑机接口技术在向实用化、市场化方向发展的过程中，首先需要实现脑电信号采集设备的小型化和无线化。小型化的脑电采集设备目前已有一些，但是与传统脑电采集设备相比，其功能差距还比较大。2017 年 6 月，德国柏林工业大学的脑机接口研究小组发布了一款多功能无线模块化硬件架构，该架构具有脑电采集、近红外脑功能成像、其他常规生理参数采集等功能，单个模块（不含电池）的边长仅为 42 mm。这是首款既包含多种采集功能，又具有良好应用前景的采集架构，对推动脑机接口技术的市场化应用具有重要意义。

信号采集是脑机接口技术从实验室走向现实生活的第一步，目前应用最为广泛的采集方式是基于头皮脑电的非侵入式脑机接口。非侵入式脑机接口根据采集电极的不同，分为湿电极系统和干电极系统。目前使用较多的是湿电极系统，但是其实验前后的准备工作十分烦琐。为了得到较好的采集信号，需要先清洗头发去除头皮的角质层，并花费较长时间对电极进行脑电膏的注入。实验完成后也需要再次清洗头发，去除遗留在头发上的脑电膏。干电极系统因其采集的信号状态少且准确率较低，在实际应用中使用较少，一般只在需要采集前额区域的脑电信号时才会使用。美国加州大学圣迭戈分校的研究小组开发出一种基于稳态视觉诱发电位的脑机接口系统，该系统将电极置于耳后无毛发覆盖的区域。在一个 12 分类的任务中，分类准确率达到了 85%，信息传输速率达到 0.5 bps 左右。这一系统的成功实验为脑电信号能够进行便捷高效的采集提供了强大支持。与此同时，商业化耳后脑电采集设备的推出，将会推动相关应用快速走进人们的日常生活[123]。

（2）信号预处理

信号预处理的目的是提高信噪比。噪声的来源有很多种，包括非神经源噪声和神经源噪声。其中非神经源噪声有眼动伪迹、肌电干扰、工频干扰等；而神经源噪声包括自发的与意念无关的信号，或者与感兴趣特征脑电无关的其他特征信号。这些不需要的信号，应尽可能地去除。常用的预处理有：PCA、ICA（独立分量分析）、Kalman 滤波、Robust Kalman 滤波、非线性滤波、直接相减、自适应干扰消除。未来趋势是算法的结合以产生更好的效果。

（3）特征提取法

时域分析法和频域分析法这两种分析方法不仅是自动控制原理中的主要分析方法，同时也是 BCI 研究中最常用的两种分析手段。频域分析方法主要利用傅里叶变换等方法来研究 EEG 信号的频率特征、相干性和能量分布等指标。时域分析方法关注 EEG 波形在时域上的变化规律，主要瞄准波形的几何性质，波段的幅值、均值、方差、偏歪度和峰值等形状特征。一些特定的脑电信号比如皮层慢电位的主要特征就体现在波段的幅值上。在时域分析法中最常用的一个方法就是独立成分分析方法（ICA）。由 ICA 方法提取得到的独立成分可以进行置信检验，或者提取特征向量进行聚类分析。

上面的两种分析方法都有一个共有的特点，即简单，实现起来非常容易。目前 BCI 系统都采用了这些方法，但是由于 EEG 信号的信噪比很低，而一些干扰信号和 EEG 信号在幅值和频率等方面具有相似性，单纯地利用简单的均值信号或平均功率可分度并不理想，此时只有求助于更复杂的信号分析方法[124]。

（4）人机交互

采用 BCI 的最终目的是人机交互，BCI 系统的有效性都应该从人机交互的结果来评价。这些评价包括：采集的信号能否反映受试者的大脑活动；对采集信号的特征提取是不是准确；转换算法是不是有效；反馈信号对人本身有什么影响；信息传输速率与准确性等[125]。

5. BCI 应用

（1）教学实践

随着技术和生产工艺的进步，脑机接口设备的生产成本已经较低，为实现基于 BCI 的教育常态化应用提供了支持。当前基于 BCI 的教育应用研究尚未形成完整的研究体系，但研究者对基于 BCI 改善学习者表现和实施有效的教学干预充满信心。相关研究已经能够证明，合理利用 BCI 能够改善学习者的消极情绪，提升学习者的认知能力，促进学习者管理自身行为的能力。

① 改善学习者的消极情绪。

儿童焦虑和抑郁是全球性的心理健康问题，在 13～15 岁的儿童中焦虑障碍达到顶峰。造成焦虑和抑郁的主要原因是，压力过大导致儿童心理健康和放松的能力减弱。通过监测学习者的焦虑情绪状态，并适时提供有效干预训练，能够有效改善学习者的焦虑情绪状态，但儿童需要经过较长时间的参与才能够通过实践建立情绪恢复能力。Schoneveld E.A.等发现应用心理健康游戏在降低 8～12 岁儿童的高焦虑障碍水平方面与传统 CBT（Cognitive Behavioral Therapy，认知行为治疗法）一样有效。Verkijika S.F.等则设计了基于 BCI 的数学思维游戏，用于控制和降低 9～16 岁儿童的数学焦虑水平。

② 提高学习者的认知能力。

学习记忆和注意力是重要的认知功能。学习记忆能够将我们的过去、将来联系起来，还会影响我们当下的任务决策，影响未来的学习期望。当前，主要通过设计可控制干扰的沉浸式 3D 环境和互动反馈游戏，帮助学习者将注意力聚焦在完成特定任务上。在训练实践中，脑机接口设备既可以作为输入设备，也作为监控神经生理信号的工具，评估学习者认知状态。教室是儿童经常使用并熟悉的环境，因此，相关的 3D 环境多为三维虚拟教室。Darius A.设计了基于体感设备的 BCI 辅助运动工具，增强沉浸式三维虚拟现实（VR）教室中的注意力。开展相关实践的要点还在于设计注意力游戏和虚拟教室的模拟干扰。Antle A.N.证明了儿童在干预过程中学会的自我调节焦虑和注意力的能力可以转移到学校的其他情境中去，且儿童在干预后的两个月内依旧能够保持自我调节焦虑和注意力的能力[126]。

（2）医疗领域

脑机接口系统在医疗领域的应用前景较广，能够为一些身体残疾患者建立一座与外界交互的桥梁，可以实现康复训练、控制假肢和轮椅等功能。

① 康复训练：目前我国脑卒中患者接近 3000 万人，且还在以每年约 200 万人的速度增加，这些患者大都需要进行康复训练，市场潜力巨大。传统的康复方式如按摩、卧床训练和离床训练等比较被动，需要护工或家属进行辅助，患者容易产生疲劳，自身的康复意愿不佳，导致训练效果一般。如果利用脑机接口技术让患者进行部分自主训练，将能很好地调动患者的康复意愿，提高训练的质量。西安交通大学的研究团队设计了一套名为"脑控人机交互及康复训练系统"，该系统利用脑机接口技术，提供一种新型脑控康复方式。利用这套训练系统，可以帮助训练人员更好地监控训练的强度及效果，根据反馈调整训练计划。此外，这种通过大脑运动想象的方式进行训练也有助于神经功能的代偿与恢复。临床试验表明，采用该脑控康复系统的患者康复效果明显优于采用传统康复训练方式的患者。瑞士 MindMaze 公司构建了一个将 AR、VR、计算机图形学与神经科学相结合的平台，通过为神经系统疾病患者创造 VR 和 AR 环境，提供多感觉的反馈，以在康复期间刺激运动功能，促进神经功能的康复。美国 NeuroLutions 公司研发了一款具有康复促进功能的机器人外骨骼，名为 IpsiHand。IpsiHand 会刺激大脑向肢体发送信号，这种连续激发最终会建立新的突触连接，促使瘫痪部位恢复功能。

② 智能假肢：现阶段，对于残疾人来说，如果他们失去了部分肢体，大都会选择佩戴假肢，这些假肢大都具有固定的结构，不能实现原有肢体的功能。脑机接口技术的出现有望改变假肢不具有原有肢体功能的现状，利用脑机接口技术可以将假肢与患者大脑连接起来，通过一段时间的训练，就能进行自主控制。哈佛研究团队创立了一个为残疾人制造智能假肢的半公益项目 BrainRobotics，该项目开发的产品可以帮助残疾人通过自己的意念控制假肢。传统的假肢是一体化设计，容易损坏，BrainRobotics 团队为解决这个问题，研发了一种模块化的机械设计，它能让用户只更换损坏的部件，而无须购买全新的假肢。模块化设计大大降低了使用假肢的成本，世界各地的截肢者更容易负担得起这种高科技产品使用费用[127]。

（3）航天、军事、生活娱乐等

BCI 的用途绝不仅限于康复医学，在其他诸多领域也已得到广泛应用。

① 特殊环境作业。BCI 特种机器人可以在危险或不适宜人工操作的环境中（航空航天等领域）有巨大的应用价值，能够为航天员等特殊人群提供肢体约束环境下

的"第三只手"和神经功能层面融合的自适应自动化人机协作，帮助他们完成更多、更复杂的工作任务。例如，2016 年在天宫二号空间实验室与神舟十一号飞船交会任务中，天津大学神经工程团队开发了航天员脑力负荷等神经工效测试技术及装置，并在天宫二号空间站试验任务中实现初步应用，成功完成人类在轨史上首次脑机交互实验，为中国载人航天工程的新一代医学与人员保障系统提供了关键技术支持。

② BCI 机器人有望实现自动驾驶或脑控操作的梦想，这不仅在军事领域意义重大，同时将为全人类开辟更广阔的活动空间。例如，美国佛罗里达大学研发的脑控无人机技术为相关电子竞技行业增添了全新的竞技概念；Facebook 和 Neuralink公司的未来发展规划均充满了基于 BCI 的脑控操作幻想。

③ 为电子游戏增加新的娱乐功能。用"思想"控制电子游戏是传统鼠标和键盘控制电子游戏的有益补充，会显著增加游戏的娱乐效应。脑机接口机器人是智能机器人的更新换代，有效的人机交互方式会极大地提高机器人的智能化与灵活性。例如，NeuroSky 公司采用智能脑控式嵌入芯片推出的 Star Wars Force Trainer 玩具是成功的 BCI 营销案例，此后，该公司还推出了智能脑电玩具 Mindflex 和情绪猫耳Necomimi 等[128]。

4.2 计 算 技 术

互联网服务市场纵深发展，带来了信息流量和计算要求的巨大变化。根据预测，5G 将进一步刺激视频类富媒体流量的发展，移动视频流量每年增长 45%，到 2023 年将占总体移动数据流量的 73%。全球互联网数据逐年提升，2020 年将达到 40 ZB，其中 40%流量都将由物联网产生，进而带来对数据分析和处理的极大需求。

边缘计算能够在靠近用户或数据源的位置提供网络、计算和存储服务，不仅能够实现流量的本地化处理，降低对远端数据中心的流量冲击；而且能够提供低时延、高稳定的应用运行环境，有利于计算框架在终端和数据中心间的延展，有助于实现场景需求、算力分布和部署成本的最佳匹配。

云计算是基于分布式计算、网格计算、并行计算等技术发展而来的一种新型计算模式，它利用虚拟化技术，将各种硬件资源（如计算资源、存储资源和网络资源）虚拟化，以按需使用、按使用量付费的方式向用户提供高度可扩展的弹性计算服务。由于无须自己为了购买 IT 基础设施、搭建私有计算平台、管理和升级软硬件资源而投入高昂的费用和人力成本，越来越多的企业选择将其计算需求外包给云计算服务提供商。因此，云计算已经引起了学术界和工业界的高度重视。云计算作为一种正在发展中的信息技术，已经被视为信息产业的一次重大革命。与此同时，各种形式的软硬件资源仍然在不断地被加入云计算系统，数据中心的规模和复杂度也在动态增长，这也进一步促进了云计算技术的飞速发展。

4.2.1　云计算技术

随着互联网时代的发展，学术界与工业界对于海量数据处理能力的需求正在快速增长，普通服务器与计算机远远不能满足，这就需要不断加大硬件投入或研发新技术。同时，由于并行编程模型的局限性，传统服务器资源利用率问题日益严重，这就客观要求有一种节约成本与提高性能的编程框架，提高资源利用率和计算效率。随着计算机网络的发展和共享经济理论的提出，云计算脱离了硬件和相关环境的限制，从实验室走向市场。

1．云计算概述

计算机网络技术经过多年的研究与发展，其并行系统与分布式系统的理论和技术已相当成熟，它使云计算的实现变得可行。云服务将供应商、开发者和用户身份与分工分离，供应商提供封装性和安全性优良的硬件基础、架构服务模型、平台服务、存储系统和软件服务等，并向开发者提供相应接口；开发者只需要利用云服务接口开发应用，并在云架构上部署和开发应用；用户直接使用云应用，无须关心系统原理[129]。

云计算的概念最早由 Google 工程师比西利亚提出，为了满足推广 Google 强大的计算功能，用简单的方式提供并共享强大的计算资源。云计算的提出与应用，将改变传统以桌面和进程为核心的任务处理模式。云计算利用互联网互联互通、资源共享的特性处理任务，将互联网转变为提供服务、传递计算能力和处理信息的综合媒介，实现多人协作与按需计算。

"云"实质上就是一个网络，狭义上讲，云计算就是一种提供资源的网络，使用者可以随时获取"云"上的资源，按需求量使用，并且是可无限扩展的，只要按使用量付费即可，"云"就像自来水厂一样，我们可以随时接水，并且不限量，按照自己家的用水量，付费给自来水厂即可。

从广义上说，云计算是与信息技术、软件、互联网相关的一种服务，这种计算资源共享池被称作"云"，云计算把许多计算资源集合起来，通过软件实现自动化管理，只需要很少的人参与，就能让资源被快速提供。也就是说，计算能力作为一种商品，可以在互联网上流通，就像水、电、煤气一样，可以方便地取用，且价格较为低廉。

总之，云计算不是一种全新的网络技术，而是一种全新的网络应用概念，云计算的核心概念就是以互联网为中心，在网站上提供快速且安全的云计算服务与数据存储，让每一个使用互联网的人都可以使用网络上的庞大计算资源与数据中心[130]。

随着信息技术的进步和数据时代的到来，越来越多的人能访问更广泛的信息资源。以往单个物理机难以对大规模数据进行处理，用户急需可扩展、可定制、高效可靠的计算模式来支撑其应用需求。在这种情况下，分布式计算、网格计算和效用计算混合演进形成了现如今较为成熟的云计算服务模式和商业模型。在云计算发展过程中，资源分配机制始终是数据中心效能优化中亟待解决的问题，也是云计算领域内的研究热点。由此可见，提高云计算资源灵活性和可扩展性十分重要[131]。

2. 云计算关键技术

（1）虚拟化技术

虚拟化技术可提供优化资源和简化管理的解决方案。虚拟化解决方案的核心是脱离对硬件的依赖，提供统一的虚拟化界面，通过虚拟化技术，可以在一台服务器上运行多台虚拟机，从而达到对服务器的优化和整合的目的，虚拟化技术使用动态资源伸缩的手段降低了云计算基础设施的使用成本，提高了负载部署的灵活性。比如，当虚拟化数据中心需要维护和管理时，并不需要关闭虚拟机或关闭程序，只需要把虚拟机迁移到另一台服务器上。因此，云计算在数据中心虚拟化过程中具有在线迁移、低开销管理、服务器整合、灵活性和高可用性等优势，为云计算部署资源池提供新的发展思路[132]。

　① 虚拟化技术的特点。
- 资源共享：通过对用户环境进行科学合理的虚拟化分装，将数据中心存储的资源让更多的用户进行共享使用；
- 资源定制：借助虚拟化技术能够对用户自己的服务器进行有针对性的优化配置，明确所需的 CPU 数量、内存容量以及磁盘空间，进而实现资源按需分配的目的；
- 细粒度资源管理：将物理服务器拆分成若干个不同的虚拟机，进而能够提高服务器的利用率，减少不必要的浪费[134]；
- 资源处理：将物理服务器转化为多个虚拟机是虚拟化技术的一大特点，这样可以节省空间，有利于节省能源和均衡负载，提高服务器的应用水平。

　② 虚拟化技术的优点。

虚拟化技术之所以成为云计算按照需求服务和资源池化的基础是因为该技术具有以下众多优点。
- 虚拟化技术可将实体资源转化为统一的抽象资源；
- 虚拟化技术使得计算元件不在可触控的硬件上运行，而是在虚拟的基础上运行；
- 虚拟化技术能够按照用户的具体需要而随时转化和改变，大大提高了资源的利用程度；
- 虚拟化技术具有灵活敏捷的部署特点，可以动态平衡负载；
- 虚拟化技术的自我修复特性可让系统的可靠性得到很大提高。

在进行云计算时，在"云"上的所有应用和服务被提供的前提都是计算系统虚拟化。如今虚拟化的计算机技术在中央处理器、操作系统和服务器等众多方面得到应用，大大提高了计算机的服务速度[133]。

虚拟化技术的主要作用是，根据用户的实际需求对基础设施服务进行有针对性的分配，确保所有用户都能获得相应的基础设施服务。

（2）分布式存储技术

云计算中的分布式技术打破了传统计算机单独运行的模式，实现了多台计算机的共同工作。在传统模式下，众多信息往往存储在一起，通过一台计算机独立运作。采用分布式技术，可通过多台计算机的合作与共同运算将信息以分布式的方式存储下来。这样，就打破了传统模式下信息存储烦琐的现状，使信息的存储更加有序、高效，而且增强了信息存储的安全性，减少了信息存储所使用的空间[135]。

云计算采用分布式存储技术来存储资源，主要是为了使其具有更高的安全性、可靠性以及经济性。而且为了保证数据的可靠性，云计算给每份数据都赋予了多个副本来保证数据不丢失。云计算系统中广泛使用的分布式文件系统是 Google 的 GFS 和 Hadoop 团队开发的 HDFS。HDFS 的数据存储思路是，数据一次写入进去，然后可以多次进行读取，是一种高效的数据存取方式。数据集的形成方式主要有两种，一种是由数据源直接形成数据集，另一种是从数据源中将数据复制下来并对其进行全面分析以形成数据集[136]。

分布式存储技术可细分为以下两种。

① 节能技术。节能技术可以分为硬件节能技术和软件节能技术两种。硬件节能技术采用两种方法，一种方法从计算机部件入手，采用新的体系结构，从而降低计算机存储能耗；另一种方法从降低中心能耗入手，在数据中心使用低能耗的硬件设备替换高能耗的硬件设备。软件节能技术主要通过节能策略，在系统能够正常运转并且不影响系统性能的情况下，使数据中心内部阶段性进入低能耗的状态，从而节约能耗。

② 数据容错技术。容错性是系统安全可靠的重要保证。系统要在保持容错率高的情况下，尽可能地提高存储资源的利用率，以降低成本。容错技术是系统出现故障时自我修复，使系统能够正常运行的一种技术。容错技术主要分为基于复制的容错技术和基于纠错码的容错技术。基于复制的容错技术对一个数据进行操作，基于纠错码的容错技术对多个数据进行操作，前者将数据创造出的副本分散化，存储到各个节点；后者将数据编码后进行有效排列。两种技术各有优势，前者能保持数据整体质量但成本消耗较大；后者传递过程简单，开销支出小。

（3）并行计算技术

并行计算技术是指在计算中将一个问题分为多个部分，由多个系统同时进行计算。在传统的计算模式中，往往采用一台计算机来实现对大量数据的计算，在这种模式下，计算机计算效率低下，影响了整个的工作效率。并行计算技术可以结合多种计算资源，达到提高计算速度与效率的效果，从而提高了整个工作的效率。

并行计算技术真正将传统运算转化为并行运算，从而更加充分地利用广泛部署的普通计算资源实现大规模的运算和应用的目的，在此基础上为第三方开发者提供通用平台，为客户提供并行服务，为互联网平台提供作业调度平台，实现日志分析、性能优化、全文检索、视频处理和用户行为分析等功能。用户通过统一的计算平台将任务分派给系统内的多个节点，调度节点资源执行任务，发挥多核并行处理优势，提升运算效率，充分运用网络内的计算资源达到解决大规模计算问题的目的[137]。

（4）数据挖掘技术

云计算技术的最终目标是向人们提供更优质的服务。在数据挖掘技术的应用中，云计算用户所存储的数据规模会越来越大，数据信息内容也会越来越复杂，传统广泛应用的集中式数据挖掘技术已难以应对当前用户对数据的挖掘需求。云计算所具备的海量数据挖掘功能使数据挖掘效率和可靠性更高，这也使得数据挖掘技术成为云计算技术的重要组成部分。就云计算所具备的数据挖掘优势而言，云计算所具有的数据分析处理技术能够促使该技术得到更广泛的应用，而该技术的数据挖掘功能主要用于三个领域。

- 分布式计算：对云计算中的海量数据进行分布式计算，以此提高计算效率；
- 数据挖掘层面：通过对云计算平台中的海量数据信息进行挖掘来满足用户对数据提取的要求；
- 应用领域：利用云计算中的程序接口使海量数据的挖掘技术得到更广泛应用。

伴随着"互联网+城市"的崛起，人工智能、数据分析、数据挖掘以及物联网等信息化技术已经融入城市生活的方方面面。共享单车这种新兴项目得以迅猛发展就是因为充分应用了数据挖掘技术。

① 应用关联规则算法分析单车的投放地点与投放数量，确保一天的投放量能满足该地段的用户需求，同时，采取相应的措施对该地段进行监管。

② 跟踪每辆单车，以获得有缺陷车辆的信息，对长期未使用的单车进行维护，从而有助于后期更好地使用。

③ 合理应用聚类分析中的 K 均值算法分析和计算 1 年中 4 个季节的单车循环率，以有效地控制每个季节单车的投放与回收数量，提升单车的利用率。

④ 考虑气候因素，将聚类分析中的 K 均值算法用于统计分析晴天、阴天、雨和雪天等气候条件下的单车利用率，有效地优化单车的运营方案[138]。

（5）编程模型

为了便于用户轻松享受云计算带来的服务，可采用编程模型编写简单程序实现用户特定目的。在云计算中应采取比较简单的编程模型，确保后台复杂的并行执行与任务调度面向用户和编程人员透明。云计算主要采用 MapReduce 编程模式，目前，在"云"计划中很多互联网厂商提出采用基于 MapReduce 的编程模型。它不只是一种编程模型，也是一种高效的任务调度模型，该编程模型不仅适用于云计算，在多核和多处理器及异构机群上同样具有良好性能。研究人员发现，该编程模式仅适用于编写任务内部松耦合、能够高度并行化的场合。不断完善该编程模式，使程序员能够轻松编写紧耦合程序，在运行时高效调度和执行任务是 MapReduce 编程模式未来的发展趋势[139]。

云计算是一种超大规模密集型数据的分布式处理技术。为了给用户提供更加方便和高效的云计算服务，让用户能够通过编程模型来编写简单的应用程序，云计算需要提供十分简单的编程模型，并且将后台程序复杂的执行过程展现给用户和编程人员，使用户能够十分轻松地享受云计算所提供的各种服务。目前，MapReduce 是最为著名的计算与编程模型，它能够为系统管理人员和程序开发人员提供极大的便利性和可用性[140]。

① SOA 技术。

SOA 是以服务体系结构开发为主旨的技术，其能够对信息孤岛问题进行有效处理，通过 SOA 技术，可使具有不同功能的单元利用定义来进行接口联系，从而使系统各项服务能够实现统一交互，并且能够使云计算在有利的技术条件下得到快速、弹性部署[141]。

② 资源管理与调度技术。

在云计算平台上要完成庞大的数据交互、海量的数据存储和处理，这给平台的资源管理和调度带来了巨大的挑战，因此研究有效的资源管理和调度技术是系统能否正常工作的关键所在，主要包括可以降低数据丢失风险和优化作业完成时间的副本管理技术、可以减少执行时间和提高寻优性能的任务调度算法，以及可以自动恢复和自行备份重要文件的任务容错机制[142]。

由于云计算系统中存储了海量的数据，这就给资源管理与调度的有效运行带来了不小的难度。结合平台资源存储的实际情况，只有采取有针对性的资源管理与调度技术才能提高平台的整体性能。通过将任务调度算法运用于数据所在的计算节点，才能最大限度地减少整个过程中的网络传输开销，进而确保平台的稳定性。

③ 数据中心相关技术。

数据中心相关技术是云计算的关键技术，其所包括的资源规模和可靠性对云计算各种服务的顺利实现具有十分重要的现实意义。与传统的企业数据中心相比，云计算数据中心具有其自身的特点，包括自治性、规模经济以及规模可扩展等，因此，云计算的数据中心主要通过研究新型的网络拓扑结构，进而对成本进行有效控制，确保大规模计算节点连接的稳定性。

3. 云计算典型应用

（1）多源信息服务系统的运用

云计算技术的运用，整个网络信息资源都处于信息终端的控制之下，采取虚拟化的管理方法，不仅能够降低成本，节省空间，还可以有效保障资料的安全管理。云计算技术是多源信息处理系统的基础，在虚拟管理模式下，可以有效进行信息资源的整理和分类，从而进行最优化的信息调度，节省了时间。对于需要多源信息服务系统的用户来说，可能信息的内容是一方面，服务的质量和安全优势是另一方面，甚至质量和安全在用户心中占据的地位更加重要一些。在云计算技术服务的多源信息服务中，用户通过多源信息服务得到所需的信息资源，工作人员在多源信息服务系统的操作中通过云端发现并传送资源，在这一过程中，不会存在信息泄露和丢失的情况，安全性能有保障。多源信息服务系统在进行信息描述时一般都采用可扩展语言和本体语言，更容易让用户或服务单位对信息有一个清晰的认识和定位，对资料的内容有一个自我预测，确保用户不会得到错误的或者偏离的信息资源，从而提高了整个信息资源的合理搭配，简化了信息描述，使得整个服务过程更加简单明了。在整个信息服务过程中，常常会表现出信息服务不准确的特性，在信息搜索、提供、传送的过程中存在一定的模糊性和不确定性，从而对信息服务的配置优化造成一定程度的影响。可以利用云计算技术来进行合理的排查和定位，使得更加准确地实行最优化的信息资源配置。

（2）军事运用

随着网络的发展越来越标准化，云计算技术得以在军事上展开大规模的运用，以解决在军事网络中遇到的突发情况，也可以用在战略决策方面，甚至可以用在战术方面。尤其是互联网发展的今天，信息的共享使人们不得不面对网络安全方面的问题，甚至要考虑网络防御方面的问题。云计算技术在军事领域的运用彻底克服了在信息化作战环境中安全性差、信息不通、维持网络运行的军费高昂等弊端，使得整个网络安全性得到大幅度提高，同时能够根据网络的分布状况，利用其强大的计算能力引导并进行合理的局部战术布局。如此一来，云计算技术的运用让军事网络大范围地走向了一体化，推进了网络的集成化建设。

（3）教育平台的运用

教育一直是我国最为重视的一个发展环节，如何提升教学质量，一直是诸多教师考虑的难题。在互联网发展的今天，尤其是云计算技术的运用，给了老师更多的选择。在传统的教学模式中，都是教师讲解，学生听课并记录，这样的教育模式使得学生缺乏学习的兴趣，只是为了学习而学习。通过采用云计算技术，借助图文、动画片等多种媒体手段展示教学的内容，不仅能够使知识更加立体化地传递，也能使学生的想象能力和创造能力得到延伸和激发。事实上，这样的教学方式在我国的教学体系中已得到普遍运用，常见的就是多媒体课堂。而这些都离不开云计算技术的支持，云计算强大的计算能力和传送能力，能够将网络中庞大的虚拟资源迅速传送到教师的系统页面中，实现了远距离传送，也加大了教育资源的共享力度。同时，云计算技术在教育领域提供了教育云服务，教育云能够整合学校资源，分类整理学生的学习情况，进而提供智能化的教育方案，提升教育的质量[143]。

（4）通信领域的应用

① 云服务。

运营商向客户提供各种云服务，面对个人用户提供个人云服务，面对家庭用户提供基于家庭范围的多人共享云服务，面对行业客户提供企业级安全云服务。例如，中国电信面向个人客户提供天翼云个人版服务，面对企事业单位提供天翼云企业定制版服务；开放能力云，与合作商一起为用户提供开放、灵活、安全的云服务。

② 数据获取。

在已经具备云计算平台的基础上，运营商正在积极布局智能网络和终端，广泛获取用户信息和用户行为数据。运营商通过 4G 无线网络和有线宽带两大基础网络不断布局用户数据获取的入口，4G 手机 / MIFI/App 的广泛使用都会调用用户的手机号码、各类账号和手机内的数据，用户使用的各类 App 数据都会通过 4G 网络汇聚到后台云资源池；有线宽带不断发展使得人们通过智能家庭网关 / 智能 IPTV 机顶盒硬件入口就可获取用户通过有线宽带连接的 WiFi 使用数据、计算机和电视屏幕的用户行为数据，通过入口布局的硬件汇聚传送到后台云资源池。

③ 数据挖掘。

云资源池汇聚了运营商获取的用户数据，用户数据的应用价值不断展现出来。首先通过对用户行为的挖掘分析能获取更贴切用户行为的需求，可以改善用户体验，及时准确地对客户进行业务推荐和用户关怀；其次，可提高网络维护实时性，预测网络流量高峰，优化网络质量，调整资源配置；再次，助力市场决策，快速准确地确定公司管理和市场竞争策略。

（5）物联网应用

① 在交通物联网中的应用。

物联网的发展和应用对现代化交通体系的建设提供了巨大的支持，在当代，汽车数量不断增加，城市交通管理的环境变得日益复杂，依靠人力已经不能保证交通运行的安全性和顺畅性。借助物联网技术，可以利用分布于交通体系各节点的各类设施，与智能化管理调度系统网络连接，实现有效的交通疏导、监控、管理、自动化缴费和信息交互等功能。云计算技术在交通物联网中也体现出了重要的应用价值，如在交通监控与安全管理方面，交通监控系统与物联网对接，每天需要对大量的交通影像信息进行采集和储存，需要处理的数据量庞大，对系统运行的稳定性也有较高要求。云计算技术本身在海量数据的处理和存储上具有优势，这样就能够有效应对交通监控系统庞大数据量对物联网运行的压力，保证交通运行安全。

② 在电力物联网中的应用。

电力物联网的发展为我国电网系统智能化管理提供了有力支持，对电网系统节能降耗、可持续发展发挥了重要的作用。在电力物联网的运行中，需要对各个节点的运行数据进行监控，同时还涉及大量的数据转换，能否保证数据监控与数据转换的有效性，直接关系到电力部门为用户提供服务的质量。云计算技术的应用，可以借助分布式并行编程和海量数据管理两项关键技术，对电力物联网中大量的监控数据、需转换数据进行并行处理，提高监控数据管理和数据转换工作的效率，帮助电力部门强化对电网运行状态的掌控，增强其为用户高效服务的能力，更好地保证电力物联网功能的发挥，保障电力供应的可靠性。

③ 在公安物联网中的应用。

为保证公共安全，在公安系统的物联网中包含了大量的监控设备和感应设备，同时建立了强大的信息管理中枢系统，对广泛分布的各类监控设备和感应设备获取的数据信息进行分析处理，从而及时发现公共安全隐患，并对相关违法违规行为进行追查。云计算技术在公安物联网中的应用主要有：利用云计算强大的数据处理和分布式存储等功能优势，实现对不断更新的海量数据的有效处理；保证系统整体的稳定运行以及相关数据的安全性；降低公安物联网运行对基础建设投入的需求，控制公安系统建设运行成本。此外，云计算高度虚拟化的系统运行模式也能够减少物理条件对公安物联网运行的限制，面对公共安全环境复杂多变的特征，云计算技术的应用能够较好地满足公安物联网不断扩展功能的需求，这也为公安物联网功能的长期发挥提供了支持[145]。

4. 云计算系统平台

（1）云计算系统的基本组成

① 云存储系统。

云存储系统是通过集群应用、网格技术或分布式文件系统等将网络中大量各种不同类型的存储设备通过应用软件集合起来协同工作，共同对外提供数据存储和业务访问功能的一个系统。云存储对使用者来讲，不是指某一个具体的设备，而是指一个由许许多多存储设备和服务器所构成的集合体。使用者使用云存储并不是使用某一个存储设备，而是使用整个云存储系统带来的一种数据访问服务。所以严格来讲，云存储不是存储，而是一种服务。云存储的核心是应用软件与存储设备相结合，通过应用软件来实现存储设备向存储服务的转变。云存储具有超强的可扩展性及不受具体地理位置所限、基于商业组件、按照使用收费和可跨不同应用等特点。

② 云运算系统。

云运算系统是一个能执行算术逻辑操作和存放操作结果的系统。

③ 云控制系统。

云控制系统是用来控制存储程序的系统。程序由指令组成，指令包含操作码和地址码，分别指出操作种类和操作数在存储系统中的单元地址。云控制系统实现对指令的控制，解释指令的操作码和地址码，并根据译码将适合的控制信号送到云运算系统和其他部分。

④ 云用户请求与云服务。

云计算系统的用户请求可被看作一种服务请求，它将以提云服务的形式响应用户的这一请求。

（2）云平台

1）OpenStack

OpenStack 不仅是获取信息的一个空间，从使用的角度来讲，也可以作为一个开源工具，其运行的最终目的在于数据处理和备份，实现更加灵活的云信息分享可能性。一般来说，OpenStack 由具有不同功能的模块组成，相互之间分工明确，分别完成计算处理、备份处理和镜像服务功能，既能够独立存在，又可以整合工作。OpenStack 其最显著的优势是具有丰富和多样化的功能，以及自成规模的社区式开发功能，在这种特定模式之下，任何企业和个人用户都可以参与进来，共同进行软件的评测与开发，群策群力，使其更加完善。整个平台的构成具有逻辑性，从用户使用的角度来说，功能性的信息交换和指令发送都通过智能核心来进行，为了维护系统工作的稳定性，指令与指令之间以时间的先后产生一个队列顺序，所有操作的执行严格按照这一顺序进行。与此同时，复杂的数据分享和处理需要各个组成模块之间相互协作。这样设置的优势是既可以在整体上保证了整个系统运行的完整性，又能够在系统出现故障或其他突发状况时将故障位置单独隔离，从而不影响其他功能的正常使用。

对于 OpenStack 而言，不仅需要强大的技术支持，而且需要完善的基础设备支持。

2）Eucalyptus

Eucalyptus 是 "Elastic Utility Computing Architecture for Linking Your Programs To Useful Systems" 首字母缩写，是一种开源的软件基础结构，通过计算集群或工作站群实现弹性的、实用的云计算。最新版本 Eucalyptus3.4.2 包含 6 个主要组件，分别是云控制器（CLC）、集群控制器（CC）、节点控制器（NC）、存储控制器（SC）、分布式存储控制器和 VMware Broker 组件，组件之间通过传递 SOAP 消息进行通信，相互协作共同提供所需要的云服务。

Eucalyptus 是一个开放源代码的云计算产品，研究人员能够获得系统的源代码，同时，可以通过论坛、社区等多种形式与开发人员和其他用户深入探讨各种技术问题，对系统内部的实现机制进行深入研究，并能较快地使用开源的最新功能进行组件升级和替换。因为开源，所以使用成本低，在数字资源云平台构建过程中只需要购买硬件设备，无须为 Eucalyptus 软件的使用付费，即使需要开源软件开发商提供服务，需要支付的费用也相对比较低。

Eucalyptus 基于模块化的架构，使其云平台很容易扩展，例如，可以增加或者撤除任意数量的节点服务器。

Eucalyptus 具有弹性存储和弹性负载均衡功能。弹性存储功能为需要长期保存的数字资源或比较重要的数字资源提供了很好的选择；弹性负载均衡功能则负责修改与应用相关的负载均衡策略，自动添加新创建的虚拟机实例或者是移除旧的虚拟机实例。Eucalyptus 云安装不仅可以管理一个集群的资源，还可以聚合和管理来自多个集群的资源。资源可以跨多个可用性区域分配，一个区域内的故障不会影响整个应用程序。Eucalyptus 云平台及其相关技术为数字资源长期保存创造了新的仓储环境，也为数字资源服务整合提供了契机，其系统伸缩自如、均衡负载、多点冗余、按需要配置及安全互通等优势满足了数字资源共享的应用需求。

3）Amazon EC2

Amazon 弹性计算云（Elastic Compute Cloud，EC2）是一个让使用者可以租用云端计算机运行所需应用程序的系统。EC2 通过提供 Web 服务的方式让使用者可以弹性地运行自己的 Amazon 机器映像，使用者可以在这个虚拟机器上运行任何自己想要运行的软件或应用程序。EC2 提供可调整的云计算能力，旨在使开发者的网络规模计算变得更为容易。

EC2 主要具有如下优势。

① 弹性。用户可以在分钟级别内增加或减少容量，并同时管理操作多达数千个服务器实例。所有这些操作都可基于 EC2 提供的 Web Service API 完成，因此用户的应用可以按需自动向上或向下扩展。

② 可控性。用户可以完全控制 EC2 实例，拥有每个实例的管理员或根用户访问权，可以像其他任何机器一样与这些实例互动，而且可以在停止运行实例的同时将数据保存在启动分区，然后用 Web Service API 重启。使用 Web Service API 还可以远程重启实例。

③ 灵活性。用户可以选择多种实例类型、操作系统和软件。用户可以通过自定义方式选择操作系统，为应用程序选取理想的内存、CPU、实例存储和启动分区大小配置。例如，操作系统可以选择 Linux、Microsoft Windows Server 等。

④ 可靠性。Amazon EC2 提供了一个非常可靠的环境，可在此环境中替代实例快速并以可预见的方式启动。该服务在成熟的 Amazon 网络基本架构和数据中心中运行。Amazon EC2 服务等级协议的承诺是为每个 Amazon EC2 区域提供 99.95%的可用性。

⑤ 安全性。EC2 的计算实例位于 Virtual Private Cloud（VPC）中，具有指定的 IP 地址范围，用户可以决定哪些实例向互联网公开，哪些实例保持私有状态。

⑥ 安全组和网络 ACL 能够控制进入和离开实例的网络访问。可以通过加密 IPsec VPN 连接，将现有 IT 基础设施关联到 VPC 中的资源上。可以将 EC2 资源预配置为专用实例。专用实例是为了进行额外隔离在单一客户专用硬件上运行的 Amazon EC2 实例。

5．云计算发展面临的挑战

（1）数据管理和资源分配

云计算数据中心中最重要的功能之一是资源分配，根据基于云的环境中的大量资源来决定其重要性。因此，资源分配过程应满足网络服务质量要求，在不显著提高服务提供商成本的情况下消除性能问题，管理能耗。资源分配可分为三个主要部分：数据中心网络资源分配、数据中心处理资源分配和节能型数据中心资源分配。

数据中心网络资源主要根据用户请求进行分配，因此，应尽可能减少数据中心的计算吞吐量，并通过分布虚拟机来减少数据中心虚拟机位置之间的距离。

数据中心网络资源分配中最具挑战性的问题是，如何在收益最大化的同时优化虚拟网络配置。此外，在基于云的网络上选择最合适的具有 IP 地址的虚拟网络是一个需要考虑的重要问题，其中包括对传播、时延和流转换常数的考虑。

建立高能效的数据中心资源分配机制是基于云的数据中心的迫切要求，用于通过将任务和虚拟机合并到最小数量的服务器上来最大限度地减少数据中心的功耗或减少使用的服务器数量[146]。

（2）安全属性

云计算的模式已经改变了我们使用 IT 资源的方式。云服务模型的开发比以前更有效地提供了业务支持技术。云计算同时改变了企业和政府，并带来了新的安全挑战。CSA（云安全联盟）确定了前几大云计算威胁，这些威胁是现代云环境中可能出现的最基本的威胁，具体如下所述。

① 数据泄露：任何恶意人员或未经授权的人员进入公司网络并窃取了敏感或机密数据。

② 数据丢失：由于数据都存在公有云和私有云上，而云是由具体的设备搭建而成的，并且所采用的搭建标准不一致，因此，一些云平台，尤其是一些技术较弱的平台会出现由于技术问题或者外部原因导致的数据丢失问题。

③ 账户劫持。在账户劫持案例中，恶意入侵者可以使用窃取的凭据劫持云计算服务，并且他们可以输入他人的交易信息，插入虚假信息并将用户转移到滥用网站，这给云服务提供商带来了法律问题。

④ 不安全的 API：云计算提供商会公开了一组供用户用来管理云服务并与之交互的软件用户界面（UI）或 API。云安全联盟（CSA）表示，配置、管理和监控都是通过这些接口执行的，云计算服务的安全性和可用性取决于 API 的安全性，它们需要具有防止意外和恶意企图规避的策略。

⑤ 拒绝服务。DoS 攻击已成为非常严重的威胁，它通过向服务器发送大量的攻击请求对服务器进行攻击，使其无法响应常规客户端的请求，从而暂时拒绝授权用户访问云中心存储的数据。

⑥ 恶意内部人士：云安全联盟（CSA）表示，虽然威胁程度尚未引起很大的关注，但内部威胁是一种真正的威胁。恶意内部人员（如系统管理员）可以访问潜在的敏感信息，并且可以对更关键的系统和最终的数据进行更高级别的访问，因而只依靠云计算服务提供商来提高安全性的系统风险更大。

⑦ 滥用和恶意使用云服务：云安全联盟（CSA）表示，云安全服务部署、免费云服务试验，以及通过支付工具进行账户注册的安全性较差，可能使云计算模型遭受恶意攻击，网络攻击者可能会利用云计算资源针对用户、组织或其他云计算提供商进行攻击。滥用基于云计算资源的例子包括发起分布式拒绝服务攻击、垃圾电子邮件和钓鱼活动。

⑧ 共享技术问题。云计算以其共享技术而闻名，因此很难使多租户架构获得强大的隔离属性。CSP（云服务提供商）的职责是在不干扰其他客户端系统的情况下为用户提供可扩展的服务[147]。

4.2.2　边缘计算技术

随着 5G、物联网时代的到来以及云计算应用的逐渐增加，传统的云计算技术已经无法满足终端侧"大连接、低时延、宽带宽"的需求，边缘计算应运而生。边缘计算可有效减小计算系统的时延，减少数据传输带宽，缓解云计算中心压力，保护数据安全与隐私。

1. 边缘计算的概述

边缘计算源于 ETSI，它的定义是在距离用户移动终端最近的 RAN（无线接入网）内提供 IT 服务环境以及云计算能力，旨在进一步减小时延、提高网络运营效率、提高业务分发/传送能力、优化/改善终端用户体验。随着业务的发展和研究的推进，边缘计算的定义得到了进一步扩充，接入范围也囊括了诸如蓝牙和 WiFi 等应用场景[148]。

MEC（移动边缘计算）运行于网络边缘，逻辑上并不依赖于网络的其他部分，这点对于安全性要求较高的应用来说非常重要。另外，MEC 服务器通常具有较高的计算能力，因此特别适合分析处理大量数据。同时，由于 MEC 距离用户或信息源在地理上非常邻近，使得网络响应用户请求的时延大大减小，也降低了传输网和核心网发生网络拥塞的可能性。此外，位于网络边缘的 MEC 能够实时获取基站 ID 和可用带宽等网络数据以及与用户位置相关的信息，从而进行链路感知自适应，并且为基于位置的应用提供部署的可能性，可以极大地改善用户的服务质量体验[149]。

边缘计算最早可以追溯至 1998 年 Akamai 公司提出的内容分发网络（Content Delivery Network，CDN）。CDN 是一种基于互联网的缓存网络，依靠部署在各地的缓存服务器，通过中心平台的负载均衡、内容分发和调度等功能模块，将用户的访问指向最近的缓存服务器，以此降低网络拥塞，提高用户访问响应速度和命中率。CDN 强调内容（数据）的备份和缓存，而边缘计算的基本思想则是功能缓存（Function Cache）。2005 年，功能缓存的概念首次被施巍松教授的团队提出，并将其运用于可降低时延、节省带宽的个性化邮箱管理服务中。2009 年，Satyanarayanan 等人提出可部署在网络边缘的、与互联网连接的可信且资源丰富的主机——Cloudlet。随后在万物互联的背景之下，为解决面向数据传输、计算和存储过程中的计算负载和数据传输带宽问题，研究者开始思考在靠近数据源的边缘增加数据处理功能，边缘数据得到爆发式增长。

以云计算模型为核心的数据处理阶段被称为集中式数据处理阶段，该阶段特征的主要表现是：数据的计算和存储均在云计算中心（数据中心）采用集中方式执行，因为云计算中心具有较强的计算和存储能力。这种资源集中的数据处理方式可以为用户节省大量开销，创造出有效的规模经济效益。但是，云计算中心的集中式处理模式在万物互联时代表现出其固有的问题，在万物互联背景下，网络边缘设备所产生的数据已达到海量级别，具体问题如下所述：

① 线性增长的集中式云计算能力无法匹配爆炸式增长的海量边缘数据。

② 从网络边缘设备传输到数据中心的海量数据增加了传输带宽的负载量，造成网络时延较长。

③ 边缘设备数据涉及个人隐私和安全的问题变得尤为突出。

④ 边缘设备具有有限电能，数据传输造成终端设备电能消耗较大等。

在万物互联的背景下，边缘数据迎来了爆发性增长，在数据传输、计算和存储过程中为了解决计算负载和数据传输带宽的问题，研究者开始探索在靠近数据生产者的边缘增加数据处理功能。具有代表性的技术是移动边缘计算（Mobile Edge Computing，MEC）、雾计算（Fog Computing）和海云计算（Cloud-Sea Computing）。

移动边缘计算是指在接近移动用户的无线接入网范围内，提供信息技术服务和云计算能力的一种新的网络结构，并已成为一种标准化、规范化的技术。由于移动边缘计算位于无线接入网内并接近移动用户，因此可以实现较小时延、较宽带宽，可提高服务质量和用户体验。移动边缘计算强调在云计算中心与边缘计算设备之间建立边缘服务器，在边缘服务器上完成终端数据的计算任务。移动边缘终端设备基本被认为不具有计算能力，但边缘计算模型中的终端设备具有较强的计算能力，因此移动边缘计算类似一种边缘计算服务器的架构和层次，作为边缘计算模型的一部分。

思科公司于 2012 年提出了雾计算，并将雾计算定义为迁移云计算中心任务到网络边缘设备执行的一种高度虚拟化计算平台。它通过减少云计算中心和移动用户之间的通信次数，以缓解主干链路的带宽负载和能耗压力。雾计算和边缘计算具有很大的相似性，但是雾计算关注基础设施之间的分布式资源共享问题，而边缘计算除了关注基础设施，也关注边缘设备，包括计算、网络和存储资源的管理，以及边端、边边和边云之间的合作。

与此同时，2012 年，中国科学院启动了战略性先导研究专项，被称之为下一代信息与通信技术倡议，其主旨是开展"海云计算系统项目"的研究，其核心是通过"云计算"系统与"海计算"系统的协同与集成，增强传统云计算能力，其中，"海"端指由人类本身、物理世界的设备和子系统组成的终端，与边缘计算相比，海云计算关注"海"和"云"两端，而边缘计算关注从"海"到"云"数据路径之间的任意计算、存储和网络资源。

2. 边缘计算的关键技术

（1）计算迁移

计算迁移是一个将资源密集型计算从移动设备迁移到资源丰富的基础设施附近的过程。虽然移动设备受计算能力、电池寿命和散热的限制，但是通过将消耗能量的应用程序计算迁移到 MEC 服务器上，MEC 可以在用户设备（User Equipment，UE）上运行新的复杂应用程序。计算迁移的一个重要决策是决定是否卸载、是否适用全部或部分迁移、迁移什么以及如何迁移。迁移决策取决于根据 3 个标准分类的应用程序模型。第 1 个标准是应用程序是否包含不能迁移的用户等不可迁移部分（例如，用户输入、摄像或需要在 UE 处执行的获取位置操作）。第 2 个标准是无法估计某些连续执行的应用程序要处理的数据量。第 3 个标准是要处理的设备和应用程序的相互依赖性[150]。

（2）软件定义网络（SDN）技术

SDN 技术是一种将网络设备的控制平面与转发平面分离，并将控制平面集中实现的软件可编程的新型网络体系架构。SDN 技术采用集中式的控制平面和分布式的转发平面，两个平面相互分离，控制平面利用控制-转发通信接口对转发平面上的网络设备进行集中控制，并为应用平面提供灵活的可编程能力，极大地提高了网络的灵活性和可扩展性。MEC 部署在网络的边缘，靠近接入侧，核心网网关功能将分布在网络边缘，需要对大量接口进行配置、对接和调测。利用 SDN 技术将核心网的用户面和控制面进行分离，可以实现网关的灵活部署，简化了组网工作。

（3）新型存储系统

随着计算机处理器的高速发展，存储系统与处理器之间的速度差异已成为制约整个系统性能的严重瓶颈。边缘计算在数据存储和处理方面具有较强的实时性需求，相对现有的嵌入式存储系统而言，边缘计算存储系统更加具有低延时、大容量、高可靠性等特点。

边缘计算的数据特征具有更高的时效性、多样性和关联性，需要保证边缘数据连续存储和预处理，因此如何高效存储和访问连续不断的实时数据是边缘计算中存储系统设计需要重点关注的问题。

需要说明的是，在现有的存储系统中，非易失性存储器（Non-Volatile Memory，NVM）在嵌入式系统和大规模数据处理等领域得到了广泛的应用，基于非易失性存储器（如 NAND Flash、PCRAM 和 RRAM 等）的读写性能远超于传统的机械硬盘，因此采用基于非易失性存储器的存储设备能够较好地改善现有的存储系统 I/O 受限的问题。

但是，传统的存储系统软件栈大多是针对机械硬盘设计和开发的，并没有真正挖掘和充分利用非易失性存储介质的性能。随着边缘计算的迅速发展，高密度、低能耗、低时延、高速读写的非易失性存储器将被大规模地部署在边缘设备当中。

3. 边缘计算典型应用

（1）视频分析

在万物互联时代，用于监测控制的摄像机无所不在，传统的终端设备——云服务器架构可能无法传输来自数百万台终端设备的视频。在这种情况下，边缘计算可以辅助基于视频分析的应用。在边缘计算辅助下，大量的视频不用再全部上传至云服务器，而是在靠近终端设备的边缘服务器中进行数据分析，只把边缘服务器不能处理的小部分数据上传至云计算中心即可[151]。

（2）智慧城市

智慧城市的重点是提高人们的生活质量，将技术开发与各种功能集成在一起，例如，智慧出行、能源管理和公共安全。

智慧城市的目标是实现城市发展模式从资源驱动发展向创新驱动发展转型，以创新引领城市发展，实现城市管理治理能力的现代化，促进城市可持续发展。智慧城市在管理自然和人为灾难方面起着关键作用，这表现为在异常情况下采取的措施以最大限度地减少灾难影响。在这些情况下，ICT 技术在灾难响应和管理中起着至关重要的作用，这些信息基于从各种实体收集的信息，这些实体包括位于周围环境中的个人设备和车辆等[152]。为智慧城市中的用户提供新的高级服务需要付出巨大的努力，以收集、存储和处理在环境中感知并由公民自己产生的数据。支持 IoT 与云计算系统之间交互的需求的不断增长也导致了边缘计算模型的建立，该模型旨在提供处理和存储容量，作为可用 IoT 设备的扩展，而无须将数据移动到中央处理器进行处理。因此，目前我们可以根据边缘和云解决方案的物联网设备和资源，为智慧城市开发不同的技术，以实现不同的目标[153]。

（3）智能制造

随着消费者对产品要求的日益提高，产品的生命周期越来越短，小批量多批次、具有定制化需求的产品生产模式将在一定程度上替代大批量生产制造模式，先前制造体系严格的分层架构已经无法满足当前的制造需求，以某消费电子类产品的制造生产线为例，采用 PLC+OPC 的模式构建，由于订单种类增加，单批次数量减少，导致平均每周的切单转产耗时 1～2 天；新工艺升级每年至少 3 次、设备更替每年近百次，导致的控制逻辑／工序操作重置、接口配置耗时约 5～12 周，严重影响了新产品上线效率。另外，制造智能化也是中国、美国、德国等世界主要制造大国未来 10 年的发展方向。以中国为例，到 2025 年，制造业重点领域全面实现智能化，试点示范项目运营成本降低 50%，产品生产周期缩短 50%，不良品率降低 50%，制造智能化首先要求加强制造业 ICT 系统和 OT 系统之间的灵活交互，显然先前的制造体系无法支持全面智能化，边缘计算能够推动智能制造的实现。

（4）智慧交通

政府希望近乎实时地预测交通流量，以便各利益相关方受益，并通过增加边缘设备现有运算和处理能力来最大限度地减少新的硬件和软件投资。为了解决上述问题，每个交通信号灯都配置了内嵌 AI 边缘分析软件的控制器作为网关，控制器采集了超过 100 个数据点的数据，包括车辆、行人线圈数据或者其他交通信号遥测数据等。针对特殊路段（如桥梁、隧道等或其他铺设线圈成本过高的路段），采用安装摄像机进行视频采集作为补充手段。边缘分析软件对数据进行汇总和标准化处理，并与其他控制器上的软件进行信息交互，生成的结果直接传输到部署在公共云平台上的 AI/ML IoT 平台；视频流则先通过光纤通道网络传输到托管视频服务器的边缘数据中心，对数据进行聚合、解码，提取的元数据被发送到公共云平台上，该平台整合边缘分析数据和元数据，模拟整个交通网络并执行预测分析，用户可通过 API 订阅获取相关服务[154]。

4. 边缘计算系统平台

边缘计算系统是一个分布式系统，在具体实现过程中需要将其落地到一个计算平台上，各个边缘平台之间如何相互协作提高效率，如何实现资源利用率的最大化，给设计边缘计算平台、系统和接口带来了挑战。例如，网络边缘的计算、存储和网络资源数量众多但在空间上分散，如何组织和统一管理这些资源是一个需要解决的问题。在边缘计算的场景中，尤其是物联网，诸如传感器之类的数据源，其软件和硬件以及传输协议等具有多样性，如何方便有效地从数据源中采集数据是需要考虑的问题。此外，在网络边缘的计算资源并不丰富的条件下，如何高效地完成数据处理任务也是需要解决的问题[155]。

（1）EdgeX Foundry

EdgeX Foundry 是一个由 Linux 基金会主持的开源项目，其目的是为边缘计算的开发构建一个通用开放的平台，已获得 Dell、百度和 Intel 等 50 余家企业的支持，EdgeX Foundry 兼容多种操作系统，支持多种硬件架构，支持采用不同协议的设备间通信。EdgeX Foundry 基于微服务架构设计，有效提高了应用与服务开发效率，其微服务被划分为四个服务层和两个基础系统服务。EdgeX Foundry 的四个服务层是核心服务层、支持服务层、导出服务层和设备服务层；两个基础系统服务是安全服务和管理服务。基于微服务可裁剪特性，在低性能设备上提供 EdgeX Foundry 服务。EdgeX Foundry 支持嵌入式 PC、集线器、网关、路由器和本地服务器等异构设备，EdgeX Foundry 支持容器化部署，有效提高了平台运行效率[156]。

（2）EGX 边缘计算平台

2019 年 5 月 27 日，NVIDIA 推出了 NVIDIA EGX 边缘计算平台，该平台能够帮助企业在边缘实现低时延人工智能，即基于 5G 基站，仓库、零售商店、工厂及其他地点之间的连续数据流实现实时感知、理解和执行。

NVIDIA EGX 能够满足日益增长的需求，在边缘（产生数据的地方）实现即时的高通量的人工智能，既保证了响应时间，又减少了必须传到云的数据量。

EGX 从小型的 NVIDIA®Jetson Nano™开始，几瓦的功率就可以提供每秒 0.5 万亿次（TOPS）的处理操作，用于图像识别等任务。此外，EGX 可扩展到所有的 NVIDIA T4 服务器，提供超过 10000 TOPS，可以为数百名用户提供实时语音识别和其他复杂的 AI 体验。

NVIDIA 副总裁兼企业与边缘计算总经理 Bob Pette 表示:"企业需要更加强大的边缘计算能力,以处理来自与客户和设施的无数交互中产生的海量原始数据,从而快速制定人工智能增强型决策以驱动业务发展。像 NVIDIA EGX 这样具有可扩展性的平台让企业能够轻松地部署系统,以满足本地或云端的需求。"

目前,NVIDI 已与红帽开展合作,利用领先的企业级 Kubernetes 容器编排平台 OpenShift 对 NVIDIA Edge Stack 进行集成和优化。

红帽首席技术官 Chris Wright 表示:红帽致力于为从混合云到边缘的任何工作负载、封装和位置提供一致的体验。通过将红帽 OpenShift 与 NVIDIA EGX 边缘计算平台相结合,客户能够在一致、高性能、以容器为中心的环境中更好地优化其分布式操作。

5. 边缘计算发展面临的挑战

5G 网络为边缘计算的发展提供了新的机遇。5G 网络所具有的时延小、带宽宽、容量大等优势,解决了传统通信领域里遇到的很多问题,但是也导致数据量的极速增长,急需提供可靠、有用、可执行的商业模式。5G 网络的处理速度快、时延小等特点可以在迅速响应方面提供一个新的途径,能够对端、边缘、云进行联合优化。边缘计算能力可以从用户体验、功耗、计算负载、性能、成本等方面,在物联网设备、边缘设备和云设备之间智能配置资源,为联合优化提供了一种新的途径。因此,边缘计算技术的发展与 5G 网络有着密切的关系:一方面,边缘计算能够给予 5G 网络支持,5G 网络的重要组成部分便是边缘计算;此外,因为 5G 网络以软件的形式进行表现,恰好可以灵活运用边缘计算[158]。

(1)安全威胁

当前数据安全威胁的主要来源是网络中不可避免的缺陷或漏洞、公共和受保护的私人 / 安全数据之间的隐藏关系,以及缺乏细粒度的访问控制。

① 缺乏安全性设计的考虑。

边缘计算的主要目标是为物联网和智慧城市等新兴应用提供更高效、轻便的计算平台。因此,设计人员在设计特定的应用程序的边缘计算体系结构时,往往更注重性能而不是安全性。对设计安全性的这种不充分考虑,使边缘计算基础结构更容易遭受攻击。

② 安全框架的不可迁移性。

人们对传统的通用计算系统的安全框架已经进行了相当长的时间研究,并且该安全框架被认为能够为防御各种攻击提供强大的安全保证。但是,由于存在一些无法解决的问题,例如,操作系统和软件多样化,网络拓扑和协议不同,使得这些安全框架无法直接迁移到边缘计算系统。此外,由于诸如边缘设备和通信协议的异质性之类的多种原因,为边缘计算应用程序设计的安全框架的迁移带来了巨大的问题。

③ 碎片化和粗粒度的访问控制。

当前用于边缘计算的访问控制模型是碎片化和粗粒度的。它们是分散的，因为不同的边缘计算方案可能会采用不同的访问控制模型，这些模型可能在权限分离、授予和访问方面采用完全不同的设计方式。这种情况阻碍了针对各种边缘计算系统的统一的可管理的访问控制框架的开发。目前，特定的边缘计算的细粒度权限非常复杂且开发力度不足。

④ 隔离和被动防御机制。

当前用于边缘计算的防御机制是隔离的和被动的。之所以将它们隔离是因为每种防御机制可能仅对一次或几次攻击有效，而对大多数攻击无效。它们是被动的，因为大多数防御解决方案都是基于预设规则执行的，并且没有能力执行自主和主动的防御动作。这两个弱点导致防御表面僵化，使得当前大多数防御解决方案都采用"先检测后修补"的理念，这种理念只有在检测到攻击发生后才有效[159]。

（2）自动驾驶

为了保证自动驾驶系统的鲁棒性和安全性，自动驾驶车辆通常配备了许多昂贵的传感器和计算系统，从而导致极高的成本并妨碍了自动驾驶车辆的应用推广。V2X（车用天线通信技术）是降低自动驾驶车辆成本的可行解决方案，因为 V2X 可以实现车辆之间的信息共享和 RSU（路侧单元）的计算分流。实现自动驾驶存在若干挑战，合作决策和合作感知应用场景所面临的挑战和愿景如下所述。

① 合作决策。

合作决策的挑战是如何利用 V2X 的短距离覆盖范围来处理动态变化的拓扑，有效的主动切换和资源分配是潜在的解决方案。5G 技术提供了应对这一挑战的方法。

② 合作感测。

合作感测的主要挑战是实时将信息从基础设施传感器共享到自动驾驶汽车，另一个挑战是动态权衡基础设施传感器和车载传感器的成本[160]。

（3）智慧城市

智慧城市的范畴包括智能家居、智能电网、智能建筑、智能交通和智能车辆等。所有这些应用都使用大量的传感器、执行器和智能设备。这些设备会生成大量需要处理的数据，并将响应信息返回给执行器以执行必要的操作。在集中式云上分析和处理这些数据会花费更多的等待时间，并使网络过载。通过采用边缘计算，可以在边缘以更小的时延处理数据。在用户附近提供这些服务可能会遇到以下问题。

① 在边缘节点上部署应用程序。如何解决时延、准确性、可用性和安全性方面的问题，将应用程序放置在边缘节点上以便为用户提供更好的服务？这里存在许多开放的研究问题，包括需要遵循的体系结构，边缘节点的地理分布，最终用户所需的服务类型等。

② 分析来自设备的数据。如何从大量数据中捕获所需的数据？边缘节点采用什么技术来有效分析该数据？边缘节点如何基于数据为不同的终端设备提供服务？

③ 在智能家居中，如何为连接到互联网的不同设备提供安全性？如何维护感测数据的隐私？用户如何有效地控制这些设备并在这些设备上执行某些操作？在此，有关设备和雾节点的安全性、隐私性和能效方面的技术还有待研究。

④ 在智能电网中，如何每小时执行一次读数服务？如何采取有效措施对用户进行管理？如何通过使用智能电网应用程序最大限度地减少家庭／办公室的资源利用率？

所有上述问题均应通过提高边缘节点的可用性和可靠性，增强用户数据的安全性和隐私性保护等方式来解决[161]。

（4）网络管理

网络管理在边缘和雾模式中都扮演着重要角色，因为它是连接边缘所有智能设备并最终通过部署更多节点来提供可用资源的方式。由于物联网是由异构设备组成的，在大范围内高度分散，因此，管理和维护设备连接性至关重要。诸如软件定义网络（SDN）和网络功能虚拟化（NFV）之类的新兴技术被视为可能的解决方案，通过增加可扩展性和降低成本，它们可能对网络的实施和维护产生重大影响。

由于移动设备和固定设备都共存于网络中，因此鉴于网络的易变性，提供无缝连接机制至关重要。因此，连接性是网络管理的另一方面。该机制必须能够使设备与网络连接或断开连接，以适应由移动设备产生的不确定性。另外，网络管理促进了用户和制造商对智能设备进行更多部署[162]。

4.3 数据处理技术

数据（Data）是对事实、概念或指令的一种表达形式，可由人工或自动化装置进行处理。数据经过解释并赋予一定的意义之后，便成为信息。数据处理（Data Processing）是对数据的采集、存储、检索、加工、变换和传输。

数据处理的基本目的是从大量的、可能是杂乱无章的、难以理解的数据中抽取并推导出对于某些特定的人们来说是有价值、有意义的数据。

数据处理是系统工程和自动控制的基本环节。数据处理贯穿于社会生产和社会生活的各个领域。数据处理技术的发展及其应用的广度和深度，极大地影响了人类社会发展的进程。

4.3.1 数据存储技术

随着社会的不断发展进步，云计算和物联网相继出现，海量数据的出现标志着大数据时代的到来，海量数据整理就成为各个企业急需解决的问题。在大数据时代背景下，给与之相关的数据存储企业带来了很大的发展前景。但同时，随着海量数据的出现，一系列形态结构各异的数据形式相继出现，各种结构化、半结构化以及非结构化的数据形态使得原有的存储模式已经跟不上时代的步伐，无法满足大数据时代的需求。这就需要对存储技术进行全面的创新，从而满足大数据时代的需要，促进社会更好、更快地发展。

1. 数据存储概念

20 世纪中期出现了电子存储装置，它将直观的存储转换为机器存储；20 世纪70 年代中期穿孔卡和穿孔磁带可用来输入数据，磁带作为数据存储设备使用是从1951 年开始的，当时使用磁带机来传输字符；1932 年磁鼓存储器被创造，通常作为内存使用，容量大约为 10 KB。上述存储介质目前已不常使用，现在经常使用的存储介质主要有硬盘、软盘、光盘、Flash 芯片、卡式存储磁盘阵列以及大型网络化磁盘阵列，存储容量在逐步扩大，应用的环境也更加复杂。随着通信网络技术的发展与处理能力的提高，单机数据处理方式被网络数据处理方式替代，下面将重点介绍网络存储的相关内容[163]。

2. 数据存储方式

（1）直连式存储

直连式存储（DAS），存储设备通常是通过 SCSI（Small Computer System Interface，小型计算机系统接口）的电缆或者是光纤直接连到服务器上。I/O（输入 / 输出）请求直接发送到存储设备。这种存储方式具有较好的可靠性、仅依赖服务器、安装简单、价格便宜等特点，主要适用于服务器在地理上分布分散的应用。另外，DAS 不具备任务存储操作系统，因此不具备存储操作功能，也不能实现数据的共享和备份，所以，在扩容和维护上有一定的难度。

（2）网络附接存储

网络附接存储（NAS）是一种专用的网络文件存储服务器，通过网络协议与网络中的其他应用服务器相连，并以文件的方式传输数据，从而实现文件信息的存储与共享。NAS 将存储与服务器分离，确保应用服务器具有更多的计算资源，以满足用户的各种业务需求，减轻服务器的负载。NAS 具有可扩展性好、部署简单和性价比高等优势，但 NAS 其采用的文件传输方式会带来巨大的网络协议开销，不适合存储数据访问速度要求高的应用场景。此外，NAS 没有解决数据备份和恢复过程中的网络带宽消耗问题。

（3）存储区域网络

存储区域网络（SAN）是一种通过高速专用网络将存储设备与服务器相连的网络结构。与 NAS 的传输方式不同，SAN 采用数据块级别的 I/O 存取方式传输数据。根据数据传输过程中所采用的协议不同，SAN 技术可分为 FC SAN 和 IP SAN 两种。FC SAN 将存储设备从以太网中分离出来，成为独立的存储区域网络，通过 FC 协议实现应用服务器与存储设备的高速互联。IP SAN 将 SCSI 指令集封装在 IP 协议中，通过 IP 网络运行 SCSI 协议，实现应用服务器与存储设备块级别的数据传输。IP SAN 构建在传统以太网的基础上，不需要专用的 FC 存储交换机，降低了部署成本，同时，采用传统的以太网协议，突破了传输距离的限制。虽然 FC SAN 性能稳定可靠，技术成熟，但是配置复杂、成本昂贵。相比而言，IP SAN 具有部署简单、性价比高和扩展能力强等优点[164]。

（4）对象存储服务

对象存储服务（OBS）是一种新型的云存储服务，它的存储基本单元是对象。对象存储的结构是：对象、对象存储设备、元数据服务器、对象存储系统客户端，由于其独特的结构，因此可支持并行、可伸缩的数据访问方式，便于管理，安全性高，适合高性能集群使用。但是，由于目前这种技术还在不断地研发中，而且受到相应的软、硬件条件的影响，该种存储服务还没有得到广泛应用[165]。

3. 数据存储常用技术

（1）分布式存储技术

CAP 是分布式系统设计中的经典理论，也是工程实施和产品研发中的基本理论依据，对分布式存储产品设计、选型、实施具有指导意义。这一理论由 Eric Brewer 在 2000 年的 PODC 会议上提出，最初仅仅是一个猜想，两年后被 MIT 的 Seth Gilbert 和 Nancy Lynch 证明为理论，并很快被互联网企业如 Ebay、Twitter 和 Amazon 等接受和拥护。20 年来，该理论已被广泛应用于各类分布式系统设计中。CAP 理论简单说来只有一句话：在分布式系统中，一致性（Consistency）、可用性（Availability）和分区容错性（Partition Tolerance）三种特性只能同时实现其中部分，常取其中两种，舍弃一种。

① 数据一致性：如果系统对一个写操作返回操作成功信息，那么之后的读操作都能读到这个新数据；如果返回操作失败信息，那么所有读操作都不能读到该数据，对调用者而言，数据具有强一致性（Strong Consistency），又称原子性（Atomic）、线性一致性（Linearizable Consistency）。无论对数据如何操作，该特性可保证得到的数据都是完成状态的数据，否则操作失败。类似于原子性的概念，一个操作必须是完整的，杜绝牵扯不清的中间状态。对数据的修改必须保证最终数据是原子操作的合格品，否则失败退出，决不能出现修改了一半的数据半成品。例如，在为多个应用并发进行系统调用操作时，应用不会得到一张被另外一个应用请求画了一半的图，或更新了上半段的说明书。

② 服务可用性：在指定的响应时间窗口内，每个操作请求都能到响应并返回响应信息，不会持续等待。该特性接近实时系统的定义，能够确保系统及时响应，避免死锁，从而为更多的并发业务和应用提供"可用"服务。

③ 分区容错性：保证系统支持分区，在分裂的情况下，各节点仍可正常提供

服务，支持业务和应用。只要还有分区存活就能进行及时响应并提供服务。该特性保证了系统是可分区的，各分区都能够独立提供服务、配合，互为备份。系统可以方便地进行横向扩展，这种特性也是跨分区（设备）分布式系统最具价值之处。CAP理论对分布式系统实现有非常重大的影响，我们可以根据自身的业务特点，在数据一致性和服务可用性之间做出倾向性选择[166]。

（2）自动精简技术

自动精简配置是一种存储管理的特性，核心原理是"欺骗"操作系统，让操作系统认为存储设备中有很大的存储空间，而实际的物理存储空间则没有那么大。传统配置技术为了避免重新配置可能造成的业务中断，常常会过度配置容量。在这种情况下，一旦存储分配给某个应用，就不可能重新分配给另一个应用，由此就造成了已分配的容量没有得到充分利用，导致了资源的极大浪费。而精简配置技术带给用户的益处是大大提高了存储资源的利用率，提高了配置管理效率，实现高自动化的数据存储。

自动精简配置技术最初由 3PAR 公司开发，目的是确保物理磁盘容量只有在用户需要的时候才被使用。该技术能让前端的服务器以为存储设备安装了比实际还多的存储容量，让存储空间的使用率得到提升。此外，其他存储厂商，如 HDS 公司的 USPV、EMC 公司的 NAS 系列产品 Celerra、NetApp 公司的 FAS 与 V 系列产品等也提供自动精简配置功能。

3PAR 公司自动精简配置技术的特点介绍如下[167]。

① 单位存储单元小。

单位存储单元只有 16 KB，是一种非常精细的、颗粒度很高的自动精简配置，容量节约达到最大化，有更明显的性能效果。

② 高度自动化的自动精简配置。

只需要配置虚拟卷的名称和大小，系统将实现全自动管理，自动把容量切割成小块，自动创建逻辑磁盘，自动建立逻辑单元号。只要一个初始设置，剩下所有的过程都是自动的。此外，卷容量自动增加，也不需要手动的步骤就可以满足应用的需求。

③ 不需要中间存储池。

不同于其他自动精简配置技术的是，这种技术从硬件底层架构上支持自动精简配置技术。

4.3.2　数据挖掘技术

近年来，数据挖掘引起了信息产业界的极大关注，其主要原因是存在大量数据，可以广泛使用，并且迫切需要将这些数据转换成有用的信息和知识。获取的信息和知识可以广泛用于各种应用，包括商务管理、生产控制、市场分析、工程设计和科学探索等。数据挖掘利用了来自如下一些领域的思想：① 统计学的抽样、估计和假设检验；② 人工智能、模式识别和机器学习的搜索算法、建模技术和学习理论。

数据挖掘迅速地接纳了来自其他领域的思想，这些领域包括进化计算、信息论、信号处理、可视化和信息检索。其他领域对数据挖掘起到重要的支撑作用，数据库系统提供了有效的存储、索引和查询处理支持。

1. 数据挖掘的含义及原因

2010 年"数字地球"的概念被提出，此后这一概念的影响力在不断增强，与此同时，中国民众的生活与物联网技术的联系越来越密切。社会各界对物联网提出了更高的要求，而在目前的发展阶段中，数据挖掘是物联网技术所面临的一大难题。

数据挖掘技术是多种学科、多种技术相互结合的产物。这项技术在应用的过程中能够从大量且广泛的信息中快速检索出人们需要的数据信息。这项技术中包含数学、统计学和信息学等多种学科中的知识。因此，在这项技术的使用过程中，能够实现对信息的基本检索功能，还可完成对人们所需信息的整理、提取，进而节省相关的技术支持费用[168]。

数据挖掘从广义角度分析，其主要是指通过对海量数据的分析和计算，挖掘其潜在的隐藏价值。计算机与数据挖掘具有直接联系，数据挖掘通过计算机所具备的机器学习、情报检索和分析统计等手段实现其应用价值。随着数据挖掘在我国各个领域中的深度应用，其应用价值也逐渐发生转变，第一，数据挖掘可以为用户提供可靠、大量的数据；第二，数据挖掘能够帮助用户获取有价值的信息；第三，数据挖掘能够帮助人们对数据进行分析和整理，进而为做出决策提供数据参考[169]。

物联网存在的意义是使人们的生产、生活更加智能化，而数据背后的价值可被挖掘出来并得以有效分析是智能化应用的基础，也是衡量物联网是否实现智能化的标准之一。物联网数据的特点主要有以下几点。

（1）异构性和海量性

物联网中的各类传感器和数据均被存储于不同的数据库中，物联网的诞生方式也决定了它的异构性，而且这些数据不仅包含了二维结构化数据，也包含了图像、视频、文档等非结构化数据，该类数据不能通过二维方式表达出来。物联网中包含了海量数据节点和传感器，每天产生的数据量庞大。

（2）分布式存储特性

要进行数据挖掘，首先要存储数据，由于物联网的异构性，决定了数据的分布式存储。与以往的数据存储方式不同，分布式存储将数据分散地存储于不同的网络节点形成虚拟的存储器。分布式存储使得不同地域、网络间的数据交换和共享成为可能[170]。

2. 数据挖掘关键技术

数据挖掘是从大量的、不完全的、有噪声的、模糊的、随机的数据中提取隐含在其中的、人们事先不知道的、但又是潜在的、有用的信息和知识的过程。数据挖据是一门交叉学科，涉及数据库系统、数理统计学、机器学习和人工智能等学科。随着数据库技术的高速发展，人们存储的数据量也急剧增长，这样导致的后果是"数据丰富，但信息贫乏"。数据和信息的鸿沟需要一种从海量数据中提取有用知识的技术，数据挖掘就是这种将数据转化成知识的有力工具。数据挖掘的主要功能有关联、分类、预测、聚类和时序分析等。

（1）数据采集

数据采集可分为两个阶段，一是基础支撑层数据采集，二是智能感知层数据采集。基础支撑层数据采集的主要目的是为数据平台的建立提供物联网和数据库等技术；智能感知层数据采集主要进行数据识别、数据传输以及数据感知等。运营商通过合理处理互联网数据，便可以得到用户需求变化情况并及时做出反应，更好地满足用户的数据需求。

物联网时时刻刻在产生大量数据信息，主要以互动信息、日志和视频等形式存在，虽然为用户提供了一定的便利，但给运营商的数据采集带来了沉重的压力，具体体现在：首先，在多源数据获取方面存在着一定的问题。数据具有动态性、多元异构的特征，虽然单个用户的信息价值不高，但整合多个用户的信息之后，便可以提高信息的整体价值。但就现阶段来说，在数据采集过程中，多元化数据的采集难度非常大，对供应商数据采集工作造成了严重的影响。其次，数据实时挖掘的难度较大。在信息化时代背景下，数据信息处理过程中已经应用了关联分析和聚类分析手段，但采取模拟分析方法，不能获取实时数据。最后，海量异构管理方面存在着一定的问题。互联网中的异构数据信息非常多，一些异构数据缺乏注册结构，价值参差不齐，为提高数据质量，必须对关键数据进行异构分析，但其难度相对较大[171]。

（2）数据预处理

数据预处理是指在数据挖掘前期，通过相关技术，对数据进行预处理，主要有数据清理、集成和归约等几种处理方式。数据量相对较为庞大，但是并未存在较多的数据价值，相反，数据数量的增加，在一定程度上增加了数据的噪声，部分数据缺乏使用，同时由于数据的不断增加，导致媒体数据被碎片化处理，因此，需要采用数据清洗技术和降噪技术来处理数据。对于数据的早期处理，主要通过数据挖掘技术来获取时序知识和分类知识等。在非结构化的数据时代，需要对数据进行预处理，以此来满足时代的发展需求[172]。

（3）数据可视化技术

数据可视化技术（也称图形显示技术）使用可视化的图形描绘信息模型，然后将显示出的数据趋势直观地呈现给决策者。在使用这种技术时通常和其他的数据挖掘技术组合使用，它可以交互地分析数据，我们应该说，这种技术的实用性不容低估。例如，在数据库中将多维数据转化成各种可视图形，这在显示数据固有的性质和分布数据的特点方面发挥了重要作用。总之，将数据挖掘过程可视化，更容易找到数据之间可能存在的模式、关系和异常情况等[173]。

（4）决策树

决策树（Decision Tree）是在已知各种情况发生概率的基础上，通过构成决策树来求取净现值的期望值大于等于零的概率，评价项目风险，判断其可行性的决策分析方法，是直观运用概率分析的一种图解法。由于这种决策分支画成的图形很像一棵树的枝干，故被称为决策树。在机器学习中，决策树是一个预测模型，它代表的是对象属性与对象值之间的一种映射关系。熵（Entropy）=系统的凌乱程度，使用算法 ID3，C4.5 和 C5.0 生成树算法使用熵。这一度量基于信息学理论中熵的概念。决策树是一种树形结构，其中每个内部节点表示对一个属性的测试，每个分支代表一个测试输出，每个叶节点代表一种类别。

（5）统计学

统计学研究数据的收集、分析、解释和表示。数据挖掘与统计学具有天然联系。统计模型是一组数学函数，它们用随机变量及其概率分布刻画目标类对象的行为。统计模型广泛用于对数据类建模。例如，在数据特征化和分类这样的数据挖掘任务中，可以建立目标类的统计模型。换言之，这种统计模型可以是数据挖掘任务的结果。反过来，数据挖掘任务也可以建立在统计模型之上。例如，我们可以使用统计模型对噪声和缺失的数据值建模。于是，数据挖掘过程可以使用该模型来帮助识别数据中的噪声和缺失值。

统计学研究开发了一些使用数据和统计模型进行预测和预报的工具。统计学方法可以用来汇总或描述数据集。对于从数据中挖掘各种模式，以及理解产生和影响这些模式的潜在机制，统计学是非常有用的。

统计学方法也可以用来验证数据挖掘结果。例如，建立分类或预测模型之后，应该使用统计假设检验来验证模型。统计假设检验（有时被称作证实数据分析）使用实验数据进行统计判决。如果结果不大可能随机出现，则称它为统计显著的。如果分类或预测模型有效，则该模型的描述统计量将增强模型的可靠性。

在数据挖掘中使用统计学方法并不简单。通常，一个巨大的挑战是如何把统计学方法用于大型数据集。许多统计学方法都具有很高的计算复杂度。当这些方法应用于分布在多个逻辑或物理站点上的大型数据集时，应该小心地设计和调整算法，以降低计算开销。对于联机应用而言，如 Web 搜索引擎中的联机查询建议，数据挖掘必须连续处理快速、实时的数据流。

3. 数据挖掘的发展及面临的挑战

在未来的发展过程中，数据挖掘技术可实现可伸缩的数据挖掘[174]。数据挖掘技术的重要发展方向就是基于结束挖掘的发展方向，在增加用户交互的同时改进挖掘处理的总体效率，能够有效提供额外控制方法，引导数据挖掘系统在企业和社会教育中的使用。

　　在数据挖掘技术的应用发展中，数据挖掘语言标准化的目标将会实现。标准的数据挖掘语言以及其他方面的标准化工作对数据挖掘系统的开发有积极作用，能有效优化多数据挖掘系统以及功能间互操作。在数据挖掘技术的应用过程中，可视化数据挖掘技术将会进一步发展，复杂数据类型挖掘新方法的发展应用目标将会实现[175]。

　　随着大数据时代的到来，在数据挖掘的过程中主要面临着以下的挑战。

　　① 数据的超大规模性和快速增长性给传统的聚类分析方法带来了巨大的计算困难，如何设计快速有效的聚类算法？

　　数据的分解与融合是解决数据超大规模性和快速增长性问题的一种有效方法，通过数据分解可产生相应的基聚类器，通过融合策略实现聚类的集成。我们重点关注以下两个问题。

- 基聚类器集成问题：主要任务是以某个强聚类器为参照物，将多个弱聚类器进行融合，形成强聚类器。核心问题是如何提取集成方向，构建集成模型，实现"弱弱生强"。
- 局部聚类结果集成问题：主要任务是将多个局部结果进行融合，逼近全局聚类结果。核心问题是当聚类器不在整个数据集上运行时，如何获得全局聚类结果的先验信息。

　　② 大数据时代很难获得大量的有效标签，数据呈现明显的无监督或极弱监督特性，如何发展有效的分类学习方法？

　　传统分类学习方法通常需要事先标注（一部分）对象的类别标签，在训练集上学习分类器，并在测试集上检验其性能。对于数据分类问题而言，标注一定比例的标签是费时费力的，甚至是不可能的。数据分类学习任务可能获得标记的对象仅占整个数据集非常微小的一部分，呈现明显的极弱监督性。重点关注的问题如下。

- 极弱监督分类学习：主要任务是利用无标记样本去改善在小数据集上构建的分类器，核心问题是如何保证监督学习与无监督学习对"类假设"的一致性。
- 极弱监督聚类学习：主要任务是利用极弱的监督信息，改善无监督聚类结果。核心问题是如何利用无标记样本，增强极弱监督信息。
- 主动＋半监督分类学习：主要任务是迭代选取无标签样本中的少量核心数据，并进行人工标注，构造半监督分类器。核心问题是如何度量无监督样本的重要性，以及如何确定人工标注数据的停止准则。

　　③ 数据中不同数据集中的特征呈现出复杂的关联纠缠状态，如何有效地挖掘数据中隐含的关联关系？

　　关联性分析是指发现存在于大量数据集中的关联关系或相关关系，从而描述事物中某些属性同现的规律和模式。这种同现关系可能表现为具有严格确定性的函数显示表达形式，也可能是客观对象之间确实存在但在数量上不是严格对应的依存关系，也可能是不存在内在联系的伪相关关系。现有的相关性分析可分为统计相关分析、互信息、矩阵计算和距离。关联分析的代表性工作有偏向于线性相关关系的皮尔逊相关系数和可以识别任何形式关联关系的最大信息系数（MIC）。在数据环境中，针对关联挖掘可能采取的策略如下。

- 构造性方法：对于有特定相关性约束的关联关系，可构造出具体度量。
- 学习性方法：利用人类联想和关联的认知机理，从已有的关联关系中学习和识别新的关联关系。
- 探索性方法：对于未知的复杂关联关系，可通过探索性策略来挖掘[176]。

根据数据挖掘和物联网的特点，其面临着以下几个挑战。

- 第一，物联网的大量数据分别储存在相关节点中，利用中央模式难以全面挖掘数据，导致数据呈现较强的分布性和分散性。
- 第二，物联网具有规模庞大、数据海量的特点，其拥有大量的传感器节点，满足对数据及时处理的需求，如果实行中央结构，会增加对各个节点的数据处理要求，需要对节点硬件进行升级更新。
- 第三，由于各个节点的资源是十分有限的，在中心节点处理数据会花费较为昂贵的资金，因此，通常情况下，不需要通过中央节点处理所有数据，但要对相关参数进行预估和分析，并且在各个节点中对数据进行有效处理，将有价值的信息传递给用户。
- 第四，影响物联网数据的外在因素较多，例如，法律约束、数据隐私以及数据安全等，因此，为了保证数据安全可靠，不能将数据放在同一数据库中，需要对其进行分别放置。

4.3.3 数据搜索技术

1. 物联网数据搜索技术概述

近年来，物联网产业呈现出良好的发展态势。英特尔公司在 IDF14 大会上预测，到 2020 年物联网将迎来爆发，全球将有 2000 亿台物联网设备。我国的物联网产业也呈现出良好的发展态势，产业发展复合增长率达到了 30%以上，工业和信息化部相关数据显示，2015 年我国整个物联网的销售收入已达到 7500 亿元以上，预计 2020 年，我国物联网产业整体规模有望突破 1.8 万亿元。如此大规模的网络必将产生海量数据，如何实现物联网信息的高效利用是物联网应用所面临的问题之一。

物联网数据搜索技术的出现可帮助我们充分整合物联网中各类信息服务，提供各类数据检索服务，快速准确地满足各类精准、实时的搜索需求，为用户提供最符合心意的智慧解答。例如，附近哪里有人少、安静的咖啡厅，到一个目的地哪条道路是最近和最畅通的，附近哪家银行排队的人最少。未来，物联网搜索必将在医疗、教育、交通、社交等诸多领域具有巨大的应用，吸引庞大的用户群，带来巨大的社会价值。同时，根据相关研究可知，未来物联网搜索服务会节省用户的时间，提高用户的工作效率，所节约的时间年均可创造 3000 亿左右的价值。可以预测，物联网搜索未来必将对全球经济产生深远的影响[177]。

2. 物联网数据搜索关键技术

尽管物联网数据搜索与互联网搜索有很大的不同，在技术上还有很多难题尚未突破，但传统搜索引擎中仍有一些可以借鉴的技术。下面将结合物联网数据搜索的特点，对其中的关键技术进行简单分析。

（1）传感器技术

传感器技术是物联网中的关键技术之一，当前计算机的处理内容主要针对的是数字信息，这就需要传感器把模拟信号转换为数字信号进行传输，这样，计算机才能对信息进行进一步的处理。

（2）RFID标签技术

RFID技术是一种综合性技术，是无线射频技术和嵌入式技术的联合，RFID技术的应用前景十分广阔，主要应用于自动识别和物流领域。

① 嵌入式技术。

嵌入式技术是一种非常复杂的技术，也是一种综合性技术，计算机软/硬件、传感器技术、集成电路技术和电子应用技术等都属于嵌入式技术的范畴。现在智能终端产品的应用非常广泛，而这种智能产品就是以嵌入式系统为特征的。不论是我们经常用的MP3，还是航天航空卫星系统，都应用了嵌入式技术。嵌入式技术的发展正在悄然改变着人们的生活，带动了中国国防工业的发展进步。如果把互联网看作一个人的话，那么物联网就是人的眼睛和鼻子等器官，网络好比是人类的神经系统，人类的大脑就是嵌入式系统，大脑接收信息，并对信息进行处理。

② 数据的采集与融合。

由于物联网的数据具有类型多样、高度动态化等特点，因此高效、准确的数据采集和融合成为一项关键技术。在物联网数据搜索中想要进行查询结果的展现，主要有3种方式：一是物理实体的数据被采集后主动推送给用户；二是根据数据用户的查询要求对各物理实体进行查找，然后向用户发送合适的信息；三则是以上两种方式的结合，根据用户的搜索兴趣，只推送用户所需的物理实体信息。第三种方式能够减少庞大的无用数据处理，不仅节省了通信资源，也提高了搜索效率。数据融合是指对物联网中不同类型、不同来源的数据进行关联、过滤、统计、推理和合成等处理，从而发现和获取数据中蕴含的知识和智慧。由于物联网中的数据具有多元化、多维度等特点，因此为了保证搜索结果为用户所需，必须对数据进行深度、智能的分析与融合，这是传统搜索引擎所缺少的部分。

③ 对用户意图的理解。

情景（即上下文）反映了实体所处环境特征，例如，实体所处的空间、时间等。情景感知是指收集情景数据，并对情景数据进行智能处理的过程。典型的情景感知的框架包括数据采集、建模和处理。情景数据采集即通过传感器或人机交互方式获取物理实体的情景数据。由于物联网有大量的传感器节点，不同传感器节点所采集到的数据也是各不相同的，因此要对这些数据进行情景数据建模，以达到形式和语义上的统一，以及对物理实体更深的理解。完成这一过程以后，物联网搜索就可以进行交互式的用户意图理解，匹配出关键的、有效的数据[178]。

3. 数据搜索工具分类

（1）FTP 类

所谓的 FTP 类检索工具，本质上是一种实时的联机检索工具。为了实现信息数据的查询，需要使用者登录计算机系统进行操作。而借助 FTP 类的检索工具，可以实现不同类型数据信息的传递。如常见的 Archie，其作为一种自动标题类型的检索软件，用户在掌握文件相关信息的基础上，便可以实现文件路径以及所在系统的查询。

（2）基于菜单式的检索工具

基于菜单式的检索工具，其本质是一种分布式的信息查询工具。此类检索工具能够根据用户的实际需求，选择对应的数据。对于一些不太熟悉的内容，用户也能应付自如。Veronica 作为此类检索工具的代表，可为用户提供基于关键词的检索服务。

（3）基于关键词的检索工具

所谓基于关键词的检索工具，就是指用户在使用的过程中可以忽略信息原本分布于哪一个具体的计算机系统中。以 WAIS 为例，首先应用 WAIS 检索软件在对应的数据库中提取所需文件的名称，随后在已经设定好的检索范围内进行搜索。由于该系统能够实现高效的远程检索，所以上述检索环节完成后，WAIS 软件不仅能够将信息进行直观体现，同时还能对重点信息进行重点体现，极大地提升了用户体验[179]。

4.4 信息安全技术

物联网的高速发展引领了新的网络产业革命，物联网产品呈现出爆发式增长，逐渐影响并改变着人们的生活，但同时物联网设备所提供的功能、服务又太深入人们的生活，信息安全、设备安全问题所导致的严重后果有时并非人们所能承受，安全问题已经在影响和限制物联网的发展。

4.4.1 密钥管理

1. 密钥管理系统功能及结构

密钥管理系统负责产生、维护加密和鉴别过程中所需的密钥。相对于其他安全技术，加密技术在传统网络安全领域已相当成熟且被广泛应用。但是在资源受约束的物联网感知网络层中，任何一种加密算法都面临如何在非常有限的内存空间中完成加密运算，同时还要尽量减少能耗和运算时间的问题。在资源受限的情况下，基于公开密钥的加密、鉴别算法被认为并不适用。而感知网络通常是分布式自组织的，因此也难以采用基于第三方的认证机制。

密钥管理系统是密钥管理体系的核心，轻量化密钥管理系统从逻辑结构上由密钥管理服务单元、密钥数据库和加密机 3 部分组成。密钥管理服务单元主要完成密钥的生成、分发、更新和撤销等全生命周期管理；密钥数据库用于存储加密后的密钥、密钥状态，以及密钥与密钥、密钥与设备的关联关系；加密机主要提供基础密码算法并完成密钥生成、数字签名、数据加 / 解密等服务。

密钥管理服务单元由密钥存储模块、密钥管理模块、配置管理模块和安全通信模块组成，具体功能定义如下。

（1）密钥存储模块

密钥存储模块负责密钥的安全存储与查询和检索，所有存储到数据库中的密钥都调用加密机加密并以密文形式存储，保证密钥安全，同时对外部提供密钥查询及检索功能。可通过密钥 ID、设备 ID 和密钥类型查询密钥信息，并申请获取密钥数据。理论上，该模块只对密钥管理模块服务。

（2）密钥管理模块

密钥管理模块负责密钥生成、密钥更新、密钥存储和密钥撤销等管理功能，与密钥存储模块和配置管理模块一起完成密钥全生命周期管理功能。

（3）配置管理模块

配置管理模块提供密钥管理系统的配置服务，包括密钥管理操作、数据管理操作、加密机管理操作及人员管理操作。

（4）安全通信模块

安全通信模块对接入客户端进行安全认证，并实现全程加密数据传输，保证密钥管理系统外部通信和数据传输安全[180]。

2. 密钥流程

（1）密钥生成

密钥长度应该足够长。一般来说，密钥长度越大，对应的密钥空间就越大，攻击者使用穷举猜测密码的难度就越大。应选择好密钥，避免弱密钥。由自动处理设备生成的随机比特串是好密钥。在选择密钥时，应该避免选择一个弱密钥。对公钥密码体制来说，密钥生成更加困难，因为密钥必须满足某些数学特征。密钥生成可以通过在线或离线的交互协商方式完成，如密码协议等。

（2）密钥分发

采用对称加密算法进行保密通信需要共享同一个密钥。通常是系统中的一个成员先选择一个密钥，然后将它传送给其他成员。X9.17 标准描述了两种密钥：密钥加密密钥和数据密钥。密钥加密密钥加密其他需要分发的密钥；而数据密钥只对信息流进行加密。密钥加密密钥一般通过手工分发。为增强保密性，也可以将密钥分成许多不同的部分然后用不同的信道发送出去。

（3）验证密钥

密钥附着一些检错和纠错位来传输，当密钥在传输中发生错误时，能很容易地被检查出来，并且如果需要，密钥可被重传。接收端也可以验证接收的密钥是否正确。发送方用密钥加密一个常量，然后把密文的前 2～4 字节与密钥一起发送。在接收端，做同样的工作，如果接收端解密后的常数与发端常数匹配，则传输无错。

（4）更新密钥

当密钥需要频繁改变时，频繁进行新密钥分发的确是困难的事，一种更容易的解决办法是从旧密钥中产生新密钥，有时称为密钥更新。可以使用单向函数更新密钥。如果双方共享同一个密钥，并用同一个单向函数进行操作，就会得到相同的结果。

（5）密钥存储

密钥可以存储在脑子、磁条卡、智能卡中，也可以把密钥平分成两部分，一半存入终端，另一半存入 ROM 密钥。还可采用类似于密钥加密密钥的方法对难以记忆的密钥进行加密保存。

（6）备份密钥

密钥的备份可以采用密钥托管、秘密分割和秘密共享等方式。

最简单的方法是使用密钥托管中心。密钥托管要求所有用户将自己的密钥交给密钥托管中心，由密钥托管中心备份保管密钥（如锁在某个地方的保险柜里或用主密钥对它们进行加密保存），一旦用户的密钥丢失（如用户遗忘了密钥或用户意外死亡），按照一定的规章制度，可从密钥托管中心索取该用户的密钥。另一个备份方案是采用智能卡进行临时密钥托管。如 Alice 把密钥存入智能卡，当 Alice 不在时就把它交给 Bob，Bob 可以利用该卡进行 Alice 的工作，当 Alice 回来后，Bob 交还该卡，由于密钥存放在卡中，所以 Bob 不知道密钥是什么。

密钥分割是将密钥分割成许多碎片，每一片本身并不代表什么，但将这些碎片放到一块，密钥就会重现。

一个更好的方法是采用一种秘密共享协议。将密钥 K 分成 n 块，每部分叫作它的"影子"，知道任意 m 个或更多的块就能够计算出密钥 K，知道任意 $m\text{-}1$ 个或更少的块都不能够计算出密钥 K，这叫作 (m,n) 门限（阈值）方案。目前，人们基于拉格朗日内插多项式法、射影几何、线性代数和孙子定理等提出了许多秘密共享方案。拉格朗日插值多项式方案是一种易于理解的秘密共享(m,n)门限方案。秘密共享解决了两个问题：一是如果密钥偶然或有意被暴露，整个系统就易受攻击；二是如果密钥丢失或损坏，系统中的所有信息就不能用了。

（7）密钥有效期

加密密钥不能无限期使用，有以下有几个原因：密钥使用时间越长，它泄露的机会就越大；如果密钥已泄露，那么密钥使用越久，损失就越大；密钥使用越久，人们花费精力破译它的诱惑力就越大——甚至采用穷举攻击法；对用同一个密钥加密的多个密文进行密码分析一般比较容易。

不同密钥应有不同有效期，数据密钥的有效期主要依赖数据的价值和给定时间内加密数据的数量。价值与数据传送率越大所用的密钥更换越频繁。

密钥加密密钥无须频繁更换，因为它们只是偶尔地用作密钥交换。在某些应用中，密钥加密密钥一月或一年更换一次。

用来加密保存数据文件的加密密钥不能经常变换。通常是每个文件用唯一的密钥加密，然后再用密钥加密密钥把所有密钥加密，密钥加密密钥要么被记忆下来，要么保存在一个安全地点。当然，丢失该密钥意味着丢失所有的文件加密密钥。

公开密钥密码应用中的私钥的有效期根据应用的不同而变化。用作数字签名和身份识别的私钥必须持续数年（甚至终身），用作抛掷硬币协议的私钥在协议完成之后就应该立即销毁。即使期望密钥的安全性持续终身，两年更换一次密钥也是要考虑的。旧密钥仍需保密，以防用户需要验证从前的签名。但是新密钥将用作新文件签名，以减少密码分析者所能攻击的签名文件数目。

（8）销毁密钥

如果密钥必须替换，旧钥就必须销毁，密钥必须物理地销毁。

3. 密钥管理典型方案

密钥管理系统负责产生、维护加密和鉴别过程中所需要的密钥。与其他安全技术相比，加密技术在传统网络安全领域已相当成熟且被广泛应用。典型的密钥管理方案如下所述。

（1）单密钥方案

在感知网络中，最简单的密钥管理方式是所有节点共享一个对称密钥来进行加密和鉴别。例如，UC Berkeley 的研究人员设计的 TinySec 协议就使用全局密钥进行加密和鉴别处理。TinySec 是一个在 Mica 系列传感器平台上实现的链路层安全协议，提供了机密性、完整性保护和基本的接入控制。在对节点进行编程时，TinySec 需要的密钥和相关加密、鉴别算法被一起写入节点的存储器，在运行期间不进行交换和密钥维护，同时选用 RC5 算法，这使其具有较好的节能性和实时性。由于 TinySec

在数据链路层实现，对上层应用透明，网络的路由协议及更高层的应用都不必关心安全系统的实现，因而其易用性较好。

在加密和解密过程中将消耗大量的能量和时间，因此在感知网络中应尽量减少加密和解密操作。使用固定长度密钥的加密强度是一定的。从理论上来说，密钥越长则安全性越好，但是计算资源的耗费也越大。根据不同数据包中的信息的敏感程度实施不同强度的加密，可灵活地利用有限的能量。RC5 算法无须改变密钥长度，只要简单地调整参数即可改变加密强度，因此非常适合需要动态改变加密强度的场合。

单密钥方案的效率最高，对网络基本功能的支持也最为全面，但其缺点是，一旦密钥泄露，整个网络安全系统就形同虚设，对无人值守并且大量使用低成本节点的感知网络来说这是个非常严重的安全隐患。

（2）多密钥方案

多密钥系统用来消除单密钥存在的安全隐患，多密钥系统即不同的节点使用不同的密钥，而同一节点在不同时刻也可使用不同的密钥。这样的系统比单密钥系统要严密得多，即使有个别节点的密钥泄露也不会造成很大的危害，系统的安全性得到了增强。

SPINS（安全网络加密协议）是一个典型的多密钥协议，它提供了两个安全模块：SNEP 和 μTESLA。SNEP 基于全局共享密钥提供数据机密性、双向数据鉴别、数据完整性和时效性等安全保障。μTESLA 则首先通过单项函数产生一个密钥链，广播节点从不同的时间间隔中选择不同的密钥计算报文鉴别码，再延迟一段时间公布该鉴别密钥。接收节点使用和广播节点相同的单向函数，它只需要和广播者实现时间同步就能连续鉴别广播数据包。μTESLA算法认定只有信任节点是可信的，只适用于从信任节点到普通节点的广播数据包鉴别，普通节点之间的广播数据包鉴别必须通过信任节点中转。从而在多跳网络中将有大量节点卷入鉴别密钥和报文鉴别码的中间过程，这除了可能引起安全方面的问题，大量的通信开销也是感知网络难以承受的。

LEAP（Lightweight Extensible Authentication Protocol，轻量级可扩展认证协议）采用另一种多密钥方式，每个节点和信任节点之间共享一个独有的密钥，用于保护该节点向信任节点发送的数据。网络内所有节点共享一个组密钥，用于保护全局性的广播。为保障局部数据融合的安全进行，每个节点都和它所有的邻居节点之间共享一个簇密钥，同时任意节点都与其每个邻居节点之间拥有一个单独的单播密钥，用于保护和邻居节点之间的单播通信。由于 LEAP 针对不同的通信关系使用不同的密钥进行保护，使得其对上层网络应用的支持好于 SPINS，但其缺点也很明显：每个节点要维护的密钥个数比较多且开销较大。

为减少密钥管理系统生成密钥带来的安全危害，减少用于密钥管理的通信量，可以采用随机密钥分配策略。通过在同一个密钥池中随机选择一定数量的密钥分配给各个节点，就能保证一定概率下其中任一对节点拥有相同的密钥来支持相互通信。随机分配机制不必传输密钥，能适应网络拓扑的动态变化，安全性较好，但是其扩展性限制了它在大规模网络中的应用。

综上，由于入侵者很难同时攻破所有密钥，多密钥方案的安全性较好，但是网络中需要某些节点承担繁重的密钥管理工作，这种集中式的管理不适合分布式的感知网络。这种结构性的不同会引起一系列的问题，当网络规模增大时，用于密钥管理的能耗将迅速增加，影响系统的实际有效性。此外，多密钥系统仍然无法彻底解决密钥泄露问题。

（3）随机密钥预分配方案

随机密钥预分配方案是由 Eschenauer 和 Gligor 最早提出的，又称为 E-G 方案，由预置所有密钥对方案改进而来。该方案仅预存部分密钥，减少了对节点资源的要求。该方案基于随机连通图提出了利用节点间建立局部的基于密钥的连通来达到整个网络的连通，并通过简单的共享密钥发现协议来实现密钥的分发、撤销和节点密钥的更新。该方案的执行分三个阶段：密钥预分配阶段、共享密钥发现阶段、路径密钥建立阶段。

① 密钥预分配阶段。网络部署前，首先生成一个密钥总数为 $|S|$ 的大密钥池 S，并为每个密钥分配一个对应的密钥标识符 ID，随后从密钥池里随机选取 $m(m \ll |S|)$ 个不同的密钥以及密钥对应的 ID 标识符（称这些密钥信息为一个密钥链或密钥环），并将其存入节点中。m 的选择需要保证每两个节点间至少拥有一个共享密钥的概率大于某个概率阈值才能达到要求的网络连通率。该密钥预分配方式使得任意两个节点间能够以一定的概率保证存在共享密钥。

② 共享密钥发现阶段。当节点被随机部署到指定区域后，每对邻居节点将查找彼此的共享密钥。节点将自己的密钥链中所有密钥的标识符 ID 广播给周围的邻居节点，邻居节点收到相应信息后查看自己的密钥列表，如果发现相同的 ID 标识符就回复源节点，回复的信息包含与源节点相同的密钥标识符 ID，至此邻居节点间就能找到彼此的共享密钥。当两个邻居节点存在共享密钥时，这两个节点间就存在一个连接，通过链路加密所有基于该连接的通信都是安全的。

③ 路径密钥建立阶段。当节点与相邻节点没有共享密钥时，则转入路径密钥建立阶段，通过其他邻居节点建立的安全连接指定共享密钥。建立路径密钥如图 4-2 所示，节点 2 和节点 4 是节点 3 的邻居节点并且彼此具有共享密钥；节点 1 和节点 3 是节点 2 的邻居节点且彼此具有共享密钥；节点 2 和节点 4 是节点 1 的邻居节点，但节点 1 和节点 4 间没有共享密钥。当节点 1 和节点 4 之间需要通信时，可以通过图中的节点 2 和节点 3 已建立的安全连接来建立路径密钥进行安全通信。

在随机密钥预分配方案中感知节点只存储密钥池中的部分密钥，大大降低了节点的存储资源开销。在通信时只与具有共享密钥的节点通信，使得通信计算开销较少，同时网络的扩展性较强，可以支持网络结构的动态变化。但是，由于无法对邻居节点进行身份认证，使得在大量节点被俘获后容易泄露整个网络的密钥信息。

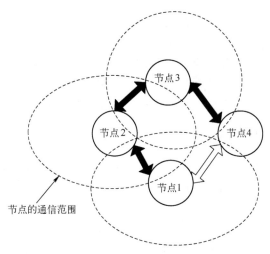

图 4-2 建立路径密钥

（4）q-composite 随机密钥预分配方案

Chan-Perrig-Song 提出了 q-composite 随机密钥预分配方案，它是 E-G 方案的一个推广。E-G 方案要求两个邻节点至少有一个公共的预分配密钥，就能直接协商建立共享密钥。q-composite 方案则要求两个邻节点至少要有 q 个公共的预分配密钥才能直接协商建立共享密钥。q-composite 方案对共享密钥的协商方法与 E-G 方案稍有不同。后者是简单选取一个相同的公共密钥直接作为共享密钥，前者则是使用所有相同公共密钥的某个哈希值作为共享密钥。设两个相邻节点有 $q'(q' \geq q)$ 个公共密钥，则 $K_{\text{shared}} = \text{Hash}\left(K_1 \| K_2 \cdots \| K_q\right)$，Hash 为一个公开的哈希函数。

类似于 E-G 方案，为了保证密钥共享图为连通图，q-composite 方案也需要使安全连通概率 P_{local} 达到一定值，根据概率论进行推导，有如下结论：

$$P(i) = \frac{\binom{\omega}{i}\binom{\omega-i}{2(\tau-i)}\binom{2(\tau-i)}{\tau-i}}{\binom{\omega}{\tau}^2}$$

$$P_{\text{local}} = 1 - (P(0) + P(1) + \cdots + P(q-1))$$

q-composite 方案的密钥协商开销与 E-G 方案的不同之处在于 q-composite 方案需要进行一次哈希计算得到共享密钥，哈希计算的能量消耗对感知网络来说是较小的，并且广播密钥标识符只进行一次，因此这部分的负担并不大。

在考虑抗捕获性时，q-composite 需要考虑 $\tau - q + 1$ 种可能性。采用全概率公式，当 x 个节点被捕获时，任意一对未被捕获的节点间的共享密钥泄露的概率是：

$$P_{\text{compromised}} = \sum_{i=q}^{\tau}\left(1-\left(1-\frac{\tau}{\omega}\right)^x\right)^i \frac{P(i)}{P_{\text{local}}}$$

q-composite 方案的抗节点被俘能力优于 E-G 方案，并且 q 值越大越好，这是因为 q-composite 方案中使用的共享密钥个数多于 E-G 方案，从而加大了对手破坏共享主密钥的难度。但是，当被俘节点数比较多时，q-composite 方案的抗被俘能力反而随着 q 值增大而逊于 E-G 方案，这是因为为了保持安全连通概率 P_{local}，q 越大需要的密钥链 m 越大，所以，当相同数量的节点被俘获时，q 越大泄露的密钥数量就越多，对网络安全的危害也更大。因此该方案实施的关键是寻找一个最优的 q 值。

（5）多路径密钥增强模式

Chan 提出了多路径密钥增强的思想，多路径密钥增强模型是基于多个独立的路径进行密钥更新。假设有足够多的路由信息可用，使得感知节点 A 知道所有到达感知节点 B 的跳数小于 h 的不相交路径。设 A，N_1，N_2，…，N_i，B 是在路径密钥建立之初建立的一条从 A 到 B 的路径。任何两点之间都有公共密钥，并设存在 j 条这样的路径，且任何两条路径不交叉。A 产生 j 个随机数 v_1，v_2，…，v_j，每个随机数与加解密密钥有相同的长度。A 将这 j 个随机数通过路径 j 发送到 B。B 接收到这 j 个随机数以后将它们异或，成为新密钥。除非对手能够掌握所有的 j 条路径才能够获得密钥 k 的更新密钥，在使用该算法时，路径越多则安全性越高，但是路径越长则安全性越差。对于任何一条路径，只要路径中任一感知节点被俘获，那么等同于整条路径被俘获。由于长路径会降低安全性，所以通常只研究两跳的多路径密钥增强模型，即任何两个感知节点间更新密钥使用两条安全链路，且任何一条路径只有两跳。在这种情况下，通信开销被降到最低，感知节点 A 和 B 之间只需要交互邻居信息。随后又有一些学者提出了多路径密钥管理方案，Ling 提出了端到端的多跳路径密钥方案，在该方案中，节点 A 把路径密钥分成 j 个等份，沿着 j 路径发送到节点 B。Deng 提出了基于 MDS 的多跳路径密钥方案。李平提出了一种基于超立方体模型的对偶密钥快速建立方法，采用对二进制串分段及逻辑运算等方法处理一定数量的异位数目，从而在较大程度上减少生成密钥路径的中间感知节点。Gu 把网络拓扑分成感知节点物理相邻的物理链路和感知节点有共享密钥的逻辑链路，并通过深度优先算法建立逻辑链路和利用逻辑链路构造物理链路，这种思想提高了网络的安全性，但是也增加了查找开销。李志军、秦志光等人首先借鉴多重单向散列建立密钥的思想，设计了一种基本的多重单向散列的随机密钥预分配协议，该协议能确保所有邻居感知节点能建立安全链路，安全性能好，但是其计算开销较大。

（6）随机密钥对模型

随机密钥对方案是由 Chan-Perrig-Song 在预置所有密钥对方案的基础上提出来的。随机密钥对方案不是存储所有的 (n-1) 个密钥对，而是只存储部分的共享密钥对，保证任 2 个节点之间安全连通的概率是 p，进而保证整个网络安全连通概率达到 c。一个具有 n 个节点的网络若想达到任意 2 个节点的连通概率为 p，则每个节点需要存储的密钥数为 $m = np$。

如果在给定节点存储 m 个随机密钥对的情况下，能够支持的网络大小为 n=m/p，在 n 比较大的情况下 p 可能增长得非常缓慢，n 随着 m 的增大和 p 的减小而增大，增大的比率取决于网络的配置。同随机密钥预分配方案不同的是，随机密钥对方案没有共享的密钥空间，这是因为密钥空间中的多余密钥在节点被俘后会给敌手提供大量的信息，使得网络对节点被俘的抵抗力非常低。随机密钥对方案将标识符 ID 的概念纳入其中，节点除了需要存储密钥，还需存储与密钥对应的节点标识符，这样就可以实现点到点的认证，因为只有节点保存这个密钥对。

设节点存储密钥的大小为 m，任两个节点连通概率为 p，随机密钥对方案的初始化如下所述。

① 预配置初始化阶段。依据 $n=m/p$ 为每个节点产生唯一的标识符，一般情况下网络的实际大小比 n 要小。剩下的节点标识符可以在新节点加入网络时使用，以提高网络的可扩展性。每个节点标识符可以与其他 m 个随机选择的节点标识符匹配，最后产生与标识符相对应的密钥，将密钥和标识符一起存入节点。

② 密钥建立的配置阶段。每个节点首先向自己的邻居节点广播自己的 ID，邻居节点接收到广播消息后，在密钥链上查看是否有与这个节点的共享密钥对，如果有，即通过一个加密握手过程来确认本节点和对方节点拥有共享密钥对。通过握手过程，双方确认彼此之间确实存在共享密钥对。

因为节点标识符 ID 很小，所以同随机密钥预分配方案相比，随机密钥对方案的密钥发现过程的通信开销和计算开销都很小。所以可以通过邻居节点重播节点 ID 来扩展有限的通信范围从而增加邻居节点。该方案的优势是节点具有很强的自我恢复能力，支持的网络规模可以通过 $n=m/p$ 来计算，计算复杂度和通信量较小。缺点是当一节点被俘时会造成与其直接通信的节点被排除在网络之外。

（7）Blom 方案

Blom 提出了一个密钥预分配方法使得网络中任意对节点都可以计算出密钥对。首先在有限域 $GF(q)$ 上生成 $(\lambda+1)\times N$ 的矩阵 $\boldsymbol{G}$，N 为网络中节点数，q 为大于 N 的最小素数。$\boldsymbol{G}$ 公开并且可以被多个不同系统共享。基站在 $GF(q)$ 上生成一个 $(\lambda+1)\times(\lambda+1)$ 的对称矩阵 $\boldsymbol{D}$。然后计算 $N\times(\lambda+1)$，矩阵 $\boldsymbol{A}=(\boldsymbol{D}\cdot\boldsymbol{G})^{\mathrm{T}}$，$\boldsymbol{D}$ 和 $\boldsymbol{A}$ 都是保密的。显然 $\boldsymbol{A}\cdot\boldsymbol{G}$ 是对称矩阵，因为 $\boldsymbol{A}\cdot\boldsymbol{G}=(\boldsymbol{D}\cdot\boldsymbol{G})^{\mathrm{T}}\cdot\boldsymbol{G}=\boldsymbol{G}^{\mathrm{T}}\cdot\boldsymbol{D}^{\mathrm{T}}\cdot\boldsymbol{G}=\boldsymbol{G}^{\mathrm{T}}\cdot\boldsymbol{D}\cdot\boldsymbol{G}=(\boldsymbol{A}\cdot\boldsymbol{G})^{\mathrm{T}}$。Blom 矩阵如图 4-3 所示。

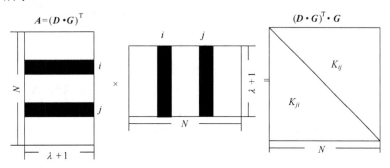

图 4-3 Blom 矩阵

若 $K = A \cdot G$，则 $K_{ij} = K_{ji}$，K_{ij} 为矩阵 K 的第 i 行第 j 列的元素。它可以作为节点 i 和 j 的密钥对。对于节点 $k = 1, 2, \cdots, N$，把矩阵 A 的第 k 行记为 $A(k)$ 和 G 的第 k 列记为 $G(k)$ 存入节点 k。若节点 i 和 j 需要建立密钥对，它们只需要以明文互相交换 $G(i)$ 和 $G(j)$，就可以利用保密的 A 的行计算出 K_{ij} 和 K_{ji}。即 $K_{ij} = A(i) * G(j) = A(j) * G(i) = K_{ji}$。此方案是 λ 安全的，即若 G 的 $\lambda + 1$ 行为线性无关，则只要不多于 λ 个节点被捕获，未被捕获的节点间的所有通信都是安全的。

（8）DDHV 方案

在基于 Blom 矩阵的方案的基础上，研究人员提出了基于密钥空间的预分配密钥管理方案（DDHV），每个节点随机地从全局 Blom 空间池中选择一定数量的密钥空间，并预分配这些密钥空间中的信息。定义 (A_i, G) 为一个密钥空间，只要两节点携带相同的密钥空间的信息，它们就可以建立安全密钥对，简称为密钥空间 D_i。在 DDHV 中，每个节点分配密钥空间矩阵中的多个行，只要互相交换各自的 ID，就可以计算出密钥对。由于 λ 的安全性以及每个节点携带多个密钥空间信息。使用 DDHV 方案的网络的连通概率要低于使用 Blom 方案的感知网络，计算开销也较大，但是其抗捕获性能较好，有效地提高了小范围网络的安全性。

4.4.2　安全认证

网络安全认证技术是网络安全技术的重要组成部分之一。认证是一个证实被认证对象是否属实和是否有效的过程，其基本思想是通过验证被认证对象的属性来达到确认被认证对象是否真实有效的目的。被认证对象的属性可以是口令、数字签名或者是指纹、声音、视网膜这样的生理特征。认证常常被用于通信双方相互确认身份，以保证通信的安全。

1. 物联网面临的安全威胁

物联网具有感知层网络资源受限、拓扑变化频繁、网络环境复杂的特点，除面临一般信息网络的安全威胁外，还面临其特有的威胁和攻击，主要有以下几类。

（1）安全威胁

以下为物联网在数据处理和通信环境中易受到的安全威胁。

① 物理俘获：是指攻击者使用一些外部手段非法俘获传感节点，主要针对部署在开放区域内的节点。

② 传输威胁：物联网信息传输主要面临中断、拦截、篡改、伪造等威胁。

③ 自私性威胁：网络节点表现出自私、贪心的行为，为节省自身能量拒绝提供转发数据包的服务。

④ 拒绝服务威胁：是指破坏网络的可用性，降低网络或系统执行某一期望功

能的能力，如硬件失败、资源耗尽、环境条件恶劣等。

（2）网络攻击

以下为物联网在数据处理和数据通信环境中易受到的攻击类型。

① 拥塞攻击：是指攻击者通过各种途径锁定目标网络的中心通信频率，发射可以进行干扰的无线信号，从而扰乱中心通信频率节点的正常通信，甚至干扰该节点通信范围内所涵盖的相关节点的正常通信，更有甚者可以造成网络的大范围瘫痪。

② 碰撞攻击：是指攻击者和正常节点同时发送数据包，使得数据在传输过程中发生冲突，导致数据包被丢失。

③ 耗尽攻击：是指使用某种可以耗费节点能量的方式与节点保持连续的通信。如利用协议漏洞不断发送重传报文或确认报文，最终耗尽节点资源。

④ 非公平攻击：是指攻击者通过某种方式占据通信信道，通过持续发送优先级比较高的数据包以妨碍其他节点通信。

⑤ 选择转发攻击：攻击者拒绝转发特定的消息并将其丢弃，使这些数据包无法被传发，或者修改特定节点发送的数据包，并将其转发给其他节点。

⑥ 黑洞攻击：是指攻击者以某种方式设计一个高优先级路由，从而导致该区域内的数据信息都流经敌手所控制的节点。

⑦ 女巫攻击：攻击者通过向网络中的其他节点申明多个身份，达到攻击的目的。

⑧ 泛洪攻击：是指攻击者通过某种方式向整个网络发送数量庞大的报文信息，从而影响网络的正常通信能力，促使网络的处理能力达到最低值[181]。

2. 安全认证模型

物联网中的节点认证技术分为点对点认证及广播认证两类。点对点认证是指两个节点在进行通信之前，首先需要经过认证，确认可以信任后才能建立安全信道进行通信。广播认证是指节点在收到广播数据包时，必须要能够对广播数据包的来源进行认证，否则虚假的广播数据将对网络资源造成极大的浪费[182]。

目前，感知网络领域点对点认证应用最为普及的方案是采用前文提到过的 SNEP（Secure Network Encryption Protocol，安全网络加密协议）进行认证。SNEP 采用预共享密钥的安全引导模型，假设每个感知节点都和基站之间共享一对主密钥（Master Key），其他密钥都是从主密钥中衍生出来的，SNEP 的各种安全机制是通过信任基站实现的。因为 SNEP 中任何两个节点之间不存在预先共享的密钥信息，所以如果两个节点之间需要通信，首先需要经过基站建立相互信任关系。因为每个节点都与基站共享主密钥，所以节点利用该主密钥生成消息认证算法所需要的密钥，然后用该密钥生成消息认证码（Message Authentication Code，MAC），基站在收到认证请求消息后，验证 MAC 的正确性，如果两个节点都通过验证，则基站为这两个节点分配临时通信密钥，节点之间通过密钥协商机制确定信任密钥。通过这种方式，两个节点完成了对对方身份的认证。SNEP 的劣势较为明显，由于节点间认证需要通过基站，运行效率较低，不利于大规模网络的部署应用。

Huang 等提出了一种适用于感知网络领域的基于时钟相位差（Clock Skew）的节点认证方案，该方案基于泛洪时间同步协议（Flooding Time Synchronization Protocol，FTSP），通过节点对所对应的独特时钟相位差来确定节点身份。基于泛洪时间同步协议的认证方案为节点认证提出了新的研究思路，但是该方法要求感知网络存在一个精确的全局同步机制，这在大规模网络中是不容易实现的。

μTESLA 协议是一个基于 TESLA 协议的认证广播协议。μTESLA 协议所假设的安全条件为"攻击者无法伪造正确的广播数据包"，即认证本身并不能防止恶意节点制造错误的数据包来干扰系统运行，只保证正确的数据包一定是由授权节点发出的。μTESLA 协议的主要思想是先广播一个通过密钥 K_{mac} 认证的数据包，然后公布密钥 K_{mac}。该机制就保证了在密钥 K_{mac} 公布之前，没有人能够得到认证密钥的信息，从而无法在广播数据包正确认证之前伪造出正确的广播数据包。这样的协议机制恰好满足了认证广播的安全条件。

TESLA 协议在发送一个广播数据包的同时公布上一个数据包的密钥，这样能够保证一个数据包一个密钥，攻击者没有机会用已知密钥伪造合法的广播数据包。但这种机制在广播频繁时会导致信道拥塞，而在广播不频繁时会导致认证的时延过长。为了解决上述两个问题，μTESLA 协议使用了周期性公布认证密钥的方法，一段时间内使用相同的认证密钥。对密钥的周期性更新要求基站和节点之间维持一个简单的同步，这样节点可以通过当前时钟判断公布的密钥是哪个时间段使用的密钥，然后用该密钥对该时间段中接收到的数据包进行认证。节点对每个收到的密钥首先要确认它是从信任基站发送出来的，而不是一个恶意节点伪造的。单向密钥生成算法为密钥的确认提供了很好的支持，即节点用单向密钥生成算法对新收到的密钥进行运算，如果能够得到原来收到的合法密钥，并且满足时间要求，那么认为新收到的密钥是合法的，否则是不合法的。这个机制要求初始第一个密钥必须是合法的，μTESLA 协议使用 SNEP 协议进行初始化密钥认证和同步时间协商。

基于 μTESLA 协议，如果普通节点需要广播数据包，一般的方法是节点将广播信息发送给基站，然后由基站向全网广播。另外一种方法是节点借用基站广播的密钥完成认证广播，广播密钥的公布由基站完成。一个需要广播数据包的节点首先通过点对点协议获得当前使用时段的广播密钥，用该密钥计算要认证的广播数据包，然后向全网广播。为了降低初始化认证密钥的复杂度，Liu 和 Ning 提出了一种改进的协议——多级 μTESLA 协议。该协议首先引入了预定和广播初始化参数的方法，代替了 μTESLA 协议中使用单播方式初始化安全参数的过程；其次，该协议采用了一种多级密钥链的模型，改进了 μTESLA 协议使用超长密钥链来维持 μTESLA 协议生命周期的方法。μTESLA 协议的不足之处在于实现复杂度高，并且占用更多的节点内存和计算资源。

在 μTESLA 协议中，每个节点都将转发广播数据包，然后将这些数据包保存起来等待密钥公布后进行验证。如果恶意节点持续发送大量数据包则有可能耗尽网络资源，造成网络瘫痪。如果每个节点都首先对数据包进行验证然后再决定是否转发，那么网络时延过长，Wang 和 Du 等提出了一种基于滑动窗口协议的广播认证机制，其基本思想是在先验证后转发与先转发后验证之间取折中，使该算法最后收敛到只有那些最靠近发布虚假广播信息节点的感知节点采取先转发后验证的策略。

（1）消息认证码

消息认证码（Message Authentication Code，MAC）是用来保证数据完整性的一种工具。其方法是：首先在参与通信的双方（以 A 和 B 来代表）之间共享一个密钥，在通信时 A 方发送一个消息给 B 方，并将这一消息使用 MAC 算法和共享密钥计算出一个值，该值被称为认证标记，然后将这个值附加在该消息后面发送给 B 方。B 方在接收到该消息后使用同样的机制计算接收到的消息的认证标记，并和接收到的标记进行比对：如果相同，则认为消息在传递中没有被修改；如果不同，则认为消息被修改了。

对于任何消息，一个安全的 MAC 函数阻止了一个没有预先获得秘密密钥的攻击者计算出正确的 MAC。一个 MAC 完成了点到点的通信认证，因为接收节点知道带有正确 MAC 的消息一定是由它自己或发送节点生成的。图 4-4 所示为 MAC 使用实例，其中 MAC 算法可以使用单向函数。

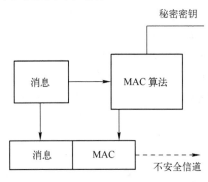

图 4-4　MAC 使用实例

（2）单向哈希函数

单向哈希函数是将任意长的输入串 M 映射成一个较短的定长输出串 H 的函数，以 h 表示，$h(M)$ 易于计算，称 $H=h(M)$ 为 M 的哈希值，也称其为散列值、散列码、散列结果等。H 又被称为输入 M 的数字指纹（Digital Finger Print）。h 是多对一映射的，所以从 H 不能求出原来的 M，但可以验证任一给定序列 M' 是否与 M 具有相同的散列值。散列函数可以按照是否有密钥控制划分为有密钥控制和无密钥控制两类。具有密钥控制的散列函数其散列值不但与输入字串有关，而且与密钥有关，只有持有此密钥的人才能计算出相应的散列值，因而具有身份验证功能，此时的散列值也被称为认证码或认证符。目前，常用的散列函数主要包括 MD5 和 SHA-1 等。哈希函数模型如图 4-5 所示。

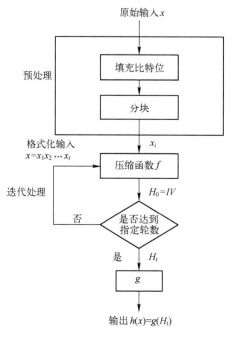

图 4-5 哈希函数模型

单向哈希函数的需求：

① H 能用于任何大小的数据包，产生定长输出。

② 对任意给定的 x，$H(x)$ 要相对容易计算，使得软硬件实现都切实可行。

③ 对任意给定的码 h，寻求 x 使得 $H(x)=h$ 在计算上是不可行的（单向性）。

④ 对任意给定分组 x，寻求不等于 x 的 y，使得 $H(y)=H(x)$ 在计算上不可行。

单向哈希函数计算开销不大，一般只需要几微秒就可以完成，它比一些非对称密钥算法要更为高效。

（3）公钥数字签名

数字签名（Digital Signature）技术是非对称密钥算法的典型应用。数字签名的应用过程是，数据源发送方使用自己的私钥（Private Key）对数据校验和或者其他与数据内容有关的变量进行加密，从而完成对数据的合法"签名"，数据接收方则利用对方的公钥（Public Key）来读取收到的"数字签名"，然后将解读结果用于对数据完整性的检验，以确认签名的合法性。在数字签名的使用过程中，发送者的公钥很方便就能够获得，但是其私钥需要严格保密。虽然对称密钥算法的运算速度很快，但是收发双方需要事先共享密钥，而安全密钥的分配是很困难的事情。因此，数字签名普遍基于非对称密钥。在非对称密钥体系中，每个用户有一对密钥，分别是公开密钥和私密密钥。公开密钥和私密密钥是对应的，用一个密钥加密就必须用另一个密钥才能解密。从私密密钥导出公开密钥很容易，而从公开密钥导出秘密密钥是极为困难的。常见的公钥签名算法有 ECC 和 RSA 等。

对于物联网而言，引入公钥机制最关键的问题是公钥密码算法的能量消耗。为了估计公钥密码算法的能量需求，需要使用公钥密码算法的优化软件来对其能量损耗进行定量计算。虽然 RSA 是目前应用最广泛的公钥密码算法，但是 ECC 在提供同等安全保证的情况下，其密钥长度要短得多。要达到现行要求的安全等级，RSA需要至少 1024 位密钥，而 ECC 则只需要 160 位。

（4）Merkle 哈希树

Merkle 哈希树由 Merkle 在 1979 年提出，用于哈希函数建立安全认证方法。Merkle哈希树由完全二叉树和单向哈希函数组成，其中二叉树上的每个节点都是其子节点串联后生成的哈希值。例如，在图 4-6 中展示了一个具有 8 片叶子的 Merkle 哈希树，其中 s_i 是叶子密钥，F 是一个单向哈希函数，$m_i = F(s_i)(i=1,2,\cdots,8)$，$m_{1-2} = F(m_1 | m_2)$，$m_{3-4} = F(m_3 | m_4)$，$m_{1-4} = F(m_{1-2} | m_{3-4})$。Merkle 哈希树能够认证一片叶子而无须同时公布其他叶子，但它需要依靠辅助消息（被称为认证路径，一般为 lb$N$，N 为叶子节点数目）。例如，需要验证 s_3，可以公开 s_3，m_4，m_{1-2}，m_{5-8}。其中 m_4，m_{1-2}，m_{5-8}是节点 3 由底层到根的路径上所有节点的兄弟节点的值。Merkle 哈希树及其叶子节点 s_3 的认证路径如图 4-6 所示，在图 4-6 中用加粗黑色框表示的就是 s_3 的认证路径。同时验证 $F(F((F(s_3) | m_4) | m_{1-2})) | m_{5-8})$ 是否等于 m_{1-8}。注意，互相邻近的叶子的认证路径大部分是相同的，可以充分利用这一点减小通信成本。

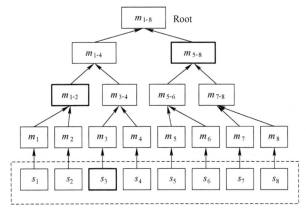

图 4-6　Merkle 哈希树及其叶子节点 s_3 的认证路径

3．安全路由协议

物联网感知层网络中一般不存在专职的路由器，每一个节点都能承担路由器的功能。因此，路由失败将导致网络的数据传输能力下降，严重时会造成网络瘫痪，因此路由必须是安全的。但现有路由算法例如 DD 和 LEACH 等都没有考虑安全因素，即使在简单的路由攻击下也难以正常运行，解决感知网络的路由安全问题已迫在眉睫。

与外部攻击相比，发送虚假路由信息或者有选择地丢弃某些数据包的内部攻击对路由安全造成的危害最大，因此网络安全系统要有防范和消除这些内部攻击者的能力。当前实现安全路由的基本手段有两类，一类是利用密钥系统建立起来的安全通信环境来交换路由信息，另一类是利用冗余路由传递数据包。

J. Deng 等研究人员提出了对网络入侵具有抵抗力的路由协议 INSENS[183]。在整个路由协议中，针对可能出现的内部攻击，网络不是通过入侵检测系统，而是综合利用冗余路由及认证机制来消除入侵危害的。虽然通过多条相互独立的路由传输数据包可能避开入侵节点，但使用冗余路由也存在相当大的局限性，因为冗余路由的有效性是建立在网络中只存在少量入侵节点这一前提下的，并且仅仅能解决选择性转发和篡改数据等问题，而无法解决虚假路由信息问题。冗余路由在实际网络中也存在问题，如在网络中难以找到完全独立的冗余路由，或者即使成功地通过多条路由完成数据传输，也会导致过多的能量开销。

（1）主要路由攻击技术

在物联网中，大量节点密集地分布在一个区域中，数据通过多跳的方式进行传输，由于网络的动态性，没有固定的基础结构，每一个节点都是潜在的路由节点，没有受到保护的路由信息很容易遭受到多种形式的攻击。根据恶意节点对路由的破坏性，可以将其对路由的攻击分为主动式攻击和被动式攻击。在被动式攻击中，恶意节点只是通过侦听网络获取通信中的机密信息，并不破坏网络正常运行和路由协议的执行，这种攻击破坏性相对较小。而主动式攻击是主动改变通信数据，增加网络的负担，破坏网络操作或使某些节点无法有效地使用网络中的服务，这种攻击危害较大。物联网中的路由攻击主要有以下几种[184]。

① 虚假路由信息。通过欺骗、篡改和重发路由信息，攻击者可以创建路由环，吸引或者拒绝网络信息流量，延长或者缩短路由路径，形成虚假错误信息，以分割网络，增加端到端时延。

② 污水坑（Sinkhole）攻击。在污水坑攻击中，攻击者发送虚假路由通告，表示通过部分俘虏节点的路径是一条高效路由路径，这样，攻击者周围的每个邻居节点很可能乐意把数据包交给攻击者转发，并且还向自己的邻居节点传播这个具有吸引力的路由消息，使得俘虏节点成为网络中的一个污水坑。攻击者的目标是吸引几乎所有的数据通过俘虏节点转发，这样，攻击者可以伪造数据包源地址和目的地址，以任意合法节点的名义发送虚假信息，重定向网络数据流，同时也易于实现选择转发攻击。

③ Sybil 攻击。在 Sybil 攻击中，攻击者对网络中的其他节点以多个身份出现。这使攻击者具有更高的概率被其他节点选作下一跳目标，并能结合其他的攻击方法破坏网络。这种攻击方式降低了分布式存储路由、分散路由和多路径路由等具有容错功能的路由方案的容错效果，攻击还给基于位置信息的路由协议造成很大的威胁。位置感知路由协议通常需要节点与其邻近节点交换坐标信息，从而有效地发送标有指定地址的数据包。通常，节点仅从与其相邻的节点接收唯一的一组坐标值，但是，采用 Sybil 攻击方式的攻击者可以同时拥有多个位置坐标。这种攻击对基于投票的网络信息融合策略的危害很大。

④ 虫洞（Wormholes）攻击。在虫洞攻击下（如图 4-7 所示），通常需要两个恶意节点相互串通，合谋进行攻击。一般情况下，一个恶意节点位于基站附近，另一个恶意节点离基站较远。这样，两个节点间可以通过攻击者隧道传输消息。在一个端节点所在的网络近域接收到的消息通过隧道传输及时地在另一个端节点所在的网络近域被重放。因此，一个在多跳以外的恶意节点可以假冒其他节点的一两跳距离邻居。值得注意的是，无须任何加密密钥信息即可发起这种攻击。

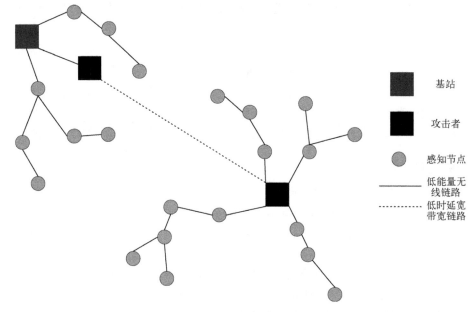

基站

攻击者

感知节点

低能量无线链路

低时延宽带宽链路

图 4-7　虫洞攻击

虫洞攻击可导致污水坑攻击。一个远离基站的恶意节点，由于其存在一条通往基站附近的隧道，因此可声称自己就在基站附近，可以和基站建立低时延宽带宽的链路，以重定向或控制网络数据流，发起污水坑攻击。另外，虫洞攻击可以使两个远离的节点相信它们自己是通信邻居，这样可能导致通信混乱。

⑤ Hello 数据包洪泛攻击。Hello 数据包洪泛攻击是一种新型的针对感知网络的攻击方法。在许多协议中，节点需要通过广播 Hello 数据包来声明自己是其他节点的邻居节点，而收到该 Hello 数据包的节点则会假定自身处在发送者正常无线传输范围内，但当一个功能较强的恶意节点以大功率广播 Hello 数据包时，距离较远的合法节点也会收到此数据包，这些节点会认为这个恶意节点是其邻居。在以后的路由中，这些节点很可能会使用这条连接恶意节点的路径，向恶意节点发送数据包。事实上，由于这些节点离恶意节点距离较远，以普通的发射功率发送的数据包根本到不了目的地。这将导致网络处于混乱状态，不能正常运行。

⑥ ACK 欺骗。一些感知网络路由算法依赖潜在的或者明确的链路层确认信息。在 ACK 欺骗中，攻击者可借助链路层确认数据包欺骗邻居节点。发起这种攻击的目的包括：使发送者相信一个弱链路是健壮的，或者相信一个原本已经失效的

节点还处于正常工作状态。当发送者沿着弱链路或者失效链路发送数据包时会发生丢失。

⑦ 流量分析攻击。在感知网络中，数据流的种类通常包括：从基站到节点传输的命令流；从节点到基站的数据流；一些和簇头节点选举或数据融合相关的局部通信数据流。攻击者通过侦听通信，可以发起流量分析攻击，试图从诸如数据包、数据流模式、路由协商信息等方面发现那些为网络提供关键服务的节点（例如，簇头节点、密钥管理节点，甚至基站或靠近基站的节点等）位置，然后发动其他攻击，谋求更大的攻击利益。

⑧ 选择性转发。受攻击者控制的恶意节点收到数据包后，可以在简单地丢掉部分数据包后再转发，这样必然导致数据包不能正确到达目的地，扰乱了正常的网络功能。由于正常节点也可能时不时因为某种原因如拥塞或冲突出现丢包现象，因此恶意节点的异常行为很难被区分处理。显然，当攻击者确定自身就在数据流传输路径中时，攻击是最有效的。攻击者通过对感兴趣的数据流实施阻塞也可达到同样的攻击目的。

（2）典型安全路由协议

1）安全多跳路由协议（SMRP）

安全多跳路由协议（Secure Multi-hop Routing Protocol，SMRP）可实现物联网中的智能设备在安全模式下的通信。SMRP 要求物联网设备在形成新网络或加入现有网络之前进行身份验证，身份验证使用多层参数来增强通信的安全性。此外，SMRP 通过频繁更改嵌入的安全信息，有效抵御黑客的攻击。

SMRP 的协议栈如图 4-8 所示，它由以下 4 层组成。

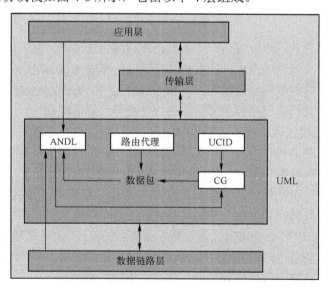

图 4-8　SMRP 的协议栈

① 应用层：提供应用服务。

② 传输层：提供端到端通信服务。例如，提供面向连接的数据流支持、可靠

性、流控制和多路复用等功能。

③ 用户可控制的多层（User-Controllable Multi-Layer Layer，UML）：包括应用程序、网络地址和数据链路地址查找（Application，Network address and Data-link address Lookup，ANDL）模块，用户可控制的身份验证（User Controllable IDentification，UCID），代码生成器（Code Generator，CG）和路由代理。其中，ANDL 模块可验证用户的抢占应用程序和地址，路由代理可提供网络寻址和路由。

④ 数据链路层：在设备之间提供传输数据的功能。

同其他路由协议一样，运行 SMRP 的物联网设备定期发出 Hello 数据包，并将其传输到相邻设备，以实现链路感知和邻居感知。当设备 IoT1 进入设备 IoT2 附近区域时，将从设备 IoT2 接收到的 Hello 数据包的包头对照其自身的 Hello 数据包的包头进行验证。如果存在匹配项，则两台设备形成网络并且它们能够通信；否则，两台设备将无法通信。

2）信任感知安全路由协议（TSRP）

信任感知安全路由协议（Trust-aware Secure Routing Protocol，TSRP）通过观察物联网内的每台智能设备的行为，为每台设备分配了 0~1 的信任值。数值 0 表示该设备对其他设备的可信度为 0，数值 1 表示该设备对其他设备的信任度最高。所有智能设备在联网的过程中都会被分配一个信任初值，在数据通信过程中，其行为会被检测节点记录，不断更新邻居设备的信任值，当某一设备的信任值低于某个阈值时，该节点就会被标记为恶意节点，网络拓扑会将该节点隔离，以确保网络安全。

TSRP 在计算设备的信任值时，需要经过复杂的计算，对设备的内存消耗巨大，频繁的信任值计算消耗了网络计算资源，影响了网络正常通信，因此，TSRP 不适用于大规模的通信组网。

3）基于信任的协作轻量级路由协议（CLTRP）

基于信任的协作轻量级路由协议（Collaborative Lightweight Trust-based Routing Protocol，CLTRP）的主要作用是在智能设备上实现协作信任功能，优化设备的内存消耗和能量损耗。该协议设置了一个设备信任度监督机制，会随时监督、警告和更新信任值发生改变的设备。该机制通过利用滑动窗口系统来记录所有邻居设备的历史信任值来实现。同时，该协议采用时效机制来检测网络中行为异常的设备，进一步抵御各种攻击。

4）2-ACKT 协议

基于双向确认的信任（Two-way Acknowledgment-based Trust，2-ACKT）路由协议由邻居监控、信任计算、信任表示 3 个模块组成，如图 4-9 所示。该协议根据数据链路层和两跳邻居的确认应答信息来计算直接信任值，借助密集型传感器网络建立信任模型；该协议借助设备自身和设备邻居节点的确认应答信息减少了通信负载和内存消耗，提高了网络能耗利用率。

图 4-9　2-ACKT 路由协议

2-ACKT 协议的不足是，只能抵御由单台设备发起的路由攻击，对于由多台设备协作的攻击难以防御，最为显著的攻击类型就是虫洞攻击，虫洞攻击通常由两个以上的恶意节点来实现攻击行为，当网络中存在虫洞攻击恶意节点时，邻节点信任计算虚假度提高，对网络的威胁增大。

4.4.3 隐私保护

隐私是指人们在日常生活、学习过程中存在的不想让外人知道的秘密。而隐私权指所有的自然人根据相关法律规定所享有的私人生活和私人信息的安全保护，以及避免他人通过非法手段获知或者利用的一种权利。在物联网技术迅速发展和应用的大背景下，智能物体所具有的超强感知能力，为全面且精准地掌握人们的隐私提供了便利。所以，怎样有效地解决物联网中的隐私问题已经引起了社会各界的广泛关注。必须强调的是，即便是在物联网技术高速发展的背景下，人们的隐私权也依然受到法律法规的保护。

1. 隐私面临的威胁

科学技术是一把双刃剑，在当今数据被日益普及的今天，由数据带来的价值和数据引发的安全问题同样引人注目，各种由于数据没有被妥善处理造成的泄露用户隐私问题层出不穷，给人们带来非常严重的危害。

数据在使用过程中经历了数据生成、数据存储、数据处理与分析以及数据应用这几个阶段。在数据安全与隐私保护系统中，数据的生成者、数据的收集和监管者、数据用户及数据攻击者都有可能会造成数据和隐私的外泄。

① 数据的生成和拥有者造成的用户隐私泄露：一些数据或信息通过主动或被动的形式为数据拥有者所获取，比如银行的用户交易信息，在用户进行交易或者开户时所填写的用户姓名、电话、住址和职业等，还包括用户在银行的存款、经济状况和消费习惯等都会通过开户建档的形式成为银行所拥有的企业信息资料。这些信息记录一旦完成用户交易这个过程，就会脱离作为这些数据的生成者的用户的掌控，成为银行所掌握和使用的资料，有可能给用户的隐私保护带来巨大的威胁。

② 数据的收集和监管者造成的用户隐私泄露：这些持有数据信息的单位或个人是数据的管理者，也是数据的分析和使用者，他们通过各种技术手段对大量数据进行分析和挖掘，找出有用信息加以使用，从而进一步提高企业的生产利润。在这一过程中，如果没有对相关信息进行匿名或处理，就有可能会在数据分享或公开的过程中发生用户隐私泄露问题。

③ 数据用户造成的用户隐私泄露：数据用户从数据收集者手里通过有偿或无偿的方式获得数据或有关数据的查询信息，这些数据虽然经过了脱敏等处理，但是也有可能通过一些技术手段可将其还原，从而造成用户隐私外泄。

④ 数据攻击者造成的用户隐私泄露：数据攻击者或者通过合法购买的方式，或者通过非法攻击的手段来取得相关数据信息，从而获得数据生成者的一些包括姓名、年龄、消费习惯等敏感信息，并将其用于某些活动。数据攻击者是造成用户隐私外泄的最有可能的因素所在。

总之在数据的生成、储存、使用和监管过程中因缺乏有效的监督和监管技术，用户无法确保自己的相关信息是否被用于合理的研究还是非法的买卖[186]。

物联网系统信息空间是物联网的重要组成部分之一，如果物联网系统信息空间出现被恶意复制、篡改或者公开等非法行为，那么必然会影响物联网的安全稳定运行。黑客或者病毒的入侵是造成物联网系统内部用户隐私信息与物理隐私空间数据泄露问题发生的主要原因之一。物理世界中的物联网与互联网两者最大的区别在于，物联网所拥有的大量的智能物体具有可以深入了解和感知用户个人隐私的功能，比如，人们检测身体常用的传感系统，就可以通过感知人体温度、脉搏和血压等指标的方式，对人体的健康状况做出准确的判断。智能家居系统通过对室内整体状况的感知，就可以准确地掌握和了解人们生活的习惯等重要信息。这些都说明，人们在物联网环境中是没有任何的隐私和秘密可言的，通过物联网，就可以将人类的一举一动详细而准确地记录下来。一旦系统被黑客侵入，摸清个人喜好和行为习惯，那将严重威胁到人们的隐私安全。

通过非法操作物联网环境中的智能物体的方式，就可以达到破坏物理空间或者智能物体本身的目的。因为智能物体自身具有感知能力较强的特点，所以，如果采取非法操作的方式操作智能物体，那么就会导致物理世界的操作性出现不可逆的现象。比如，以物联网技术为基础的智能家居系统，如果受到黑客入侵，那么黑客就可以通过远程操纵室内照明、温湿度和音响等环境设置的方式，使室内的防盗系统失效，然后通过室内摄像头达到肆意窥探室内情况或者破坏室内互联网设备的目的。一旦出现这些问题，必将对智能家居系统的应用造成严重的安全威胁[187]。

2. 隐私保护模型

物联网的开放性、包容性和匿名性决定了不可避免地存在信息安全隐患，需要研究物联网安全保护关键技术，以满足机密性、真实性、完整性和抗抵赖性的要求，同时还需要解决好物联网中的用户隐私保护与信任管理问题。

对于隐私保护，安全模型十分重要。有研究人员基于角色的访问控制（Role-Based Access Control，RBAC）方法建立了一个企业级的安全模型，将 RFID 系统分成三个部分：RFID 标签、RFID 读写器和后台信息处理系统，提出了一种安全保护模型，将数据分成两部分，一部分数据存放在 RFID 标签中，另一部分加密后存放在后台的服务器中，只有将两部分数据合并并且拥有相应的密码才能解密数据，一旦标签拥有者发生变化，则整个数据又会重新任意分离，加密密码也会发生改变，这样在一定程度上可以保护信息的安全，但是可能导致篡改身份、修改数据、信息泄露等攻击；此外，后台数据库存储有大量的信息，这样计算开销及存储开销都比较大，对于实时性较强的服务则难以满足。有研究人员将物联网与 Web 服务联系起来，提出了一种自我管理的安全单元（SMC），讨论了采用自治的、能实现互操作的、安全的、分布式的网络访问控制方式来提供物联网的各种服务，但在这种模型中，如何进一步实现安全以及隐私保护需要进一步研究。K-匿名技术可用来保护隐私数据，使攻击者不能根据一定数量的不同个体来判断隐私信息所属的具体个体。目前的 K-匿名方法主要研究对所有个体进行相同程度的隐私保护，并没有关注个体信息保护的特殊需求。

（1）位置隐私保护

由于物联网的开放性和无线通信的广播性，使得如何保护物联网中的信息安全成为一个严峻的挑战。虽然可以对数据进行加密，但是无线通信媒体仍将暴露在网络中，因此位置隐私是一个重要的安全问题。在战场上，当指挥官作为广播查询的发起者时，他的位置隐私就不应该暴露，否则其安全就会受到威胁。位置隐私保护问题主要研究的是如何保护感知网络中的关键节点，防止攻击者对某些具有重要作用的节点进行攻击。因为关键节点在感知网络中承担比普通节点更多的任务，其在网络中的位置也更加重要。一旦敌方人员利用路由信息判断出这些关键节点的物理位置，并对这些关键节点进行破坏，那么将给网络造成极大的危害。目前针对这一问题的研究可分为两类，一类是源节点位置隐私保护，另一类是汇聚节点的隐私保护。

① 源节点位置隐私保护。

当物联网用于监视重要资源时，被监视对象的物理位置一旦暴露将对网络造成极大的危害。因为源节点收集被监控对象的信息并发起该信息在网络中的传播过程，通常它是距离被监控对象最近的节点。同时源节点要将采集到的数据发送给汇聚节点，必然形成一条或多条从源节点到汇聚节点的传输路径。攻击者就可以利用这些数据包传输所形成的路径进行反向追踪，进而找到源节点的位置（如图 4-10 所示）。只要源节点向汇聚节点发送的数据包数量足够多，攻击者总能通过逐跳追踪数据包的方式不断向源节点靠近。在这种情况下，无法完全避免消极窃听的攻击者追踪到源节点的位置。因此目前的源位置保护协议主要研究如何延长攻击者追踪到源节点的时间，获得更好的安全性能。如幻影路由（Phantom Routing）协议、环路陷阱路由（Cyclic Entrapment Method）协议、贪婪随机路由（Greedy Random Walk）算法、可自调节的随机转发路由（Self-adjusting Random Walk）等。

② 汇聚节点隐私保护。

汇聚节点是网络中具有重要作用的关键节点，它是感知网络与外部网络连接的网关，网络监测到的数据必须经过汇聚节点传送到观测者，同时汇聚节点还负责向整个网络发布监测任务。例如，散布在敌方阵地内的无线传感器网络，即使一部分传感器节点遭到破坏，剩下的节点仍能够自组织形成网络，继续获取监测信息。而一旦汇聚节点被攻击者破坏，将导致整个网络瘫痪。另外，网络监测到的数据通常都按照一定的路由从源节点传送到汇聚节点。这就导致网络通信的数据流量具有明显的不平衡性。因为网络中所有的数据都向汇聚节点传送，而越接近汇聚节点的转发节点的数目就越少，所以节点的平均数据流量就越大，汇聚节点周围存在全网最高的流量。利用这种流量模式的特点，外部攻击者可以通过流量分析确定汇聚节点的位置。为了防止流量分析攻击，目前提出的汇聚节点的位置保护协议有伪造汇聚节点协议、无线传感网络中接收机位置隐私保护协议、有差别的分支路由协议以及源仿真算法。

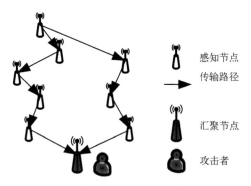

图 4-10　攻击者反向追踪源节点位置

（2）数据融合中的隐私保护

随着物联网应用于越发广泛的领域，感知对象的敏感数据隐私保护成为一个重要问题。如果在信息融合时没有提供适当的隐私保护，即使数据是加密的，对手仍然可以获得敏感信息。因此，当需要保密的信息进入物联网时，隐私保护问题便成为物联网应用的一个需要考虑的问题。同时，由于物联网节点能力受许多因素影响，因而轻量级的隐私保护策略在复杂动态场景中的物联网数据融合中更为适用。

对于信息融合中的隐私保护，有以下 3 项研究目标。

① 保密性：节点只能知道自己的数据而不应该知道其他节点的确切数据。隐私保护方案能应对攻击者的偷听和协同攻击。

② 有效性：为了保护数据的隐私，数据融合隐私保护方案引入了额外的开销。因此，对于一个优良的带有隐私保护的数据融合方案，其额外开销应尽可能小。

③ 准确性：融合信息与原始信息相比较应尽可能准确。

CPDA（Cluster-based Private Data Aggregation）算法是一种经典的基于分簇的隐私数据融合算法，其具体实现分 3 个阶段：簇的形成、簇内计算和簇头融合。

CPDA 算法简介：假设簇已经划分完毕，一个簇内有三个节点分别为 A、B 和 C，它们的私有感知数据分别为 a, b, c。其中 A 为簇首，B 和 C 为簇内成员。CPDA 算法利用多项式的可加性进行簇内融合，在不公开节点隐私数据的情况下，三个节点间为获得各自所需的数据而进行信息交换。首先，簇内节点各有一个互异的非零常数作为初始值，分别为 x、y、z〔见图 4-11（1）〕。其中，对于节点 A，v_A^A、v_B^A 和 v_C^A 分别计算如下：

$$\begin{cases} v_A^A = a + r_1^A x + r_2^A x^2 \\ v_B^A = a + r_1^A y + r_2^A y^2 \\ v_C^A = a + r_1^A z + r_2^A z^2 \end{cases} \tag{4-1}$$

式中，r_1^A 和 r_2^A 分别为节点 A 产生的两个随机数。

同样，对于节点 B 和节点 C 有：

节点 B
$$\begin{cases} v_A^B = b + r_1^B x + r_2^B x^2 \\ v_B^B = b + r_1^B y + r_2^B y^2 \\ v_C^B = b + r_1^B z + r_2^B z^2 \end{cases} \tag{4-2}$$

节点 C
$$\begin{cases} v_A^C = c + r_1^C x + r_2^C x^2 \\ v_B^C = c + r_1^C y + r_2^C y^2 \\ v_C^C = c + r_1^C z + r_2^C z^2 \end{cases} \tag{4-3}$$

节点 A 对 v_B^A 进行加密，并利用和节点 B 的共同密钥将 v_B^A 发送给节点 B，同样，对 v_C^A 加密并发送给节点 C；同样，节点 B 对 v_A^B 加密并发送给节点 A，对 v_C^B 加密发送给节点 C；节点 C 对 v_A^C 加密并发送给节点 A，对 v_B^C 加密并发送给节点 B。当节点 A 接收到 v_A^B 和 v_A^C 后，即节点 A 中的信息为：

$$\begin{cases} v_A^A = a + r_1^A x + r_2^A x^2 \\ v_A^B = b + r_1^B x + r_2^B x^2 \\ v_A^C = c + r_1^C x + r_2^C x^2 \end{cases} \tag{4-4}$$

进行融合计算可得：

$$F_A = v_A^A + v_A^B + v_A^C = (a+b+c) + r_1 x + r_2 x^2 \tag{4-5}$$

式中，$r_1 = r_1^A + r_1^B + r_1^C$，$r_2 = r_2^A + r_2^B + r_2^C$。

同样，节点 B 和 C 计算的融合值分别为：

$$F_B = v_B^A + v_B^B + v_B^C = (a+b+c) + r_1 y + r_2 y^2 \tag{4-6}$$

$$F_C = v_C^A + v_C^B + v_C^C = (a+b+c) + r_1 z + r_2 z^2 \tag{4-7}$$

融合完成后节点 B 和 C 分别将 F_B 和 F_C 发送给簇头节点 A。此时，簇首 A 得到了所有的融合值，即：

$$\begin{cases} F_A = v_A^A + v_A^B + v_A^C = (a+b+c) + r_1 x + r_2 x^2 \\ F_B = v_B^A + v_B^B + v_B^C = (a+b+c) + r_1 y + r_2 y^2 \\ F_C = v_C^A + v_C^B + v_C^C = (a+b+c) + r_1 z + r_2 z^2 \end{cases} \tag{4-8}$$

CPDA 算法如图 4-11 所示。

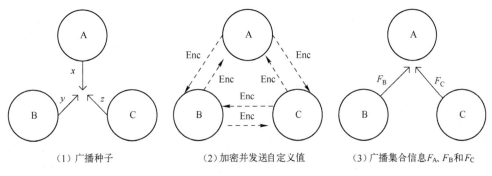

（1）广播种子　　　　　　（2）加密并发送自定义值　　　　　（3）广播集合信息 F_A、F_B 和 F_C

图 4-11　CPDA 算法

由于簇头节点 A 知道 x、y、z 和 F_A、F_B、F_C，所以 A 可以得出 $(a+b+c)$ 的融合值。可将式（4-8）改为：

$$U = G^{-1}F \tag{4-9}$$

其中，$U = \begin{bmatrix} a+b+c \\ r_1 \\ r_2 \end{bmatrix}$，$G = \begin{bmatrix} 1 & x & x^2 \\ 1 & y & y^2 \\ 1 & z & z^2 \end{bmatrix}$，$F = [F_A, F_B, F_C]^T$，而且 $a+b+c$ 是已知的。

由于 x、y、z 的值不同，矩阵 G 为满秩。

对 v_B^A、v_C^A、v_A^B、v_C^B、v_A^C、v_B^C 加密，如果节点 C 截获了值 v_B^A，它就获取了 v_B^A、v_A^A 和 F_A，进而通过式 $v_A^A = F_A - v_B^A - v_C^A$ 可以推算出 v_A^A 的值。如果节点 C 获得了 x、v_A^A、v_B^A、v_C^A 的值，它就可以推算出 a 值。但是，如果节点 A 对 v_B^A 加密后再传送给节点 B，节点 C 就不能获得 v_B^A。这样节点 C 只知道 v_C^A、F_A、x 的值，就不能推算出 a 的值。但是，如果节点 B 和 C 相互交换节点 A 的信息，那么节点 A 的数据流就被泄露。为了防止这种情况，簇内成员的数量应该足够大。在一个有 m 个节点的簇中，如果有少于 $m-1$ 个节点相互交换数据，数据就不会被窃听，从而达到数据隐私保护融合的目的。

3. 隐私保护关键技术

（1）数据采集安全技术

数据采集技术是较为常见的网络信息技术，也是个人以及有关机构合法获取信息数据的重要载体。从现实情况来看，一些数据安全问题在数据采集阶段就已暴露。为了提高数据采集的安全性，减少风险因素，我们应该尽快完善数据安全采集技术，在数据采集环节通过先进的技术实现信息过滤，加强对已过滤信息的认证，优化采集信息保密技术，提高数据采集阶段的安全性。

（2）数据传输安全技术

因为网络开放性的特点，尤其是在大数据时代下，信息传输过程中也存在信息泄露的风险。面对这一情况，我们应该尽快建立数据安全传输技术体系，在利用虚拟专网的基础上加密信息，降低数据泄露和被窃取的可能性。除此之外，在信息传输过程中，应该及时调整和完善传输安全协议，减少相关安全漏洞。

（3）身份认证保护技术

该项技术近年来得到了较快的发展，其主要是结合用户个人设备的数据对用户的基本特征进行侧写，在此基础上对某一时间使用设备的用户身份进行认证，用户只有通过系统认证才可以正常使用设备。这项技术利用生物识别系统，对个人虹膜、指纹等特征数据进行提取和认证。在生活中，我们也可以见到这项技术，例如，手机上的指纹解锁以及支付宝推出的人脸支付等。身份认证保护技术的应用可以大幅减少黑客攻击等事件的发生，提高个人数据的安全性，同时用户还可以在不同设备端上进行身份认证[188]。

（4）数据加密技术

数据加密就是对原来被称为"明文"的数据按某种方式处理，使其成为一段不可辨识的代码的过程。对密文进行基本的加法和乘法运算能够有效降低运算复杂度，同时也不改变相应的明文顺序，既保护了用户的数据安全，又提高了密文的检索效率。

（5）数据发布匿名保护技术

就结构化数据而言，想要对用户数据隐私和安全进行彻底保护，其关键是对数据的匿名保护，这种技术应该被不断地挖掘和完善。目前数据发布匿名保护技术的基础理论有很多，比如在对标识符分组的过程中可以利用抑制处理及元祖泛化，在匿名处理有共同属性的集合时运用 K 匿名模式。然而，这样很容易遗漏某种特殊属性。在实际中，数据有较强的变化性，一般数据都是多次、连续发布的。大数据的环境非常复杂，实现数据发布的匿名保护有较大的难度。攻击者可以根据发布点和渠道的不同获取各种数据，来确定用户的信息。信息科技的研究人员对于这一点还应该花费更多的精力对其更深入的研究[189]。

（6）隐私信息检索技术

为了全面、有效地利用现有知识和信息，在学习、科学研究和生活过程中，信息检索的时间比例逐渐增高。信息检索技术大致经历了从完全手工检索系统到半机械检索系统，再到机电、光电检索系统的发展阶段。常用的信息检索技术有布尔逻辑检索、截词检索、位置检索、字段限定检索、加权检索和聚类检索等技术，目前，信息检索技术已在许多方面取得了实用性的进展[190]。

4.5　本　章　小　结

随着大数据智能化发展战略的实施，全球物联网产值、规模将持续扩大，物联网已在智能电网、智能交通、智能物流、智能家居、环境保护、工业自动控制、医疗卫生、精细农牧业、金融服务业、公共安全和国防军事等领域取得了一定成果。本章研究并讨论了物联网中交互技术、计算技术、数据处理技术及信息安全技术的关键技术与研究现状及其与物联网之间的关系，为具体应用的实现奠定了基础。

第 5 章　物联网实施案例

5.1　物联网应用概述

计算机技术、通信与微电子技术的高速发展，促进了互联网技术、射频识别（RFID）技术、全球定位系统（GPS）与数字地球技术的广泛应用，结合无线网络与无线传感器网络（WSN）研究的快速发展，使得互联网应用所产生的巨大的经济与社会效益，加深了人们对信息化作用的认识，而 RFID、GPS 与 WSN 等多种信息技术的进步更是为广泛开发利用人类社会与物理世界的各种信息资源，促进人与人、人与物、物与物之间的信息交流，推动无所不包、无所不在、无所不能的泛化社会打下了坚实的技术基础。

互联网已经覆盖了世界的各个角落，同时也已经深入到世界各国的经济、政治与社会生活中，改变了几十亿网民的生活方式和工作方式。但是，现阶段互联网上关于人类社会、文化、科技与经济等信息还不能完全实现设备的自主智能采集，必须进行手工录入和管理。为了适应经济全球化的需要，人们设想，如果将 RFID、WSN 与 GPS 等信息技术与物品信息的采集、处理进行融合，并将互联网作为物品信息流通的"智能管道"，就能够将互联网的覆盖范围从"人"延伸到"物"，实现对全球范围内的物品信息的快速、准确识别与快速流通，这就是物联网技术发展的起源。

物联网的发展再次印证了"应用是发明创造的根本动力"这个真理。物联网所产生的巨大吸引力源于其具有的广阔应用前景和应用领域。当前，物联网应用有两种模式。一种是在已有应用中引入物联网技术，提高生产管理效率；另一种是建立物联网应用示范区，推广新应用。在第一种模式中，通过对比，人们可以发现物联网技术的优越性，主动淘汰陈旧过时的生产管理技术；在第二种模式中，人们可以通过亲身体验和感受，逐渐接受物联网所提供的新应用服务[191]。

物联网的应用领域较为广泛，较为典型的领域有社会公共事业领域等。

1．物联网在社会公共事业领域中的应用

环境保护是政府所负责公共事业的一个重要组成部分，也是物联网技术应用最早的领域之一。物联网技术在环境保护领域的应用代表了环境保护事业未来的发展方向，同时也是生态文明建设的重要举措。

医疗卫生问题是关系到国计民生的问题，也是社会和谐与社会关注的热点。物联网在医疗卫生领域的应用中，主要通过各种形式的通信网络，将医疗仪器、各类

传感器、个人电子设备等采集的数据集中起来，进行交互和多方共享，进而更好地对医疗环境和业务状况实时监控，实现跨医院、跨区域的远程诊疗，彻底改变整个医疗业务运作方式，切实解决目前老百姓看病难的问题[192]。

在推进经济社会发展的过程中，应充分考虑生态环境的承受能力，统筹考虑当前发展与未来发展的需要，利用物联网等现代信息技术对污染严重的生态环境进行详查和动态监测，对水体质量、城市污染源及滑坡、泥石流等地质灾害进行监测并及时预警，是生态环境建设对信息技术研发与应用提出的要求。在实际的日常环境监测、保护工作中，通过布设物联网使得环境信息化，建立环境监测、污染源监控、生态保护和核安全与辐射环境安全等信息系统，实时收集大量、准确的数据并进行定量和定性的分析，为环境管理工作提供科学决策依据。

改革开放以来，我国经济持续快速发展，城市化与汽车行业发展十分迅猛，城市的扩张面积和机动车保有量成倍增长，因此城市交通成为各种交通运输方式实现平滑衔接不可缺少的关键环节，各种交通运输系统的信息都需要在城市信息平台中进行整合、发布，建立城市智能交通系统能充分发挥我国智能交通系统的整体作用，提高交通系统综合效率。在这种背景下，从系统的观点出发，把车辆和道路综合起来考虑，运用各种高新技术系统地解决道路交通问题的思想，即智能交通系统（ITS）应运而生了。智能交通系统（ITS）是物联网在交通领域的典型应用，针对日益严重的交通需求和交通资源的压力，采用信息技术、通信技术、计算机技术等对传统道路交通网络进行深入改造，以提高城市交通路网的使用效率，缓解城市交通问题，减少因交通问题而带来的不必要的损失。

2. 物联网可提高生产效率

物联网服务生产企业，可以有效地提高企业的生产效率和管理水平。如在电力和物流等对国民经济发展起基础和重要作用的行业，物联网技术能够有效地优化生产过程，提高企业的生产力和竞争力。

作为重要民生系统，电力网络是一个复杂的系统，其安全可靠运营不仅可以保障电力系统的正常运营与供应，避免安全隐患所造成的重大损失，更是全社会经济稳定和发展的基础。物联网技术能以更加智能的方式建设坚强智能电网，按电力系统安全监控的要求，物联网可以全面应用于电力传输的整个系统，从电厂、大坝、变电站、高压输电线路直至用户终端，对电力系统的实时监控与自动故障处理，确定电网整体的健康水平，触发可能导致电网故障的早期预警，确定采取相应的措施，并在事后分析电网系统的故障。

物流领域是物联网相关技术最有现实意义的应用领域之一，而且特别是在国际贸易中，物流效率一直是制约整体国际贸易效率提升的关键环节。在为客户提供最好服务的前提下，尽可能降低物流的总成本一直是物流行业所追寻的目标，然而，传统的物流已经不能满足快速发展的需求，大力发展现代物流显然已经迫在眉睫。物联网的诞生直接为现代物流行业的发展指明了方向，基于物联网的现代物流行业将物联网技术应用于整个供应链运作过程中，实现物流信息化、智能化、自动化、透明化、系统化的运作模式，可提供物流反应快速化、物流服务系列化、物流作业规范化、物流手段现代化、物流组织网络化、物流信息电子化等功能，必将极大地提高物流行业的运营效率。

5.2　面向医疗的物联网应用

医疗卫生体系的发展水平关系到人民群众的身心健康和社会和谐，也是社会关注的热点。伴随着物联网技术的发展，发达国家和地区纷纷大力推进基于物联网技术的医疗信息化应用。物联网技术可以使得医疗信息化系统实时地感知各种医疗信息，方便医生准确、快速地掌握病人的病情，提高诊断的准确性；同时，方便医生对病人的病情进行有效跟踪，提升医疗服务质量；另外，可以通过传感器终端的延伸，加强医院服务的效能，从而达到有效整合资源的目的。

基于物联网技术的医疗信息化系统可以便捷地实现医疗系统的互联互通，方便医疗数据在整个医疗网络中的资源共享；可以降低信息共享的成本，显著提高医护工作者查找、组织信息并做出回应的能力，使对医院决策具有重大意义的综合数据分析系统、辅助决策系统和对临床有重大意义的医学影像存储和传输系统、医学检验系统、临床信息系统、电子病历等得到普遍应用。

基于物联网技术的医疗信息化系统可以优化就诊流程，缩短患者排队挂号等候时间，实行挂号、检验、缴费、取药等一站式、无胶片、无纸化服务，简化了看病流程，有效地解决群众看病难问题；可以提高医疗机构的运营效率，缓解医疗资源紧张的矛盾；可以针对某些病历或某些病症进行专题研究，医疗信息化平台可以为相关人士提供数据支持和技术分析，推进医疗技术和临床研究，激发更多医疗领域内的创新发展[193]。

目前医疗信息化应用部署最多的是信息／通信和监测类应用，监控和诊断应用的普遍性次之。美国在移动医疗服务应用的部署和规划方面处于全球领先地位，全球一半以上的相关应用部署在美国，欧洲约占 1/5，非洲拉美占 12％，亚太地区占 4％。美国是医疗健康方面最大的市场，特别是在信息／通信应用方面，这与美国的私立医疗系统快速筹集资金的能力有关，这使得其有能力部署高级通信和数据服务，而且在计费管理和数据管理方面具有较大的灵活性。

欧洲的应用主要集中在监测方面，与医疗卫生部门希望通过新的解决方案节约成本的出发点有关。监控类应用部署最多的地区是在欠发达国家，因为这些地区传染病的爆发比较常见。然而，由于极端恶劣的气候对环境的影响以及新传染病的出现，发达国家对此类业务的部署力度也在加大。

我国医疗卫生事业面临着许多与社会发展不协调的地方，例如，医疗服务不够完善、医疗资源相对匮乏、医疗区域发展不平衡等。面对我国医疗卫生事业存在的种种问题，除了加强政府职能、增加社会投入、完善医疗保障制度，还必须利用先进的科学技术手段，完善我国的医疗卫生服务，弥补医疗资源的不足，增强医疗信息化水平，提高医疗机构的效率和能力，促进医疗卫生在区域间的平衡发展。

5.2.1　医疗信息化需求、存在问题及发展趋势

1. 医疗信息化需求

信息化支柱不仅作为支撑深化医药卫生体制改革"四梁八柱"的八柱之一，而且还是唯一的技术支柱，并与其他"四梁七柱"密切相关，其他必须依托信息化的支持保障才能得以贯彻实施。由于新医改方案中涵盖了居民健康档案、电子病历、就医"一卡通"、远程医疗等诸多信息技术手段，因此，信息化也被认为是新医改的突破口。新医改方案中提出，3 年内各级政府预计投入 8500 亿元用于医疗改革。

由于新医改方案的发布实施，原本就蕴含着巨大商机的医疗信息化市场迅速沸腾起来。无论是世界级的企业还是本土企业，无论是实战经验丰富的企业还是初出茅庐的企业，都嗅到了医疗信息化的商机，IBM、西门子、思科、GE、微软等众多跨国企业已提前在中国医疗市场布局抢位。

（1）需求一：远程医疗

新医改方案中提出要积极发展面向农村及边远地区的远程医疗。随着互联网的普及和 5G 时代的来临，远程医疗已经成为各级医疗单位的强烈需求。远程医疗包括远程诊断、专家会诊、信息服务、在线检查和远程交流五大内容，主要涉及视频通信、会诊软件、可视电话三大模块。

（2）需求二：农村和社区医疗信息化建设

兴建乡镇医院和社区卫生服务站是新医改的重点。利用信息技术使农村居民可以享受更快捷、更便利的医疗服务，进一步实现社区与三甲医院之间的区域医疗资源共享。新建成的社区医疗服务机构在信息化建设上必然是零起点，其市场规模不可小觑。

（3）需求三：电子病历和居民健康档案

电子病历和居民健康档案是医疗信息化的基础信息来源，也是此次新医改的重要内容之一。电子病历是已执行的病人医疗过程、确定相关医疗责任的重要记录，是将要执行的医疗操作的重要依据，也是医疗信息化建设的一个重要组成部分，其在可靠性、稳定性、安全性等性能上比其他行业要求更高。因此，使用电子病历系统必须建立一套高度可靠的安全机制，在身份认证、分布式权限分配机制、数据库安全性、文档安全性、域安全性和系统加密锁等多层次进行安全设计，确保医院信息系统（HIS）的安全运行。进一步提高电子病历、健康档案的安全性、可靠性、严肃性已成为医疗信息化相关厂商挖掘商机的重要手段。

（4）需求四：区域医疗机构资源共享

新医改方案中提出，通过信息化手段建立医院间的资源共享，从而实现医疗服务资源的最优化整合和最大协同效应。因此，建立以病人为中心的数字化管理信息系统，实现各业务信息系统的集成是医疗机构的当务之急。医疗物联网系统应当考虑如何帮助医疗机构解决新老系统的集成问题和各种异构平台不同应用之间的复杂集成共享问题。

2. 存在的问题

目前，我国医疗信息化的发展相对滞后，很多卫生行政部门尚未实现办公自动化、网络化，大多数医院的信息系统没有完全转向以病人为中心的医院信息系统建设上来，仍然是以财务为重点的管理模式；医疗管理部门及不同层级医院之间没有构建统一的数据共享平台，以致出现信息收集不准确、不及时、不完整，传输渠道不通畅等问题；城市与农村医疗信息化发展水平不平衡，信息化程度较低，多停留于门诊挂号系统、门诊定价收费系统、住院病人收费系统等基础应用层面，而没有深入到卫生系统的运行、管理、监管等各个环节中。

（1）存在问题一：资源重复配置

当前医疗卫生系统已经拥有多条网络信息直报通道，如中国疾病预防控制中心国家传染病网络直报系统、国家突发公共卫生应急指挥中心与决策系统等，均有相当完备的网络通道用于信息传送、处理、分析等。但是中央层面暂时缺乏各个系统资源共享的平台，各大医疗卫生机构只能根据自身需求定制相应的软件服务，而盲目引进的医疗信息管理系统品种繁杂、兼容性差，并且大多数系统只能运行简单的文字处理程序，完成财务统计等较低层次的信息处理工作，不仅导致资源配置在一定程度上相互重复，而且给各大信息系统的数据汇聚与统计分析带来了障碍。

（2）存在问题二：信息交互不够流畅

由于各地医疗机构使用的信息管理系统多属各医院依据自身需求或自行开发或引进的，缺乏统一标准和接口，使得各地医疗机构形成了"信息围城"。信息来源渠道单一，信息不全面，且相互之间共享能力较差，使得信息系统的资源潜力得不到充分发挥。系统对接困难，无形中给医院间的交流合作和科研工作带来了很大阻力。实现一定区域范围内医院信息系统的信息交互、资源统筹与共享以及各个系统间的有效集成，可以提高信息的传输能力，从而为病人提供高质量的医疗服务。

（3）存在问题三：信息利用率较低

各大医院保存的大量患者既往病史、治疗方案、反馈信息等材料为医疗科研人员总结发病原因、治疗方案、治疗成功率、疾病死亡率等提供了宝贵的科研素材，因此，深入分析、充分利用这些材料分析病人的来往地、生活水平、生活习惯、工作类型、工作强度等可调整医疗服务的发展方向，满足病人的需求。新医改方案中对健康档案的建设将在全国范围内逐步开展，而目前较低的数据汇总和统计分析水平导致大量数据难以得到充分利用，无法挖掘隐藏在数据中的隐含信息，影响了医疗信息化的推进进程。

（4）存在问题四：城市、农村间区域发展不平衡

随着信息技术的深入广泛应用，城市中各大医院均增加了对医疗信息化建设的投入，许多医院都建立了门诊和住院医生工作站，个别医院正在努力实现电子病历和医学影像的数字化，逐步完成数字化医院的构建。而受限于经济发展水平，农村医疗信息化的开展存在很多困难，如没有建设覆盖全市各乡镇的农村医疗保障信息交换平台，在地、县级和西部地区没有完全实现计算机辅助管理、辅助医疗，没有实现农村医保信息的数字化、网络化管理以及各医疗机构之间的信息共享等。城市、农村医疗信息化发展不平衡，严重阻碍了医疗信息化的全面推广。

（5）存在问题五：医疗信息化法规缺乏统一性

目前医院信息系统建设自由度过高、缺乏统一规范，严重制约了医疗信息化的应用。各个医院都有各自的一套系统，药物名称、检查方法、诊断名称、手术名称都不一样。特别是在数字影像的采集、显示、远程医疗等方面尚缺乏标准，因而数字化医疗在工作中的可靠性和安全性难以得到保证。标准体系的缺失致使各医院的系统自成体系，为信息交互与共享带来很大困难[194]。

3. 医疗信息化应用发展趋势

（1）建立医院信息系统

当前主要是建立以病人为中心的医院信息系统（HIS），该信息系统可对医院的主要业务部门（包括门 / 急诊部、住院部、药库、药房、辅助科室等）进行较为全面的医疗管理和财务管理。HIS 是医院信息化的基础，也是医院信息化的热点，由于受经济发展水平及国家政策影响，各地区医院信息化建设水平与投资水平不同，但建立新型的可共享资源、服务及经验的医院信息系统是基于物联网的医疗信息化应用的必然趋势。

（2）引进大型数字化医疗设备及医疗图像信息处理系统

近年来，由于我国的医院纷纷引进先进的数字化医疗设备，这些独立的系统虽然已经对医疗行业的发展起了很大的作用，但如果能进一步通过网络与计算机系统实现互联互通，则能发挥更大的作用。目前，国内外已研制出了一些系统，目前已投入使用，并将迅速地发展、成熟并被推广。

（3）远程会诊系统

由于我国各级医院的医疗水平差异较大，为了充分利用现有的医疗资源，使病人

得到更好的诊治，远程会诊系统应运而生并迅速在众多医院开始投入使用。但目前存在的远程会诊系统水平参差不齐，联网方式多种多样，组织较为混乱，导致远程会诊系统之间交互能力较差。远程会诊及今后的远程医疗是未来的发展趋势，应组织技术及资金积累较为雄厚的相关物联网设备厂商及研究机构对其进行完善的规划，并会同相关部门制定统一的标准，采用各种先进的技术及管理措施实现。

5.2.2　医疗信息化系统体系结构

医疗信息化是先进的信息网络技术在医学及医学相关领域，如医疗保健、医院管理、健康监控、医学教育与培训中的一种有效应用。维基百科认为，医疗信息化不仅仅是一项技术的发展与应用，它是医学与信息学、公共卫生与商业运行模式结合的产物。医疗信息化技术的发展对推动医学信息学与医疗卫生产业的发展具有重要的意义，而物联网技术可以将医院管理、医疗保健、健康监控、医学教育与培训连接成一个有机的整体。医疗卫生信息化包括医院管理、社区卫生管理、卫生监督、疾病管理、妇幼保健管理、远程医疗与远程医学教育等领域的信息化，其中医院信息系统和远程医疗是整个医疗信息化的基础与重要组成部分。

1．医院信息化系统

随着信息技术的快速发展，国内越来越多的医院正加速实施基于信息化平台的医院信息系统的整体建设，以提高医院的服务水平与核心竞争力，从而为患者提供更舒适、更快捷的医疗服务。对医院进行信息化改造不仅能有效提高医生的工作效率，还能提高患者满意度和信任度。因此医疗业务应用与基础网络平台的逐步融合正成为国内医院，尤其是大中型医院信息化发展的新方向。

随着我国市场经济体制的确立和全国医疗保险机制的实施，医疗卫生系统正面临着内、外部环境的变化，一些制约医疗卫生事业发展的深层次矛盾和问题日益显现。医疗卫生系统要适应形势的变化，唯一的出路是改革医疗卫生体制，加速医疗卫生信息化进程。推进医疗信息化的目的是以先进的信息技术为依托，充分利用有限的医疗卫生资源，提供优质的医疗服务，提高医疗卫生管理水平，降低医疗成本，满足广大群众基本的医疗服务要求。

目前，国内大多数医院都采用传统的固定组网方式和各科室相对比较独立的信息管理系统，信息点较为固定、功能较为单一，这严重制约了医院信息系统（HIS）发挥更大的作用。如何利用物联网相关技术，构建可靠、高效的医院信息系统，从而更有效地提高管理人员、医生、护士及相关部门的协调运作能力，提高医院整体信息化水平和服务能力，是当前医院迫切需要考虑的问题。

医院信息化系统（HIS）是现代化医院运营所必需的技术支撑环境和基础设施。HIS 是以病人的基本信息、医疗经费与物资管理为主线，涵盖医院所有医疗、护理与医疗技术科室的管理信息系统，通过接入互联网以实现远程医疗、在线医疗咨询与预约等服务。HIS 由医院计算机网络与运行在计算机网络上的 HIS 软件系统组成[195]，医院信息系统（HIS）结构示意图如图 5-1 所示。

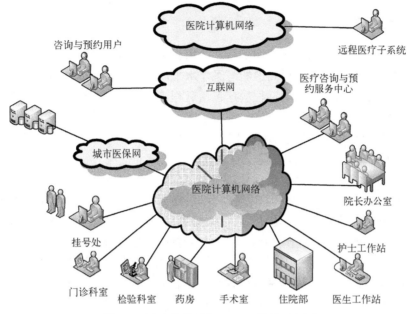

图 5-1 医院信息系统（HIS）结构示意图

HIS 一般是由以下几个子系统组成。

① 门诊管理子系统：主要完成患者身份登记、挂号与预约、电子病历与病案流通管理、门诊收费与门诊业务管理功能。

② 住院管理子系统：主要完成住院登记、病案编目和医务管理等功能。

③ 病房管理子系统：主要完成病人入住、出院与转院管理和护士工作站与医生工作站管理等功能。

④ 费用管理子系统：主要完成收费价格管理、住院收费、收费账目管理与成本核算功能。

⑤ 血库管理子系统：主要完成用血管理、血源管理和血库科室管理功能。

⑥ 药品管理子系统：主要完成药库管理、制剂室管理、临床药房管理、门诊药房管理和药品查询管理与合理用药咨询功能。

⑦ 手术室管理子系统：主要完成手术预约、手术登记与麻醉信息管理功能。

⑧ 器材管理子系统：主要完成医疗器械管理、低值易耗品库房管理和消毒供应室管理功能。

⑨ 检验管理子系统：主要完成检验处理记录管理、检验科室管理与检验器材管理功能。

⑩ 检查管理子系统：主要完成检查申请预约管理、检查报告管理、检查科室管理。

⑪ 患者咨询管理子系统：主要完成医院特色科室与主要专家介绍、接受患者或家属通过互联网在线咨询或提供电话咨询和接受患者预约服务功能。

⑫ 远程医疗子系统：主要完成通过互联网实现多个医院的专家在线会诊、在线手术指导与教学培训服务功能。

2．远程医疗

远程医疗是一项全新的医疗服务模式，它将医疗技术与计算机技术、多媒体技术、互联网技术相结合，以提高诊断与医疗水平，降低医疗开支，满足广大人民群众健康与医疗的需求。广义的远程医疗包括远程诊断、远程会诊、远程手术、远程护理和远程医疗教学与培训。

在远程医疗领域，主要包括健康监护、急救服务和远程诊疗，其需求如下所述。

① 人们希望通过尽可能便捷、有效、成本低廉的健康监护系统，对个人的健康体征信息进行监护和跟踪，实现预防在先。

② 在急救模式上，改变目前以呼叫受理+病人双向转运为主、院前车内救助与入院救治相互独立的状况，建设紧急医疗救援中心和各区急救分站，逐渐实现救援中心-急救分站-急救网络医院一体化，争取急救时间，完成信息共享，提高救治效率。

③ 改变目前患者与医生需要面对面进行基本体征监测的状况，实现对患者体征信息的提前远程检查，以缩短诊疗时间，从而高效利用医疗资源。

基于物联网的远程医疗信息系统可以根据监护终端类型、医疗事件发生场景及业务流程的不同划分为远程健康监护、远程诊疗和远程急救三个子系统，其对应的典型业务场景分别为家庭（包括室内和户外）、医院和车载（急救车）。

在家庭远程健康监护子系统中，通过家庭用血糖仪、血压计和心电监测仪等传感设备，监测、汇集、整理测量数据，并将数据经汇聚节点或网关设备发送到卫生健康监测业务服务平台。专业医疗卫生人员可对所得数据进行分析，结合患者健康信息档案对患者病情进行初步诊断并酌情进行健康指导，同时监测服务平台装载的专家知识库可进行辅助诊断。该系统结合短信中心和呼叫中心等系统对被监护者进行诊断告知和病情提醒。

在医院远程诊疗子系统中，需要在住院部病房内或门诊部候诊区对患者的生物体征信息实现远程监测，使得医生在诊疗前获取患者第一手真实性较高的体征监测信息，节约患者就诊时间，提高救治准确率。

在车载远程急救子系统中，在针对急性心肌缺血、严重心率失常或梗死风险患者的救助过程中，为了缩短救治时间，提高救治效率，需要实现在院前救治过程中的诊疗信息与院中、院后诊断治疗信息协同共享；在急救车内对患者基本信息（病史）、体征信息、车内视频信息与急救中心（站）、医院多方实现实时共享[196]。

5.2.3　医疗信息化实施案例及分析

1．视频探视

现今医院对 ICU/CCU 病房的探视有明确的时间和频率限制，而病人家属却希望能随时对病人进行探视，以了解病人的病情变化。因此如何能便捷、安全地探视在医院 ICU/CCU 病房中接受治疗的病人，一直是医院和病人家属之间亟待解决的矛盾。而视频探视系统则可以解决这一问题，让病人家属可以随时随地探视在 ICU/CCU 等核心病房中接受治疗的病人。

病患者家属可通过远程探视电话、互联网预约或通过视频探视亭与病人进行远程视频通话。视频探视的应用场景如图 5-2 所示，视频探视满足了病人家属随时随地能对病人进行探视的愿望，减小了 ICU/CCU 等病房的探视压力。

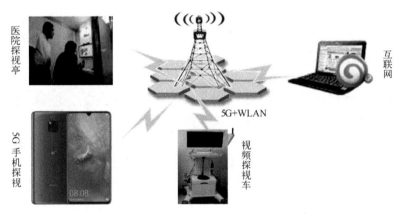

图 5-2　视频探视的应用场景

（1）视频探视系统架构

视频探视系统结构如图 5-3 所示。

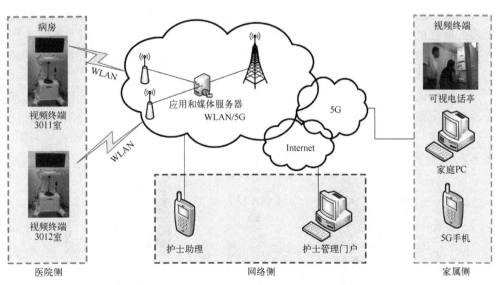

图 5-3　视频探视系统结构

视频探视系统充分利用了 5G 网络的特性，为用户提供了多种选择方式。

（2）视频探视系统功能

视频探视系统能通过设在医院的探视亭、与互联网连接的计算机和 5G 手机进行视频探视。对于通过 5G 手机进行探视的方式，提供如下解决方案。

移动视频探视系统与以下网络单元之间存在接口。

- 医疗行业综合应用网关：病人家属通过短信 / 彩信完成探视预约以及探视密码的发送，采用短信 / 彩信通信，视频探视系统需要与医疗行业综合信息应用网关进行通信。
- MSC（移动交换中心）：移动视频探视平台将与 MSC 采用 E1 进行连接。1条 E1 线路最多可以支持 30 路并发视频通话，因此需要综合考虑系统的容量来决定 E1 接口的数量。

移动视频探视系统被设计成一个独立的局域网，局域网通过防火墙与 Internet 相连，防火墙上可以设置必要的安全控制策略，由防火墙负责过滤所有进出移动视频探视系统平台局域网的访问请求。

基于 5G 网络的移动视频探视系统在病人及其家属之间架设了无缝的视频沟通平台，为病人家属提供了对 ICU/CCU 等病房的远程探视功能。病人家属在病房外的任何地点，都可以通过 5G 手机、互联网等多种途径对病人实现远程视频探视，无须再前往医院病房，彻底解决了对 ICU/CCU 监护病房中的病人探视不便的矛盾，医院在提升服务水平的同时，也极大地方便了病人家属[197]。

2. 远程会诊

基层医疗单位大多存在设备简单、医疗水平较差的问题，迫切需要借助高等级医院的实力提升自身医疗服务水平，因此远程会诊系统应运而生。远程会诊系统为基层人群提供高等级医院的专家医生的诊断和治疗建议，提高基层医疗水平，为病人提供更好的服务。从目前情况看，移动式远程会诊增强了远程医疗的灵活性，降低了会诊成本，实现了专家资源的远程共享。

远程会诊系统通过无线网络提供宽带视频、多人电话会议功能，保证参与远程会诊的医生和专家能及时、快速、全面地交流信息。用户通过移动无线网络接入远程会诊系统，接受专家在线诊断服务，并可以通过远程会诊系统提前预约相应专家，图 5-4 所示为移动远程会诊系统网络结构图。

图 5-4　移动远程会诊系统网络结构图

远程会诊终端通过移动通信网络与应用平台连接，应用平台与医院内部的远程会诊系统相连，共同实现远程会诊功能。用户在移动远程会诊系统注册后，随时可以预约远程会诊服务，灵活安排远程会诊地点和时间，极大地方便了用户使用，避免了疾患延误，使发达城市能够为基层医疗资源欠发达地区提供医疗诊断服务。对于参加远程会诊项目的医院，该系统在解决医患矛盾，提高基层疾患诊断质量的基础上，也相应地推广了医院品牌，提高了医院知名度。图 5-5 展示了移动远程会诊系统技术方案。

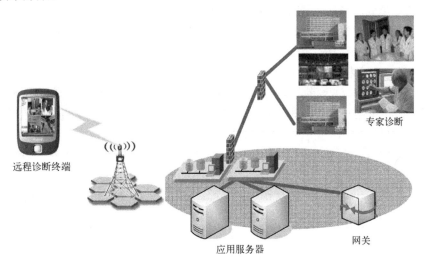

专家诊断

远程诊断终端

应用服务器

网关

图 5-5　移动远程会诊系统技术方案

3．远程健康监护

目前国内各大医院都在加速建设信息化平台和医院信息系统（HIS），以提高医院的服务水平与核心竞争力。医疗信息化不仅能够有效提升医生的工作效率，减少疾病患者的候诊时间，还能够提高病人满意度和信任度，树立医院科技创新服务的形象。

心脏病是突发性死亡率最高的疾病，临床医学的实践证明，98%的心源性猝死患者在发病前多则几个月、少则几天都会出现心律失常，如采取适当措施，早期就诊，将极大地减少突发性心源性猝死悲剧的发生。在中国和发达国家，占总人口20%～25%的人群患有高血压，但世界卫生组织专家指出，尽管心血管疾病是头号杀手，但如果积极预防，每年可挽救 600 万人的生命，因此，降低心血管疾病发病率和死亡率的唯一有效方法是对心血管患者等高危人群进行早期诊断和预防，并加强日常管理。

据《中国心血管病报告 2018》估计，心血管疾病现有患者人数为 2.9 亿，其中脑卒中 1300 万人，冠心病 1100 万人，肺源性心脏病 500 万人，心力衰竭 450 万人，风湿性心脏病 250 万人，先天性心脏病 200 万人，高血压 2.45 亿人。但具备心血管疾病诊断的大型医院数量非常有限，且人满为患，远远不能满足诊断需求。另外，每个城市的社区医院数量庞大，以重庆为例，重庆社区（乡镇）医院的数量为 1 万多家。如果通过医疗远程监护系统将个人、家庭、社区、医院四个层次结合为一个有机医疗救助体系，为患者提供在社区、乡镇实现心血管疾病预防监控和日常管理的手段，将能极大缓解我国医疗资源紧缺的局面。

（1）远程健康监护系统架构

远程健康监护系统包括远程健康监护终端、移动无线网络（5G 网络）、监控服务中心及专家处理系统，图 5-6 展示了远程健康监护系统结构图。远程健康监护终端包含用户心脉等参数的采集处理模块、存储模块和通信模块，其中通信模块由模组和专号段的 SIM 卡组成。远程健康监护终端采集的数据通过移动无线网络传输到监控服务中心，中心将用户身体参数发往专家处理系统，由医学专家进行实时诊断，并给出诊断结果及建议。诊断结果存储在监控服务中心，同时通过移动通信网络及时反馈给用户，使得用户能够及时了解自己的病情，便于决定是否采取进一步治疗措施。

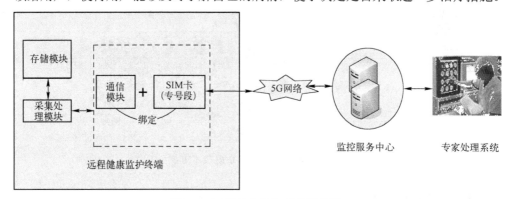

图 5-6　远程健康监护系统结构图

远程健康监护系统与以下网络单元之间存在接口。

- 医疗行业综合应用网关：检测数据的发送以及监控服务中心处理报告的反馈将通过短信／彩信完成，因此远程健康监护系统需要与医疗行业的综合信息应用网关进行通信。
- 远程健康监护终端与监控服务中心：远程健康监护终端与监控服务中心之间需要通过移动无线网络通道进行通信。
- 移动计费系统：诊断和会诊费用由移动计费系统根据远程健康监护终端采用短信上传的记录进行计费并生成账单。

远程健康监护系统工作流程如下所述。

- 用户在日常或者感到不适时，使用远程健康监护终端进行血压、心电测量，并将测量数据立即发送到监控服务中心的服务器。
- 会诊医院医生登录监控服务中心，对测量数据进行分析并将结果和治疗建议以短信方式发送回用户的远程健康监护终端，同时按症状的严重程度用短信分别通知用户及其绑定的亲友、医师；当用户出现需要紧急处置的症状时，经用户授权，将协调医疗机构参与救助。

- 监控服务中心将用户一定时期内的测量数据自动生成变化曲线,用户长期绑定的医生可查看用户血压等数据的变化曲线,帮助医生充分了解和分析用户每次测量时其服用的药物对病情控制的效果。

用户只需在家或附近社区医院现场检测血压、心电等状况,远程健康监护系统会将检测的数据发送到后台的数据库。专家对相关数据进行分析诊断,给出诊断结果和建议,社区医院通过授权账号登录后台系统查看分析报告。对病情严重、难于控制的使用者,系统将采取 24 小时监护、专家会诊、要求使用者到医院就医等措施。图 5-7 展示了远程健康监护应用场景。

图 5-7　远程健康监护应用场景

（2）远程健康监护系统功能

远程健康监护运用物联网、医疗、通信、计算机等技术,通过各种医学传感器采集使用者身体状态数据,将所得数据、文字、语音和图像资料进行远距离传送,实现远程诊断、远程会诊及护理、远程探视、远程医疗信息服务等。

为降低心血管疾病的发病率和死亡率,对心血管疾病进行早期诊断、预防和完善的日常管理,远程健康监护可以着重于远程血压监护和远程心电监护,在此基础上可扩展到其他疾病甚至传统医疗服务(如专家咨询、健康评估和健康干预等)或信息化增值服务(如健康讲座、远程挂号和导医服务等)。

传统健康监护产品存在以下弊端。

- 不能提供上传数据的健康测量仪:只提供心电和血压测量数据与存储,但无法发送测量数据,不能起到实时监控的目的。
- 便携式连续监测健康仪:作为临床医疗设备的一种,费用十分昂贵,而且对日常健康管理意义不大,医生也无法观察连续不断的心电和血压数据。
- 片段监测健康仪:可进行实时片段心电及血压的测量并可发送数据到诊断中心,这种监测和诊断方式与远程健康监护相同,但产品全部以医院为主要销售渠道,是医院的辅助诊断手段,有很大的局限性。

远程健康监护优势及特点如下所述。

- 就医便利:通过家庭自检或社区医院进行远程健康监护,省却使用者去医院的时间,缓解了大型医院拥堵排队看病的现象。

- 服务专业：远程健康监护系统检测的数据会远程提供给大型医院的专业医生进行分析，使用者可在社区医院或者家里享受专业治疗。
- 治疗及时：远程健康监护系统可充分采集数据，并可长期绑定获取有经验的医生的医疗服务，大大提高了对高血压、心血管疾病诊断的准确性和治疗的有效性，确保使用者得到及时的治疗。

5.3　面向环保行业的物联网应用

党的十八大以来，我国环境治理力度明显加大，环境状况得到改善。但总体上看，长期快速发展中累积的资源环境约束问题日益突出，生态环境保护仍然任重道远。必须着力解决突出的环境问题，为人民创造良好的生产和生活环境。党的十九大报告将坚持人与自然和谐共生作为新时代坚持和发展中国特色社会主义的基本方略之一，将建设美丽中国作为全面建设社会主义现代化国家的重大目标，提出着力解决突出环境问题。这是以习近平同志为核心的党中央坚持以人民为中心的发展思想、贯彻新发展理念、牢牢把握我国发展的阶段性特征、牢牢把握人民对美好生活的向往而做出的重大决策部署，具有重大现实意义和深远历史意义。

环境保护问题是人类在经济发展过程中碰到的新问题，环境保护事业的发展，不断对环境信息的采集、管理、发掘、加工提出新的更高的要求。充分利用新思路、新方法、新技术和新体系，全面、及时、准确地发掘、掌握和处理各种环境信息是提高环保事业科学化管理水平的必要条件，而现代信息技术在显著提高环境保护工作效率的同时，也在影响着环境保护工作的观念和方式[198]。

面向环保行业的物联网应用的基本概念来自美国的"数字地球"计划，主要针对环保工作的现状和要求，利用 IT 技术，地球遥感、遥测技术等先进技术和手段，对环保数据要求和业务要求进行深度挖掘和整理，实现对环保业务的严密整合和深度支持，从而最大限度地提高中国环保信息化水平、监管执法水平及工作协调水平。

通过建立基于物联网技术的环境信息系统，可实现环保数据的采集、存储、分析和处理，实现环保信息资源的共享与合理使用，从而最大限度地提高信息化水平和监管执法水平。通过建立各个监测系统，可以直接、方便地调动和分析数据，监控环境的动态变化，制定优化的环境治理方案，大大提高工作效率，实现"高效办公"。建立数字环保信息系统是当前实现城市生态可持续发展的迫切需要，是加强城市环境保护与管理的重要途径，具有重要的实际意义、广泛的应用领域和美好的应用前景[199]。

5.3.1　环保行业的物联网需求、存在的问题及发展趋势

（1）环保行业物联网需求

在国民经济发展中只重"量"不重"质"，在城市化、工业化进程中不注重环境保护，这些问题都使得环境污染问题日益严重，主要表现为环境监测能力十分滞

后，且环境监测水平的地区性差异非常明显，部分落后地区的环境监测站甚至不能正常开展工作。环境监测领域的广度及深度也远远不够，环境监测对象以水、气、声、渣为主，土壤、生物、放射性、电磁辐射、环境振动、热污染和光污染等监测工作刚刚起步，有毒、有害、有机污染物等项目尚未普遍开展监测。环境监测手段以手工为主，监测频次低，时效性差，技术装备能力不足，技术与方法不完备。在污染物排放量激增的情况下，间歇的监测已不能掌握污染源和环境污染状况的变化。

由于目前环境监测网络体系不完善、环境监测信息统一发布平台尚未建立，以点代面，受传统监测手段的制约，对环境污染和生态破坏及其灾害不能实现大面积、全天候、全时段的动态监测。为了适应社会对于环境保护的要求，必须通过加强环境科技创新以提高环境监测和预警的技术支撑能力，提高监测装置的精度，扩大自动监测范围，提高所有设备长期运行的可靠性，加强信息处理技术、控制技术的应用，实现环境质量变化预报和环境质量直接控制。

（2）环保行业物联网应用中存在的问题

我国高度重视环境保护事业，并将环境保护事业作为我国的一项基本国策。乘物联网技术高速发展的"东风"，目前，我国环保事业的信息化已经取得了较为显著的成果，初步建立了以国控网为骨干的环境地面监测网络体系。城市环境监测站按照环境监测技术规范进行常规的环境质量监测，各大主要城市均已按照生态环境部的要求设置环境监测点，保证了环保数据采集的空间代表性。数字环保的理念正在渗透到我国环保工作的各个方面。但是在中国数字环保规划的制定和实施过程中，仍有很多问题尚待解决。

问题一：政府职能部门缺乏统一的、阶段性的规划。数字环保是政府行为，应在统一的框架和规划下分工合作，协同配合，确定阶段性目标，划分层次，分清轻重缓急，分阶段、有步骤地在现有的工作基础上稳步推进，才能最终实现环保行业的共建共享。

问题二：相关法律法规的缺失。在中国数字环保建设和应用中涉及的政策法律问题很多，如数据共享问题（分为很多层次）、网络协议、数据交换标准制定等，应超前制定相关法律法规，尽量杜绝资源浪费。

问题三：环保行业信息技术有待完善。环保信息系统的基础是大型数据库，规划中要严格选取一批有数据库维护技术基础的单位，建设一些具备一流存储、检索手段的专业数据中心，完成分布式大型数据库建设。针对目前高速宽带网建设中出现的问题，可借鉴美国建设信息高速公路的融资运作方式，吸引企业（包括私营企业）投资，还可采用设备制造商公司上市等融资方式，根据投资比例确定受益份额[200]。

（3）环保行业物联网发展趋势

目前，我国环保产业正处于快速成长期，年均增长率达到 15% 以上，高于同期国民经济的增长速度，成为国民经济增长的新亮点。随着环保产业的不断壮大，其外延和内涵也在不断延伸，涵盖环保设备（产品）的生产和经营、资源综合利用、环保服务、绿色产品生产等多个领域。近几年，我国环保产业在高新技术产业化政策的引导下，环保技术开发、技术改造和技术推广的力度不断加大，环保新技术、新工艺、新产品层出不穷，各种技术和产品基本覆盖了环境污染治理和生态环境保护的各个领域。尤其是利用物联网技术建立的污染源自动监控系统在污染监管方面起到了良好的示范作用，通过自动化、信息化等技术手段可以更加科学、准确、实时地掌握重点污染源的主要污染物排放数据及污染治理设施运行情况，及时发现并查处违法排污行为。目前全国有若干环保产业园与示范试点区域正在建设之中，建设中的环保产业园有宜兴环保科技工业园、国家环保产业发展重庆基地、常州国家环保产业园等。在这些示范区域，利用信息化技术建立污染自动监控系统是最重要的工作之一。

　　信息化发展是环保行业最主要的发展方向，未来智能环保发展趋势主要体现在以下几个方面：各级环境信息化管理机构将进一步完善，逐步实现规范化管理；环境信息资源规划将实现全面的集成和整合；基础网络建设将进一步加强；各种信息化应用系统，包括污染监管系统将会得到进一步的开发，将逐步建立环保系统信息发布与交换平台及环境数据中心；环境信息标准体系、网络基础设施标准、应用支撑标准、应用标准、信息安全标准等各项标准将逐步完善；全国将进一步深入推进环境信息化建设，推行电子政务，提高环保服务网络化和办事便捷化程度[201]。

5.3.2　环保行业物联网应用的系统体系结构

　　未来环保行业的物联网技术应用将以环境监测为主，而环境监测具有物联网典型的三层结构体系，即感知互动层、网络传输层、应用服务层。

　　感知互动层具有物联网全面感知的特性，利用现代化的传感技术，对人、物品及自然环境的静态或动态信息进行大规模、分布式的感知以获取有价值的信息，还可根据不同的感知任务采用协同处理方式，对多种类、多角度、多尺度的信息进行在线计算与控制，并通过接入设备将获取的感知信息与网络中的其他单元进行资源共享与交互。具体到环保行业物联网应用的感知互动层，则是针对水文、气候、地质、地貌、气象、地形、污染源排放情况等监测对象，采用大量新式传感器对环境进行持续性定量监测和感知，为下一步进行环境状况分析提供数据支撑。

　　网络传输层包括接入和传输部分，通过结合各种通信和网络技术，将分布式获取的感知互动层信息传送到现有移动通信网络、无线城域／局域网络和卫星通信网等基于基础设施的网络，最终传送到应用系统服务器或互联网。环保行业的物联网网络传输层与其他行业相比并无本质区别，都是借助现有的各种互联网络，将感知的环境信息安全可靠地进行传输。

　　应用服务层受益于通信技术、嵌入式技术、半导体技术及传感器技术的快速发展，通常具有智能处理特性，能够对海量信息进行全面分析，提高人类对物理世界的洞察力，辅助进行智能决策和调节控制。应用服务层将网络信息资源整合成可互联互通的大型智能网络，为大规模环境监测应用建立起一个高效、可靠、可信的基础设施平台，实现感知信息的处理、协同、共享与决策。

与传统环境监测网络相比，基于物联网技术的环境监测网络有诸多优点：传感器节点比卫星、雷达等监测手段更靠近被监测对象，因此，也就有更高的监测精度和准确性；由于无线传感器网络具有自组织、高冗余度的特点，在较为恶劣的应用场景中，与传统环境监测网络相比，具有更高的可靠性、容错性和鲁棒性；融入物联网技术的环境监测网络具有分布式数据处理、多节点协作等特性，使得监测工作更加全面，环境信息的采集和传输的实时性更好。

5.3.3　环保行业物联网应用实例分析

1. 水体污染监测

各类工业企业密集在城市，排入城区河段的污染物数量极大，造成流经城市的河流被污染；陆地水体中的湖泊交换能力较弱，若污染物长期滞留，则极易使水质恶化和富营养化；地下水遭受城市污水和工业废水污染日益严重；农田排水和地表径流造成的水污染也比较普遍。然而，现有的水质采样测量手段和基于有线网络的监测模式远远不能满足对河流湖泊进行全方位覆盖监测的需求，因此，迫切需要一个能进行实时数据采集和传输的水质监测系统，以满足对水质实时监测和预警的数据分析需求[202]。

（1）水质污染监测系统架构

水质监测系统主要运用在两种领域：天然水域监测和工业废水监测。按照生态环境部要求，在被监测点安装水质数据采集系统，实时采集水体中各种反映水质状况的综合指标（如温度、色度、浊度和 pH 值等）以及各种有机物、有毒物质的信息，这些信息通过 2G/3G 网络传输至监控中心，监控中心根据采集的数据信息对水质状况进行分析，一旦发生超标情况，立刻向企业及生态环境部污染源监控中心平台实现联动告警，并通过手机短信的方式直接将告警信息发给相关管理人员。

应用场景如下所述。

水质污染监测系统结合传感器网络、移动通信网，形成一套面向水质污染爆发监测和预警的可管理可运营的总体技术解决方案，该解决方案的技术架构分三层：感知层、网络层和应用层。水质监测系统结构图（以太湖水质监控系统为例）如图 5-8 所示。

① 感知层：将可测量各种指标的传感器节点散布至被监测地区自组织为传感器网络，网络内所有传感器节点将感知的各种指标信息传递给传感器网关，由网关接入移动通信网络。可测量的指标包括不同水层的水温、pH 值、溶氧量、氨氮含量、叶绿素、蓝藻素、风速、风向等。还可根据实际需求建立 TD 移动巡检单站点和双模巡检单站点等网元，实现水域重点区域的监测网络覆盖。

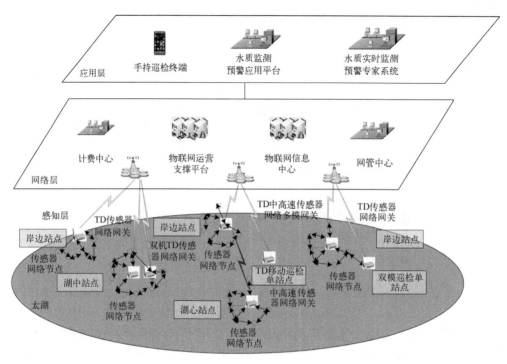

图 5-8　水质监测系统结构图（以太湖水质监控系统为例）

　　传感器网关可集成 5G 通信模块并外插 SIM 卡，或直接采用基于 WMMP 等移动通信协议的芯片模组技术。为了提高传感器网络的抗毁性和容错性，还可设计传感器网关的双热备份机制。巡检站点能够在一定水域范围内采用远程遥控方式进行任意地点的监测，使信息的采集更加灵活。

　　② 网络层：建立或使用已有的 5G 通信网络、物联网运营支撑平台、网管中心、计费中心和物联网信息中心，实现远程传输、远程管理和维护、安全认证、计费、用户管理，以及信息的存储等功能。5G 网络负责数据远程传输；物联网运营支撑平台负责对传感器网络节点、传感器网络网关、移动终端等通信设备的管理，以及对传感器、外接电源等设施的管理；网管中心负责对传感器网络节点的加入与退出、信息的上行上传和下行控制、设备的维护与管理，以及安全认证鉴权；计费中心对系统业务使用进行计费及用户管理；物联网信息中心负责感知信息的存储、查询、共享、安全控制，以及数据挖掘等。

　　③ 应用层：建立水质监测预警应用平台、水质实时监测预警专家系统。水质监测预警应用平台可以直观地反映目前监控点的水质情况，对水质数据进行关联和分析处理，对水质状况进行评价；以图、曲线和数据列表的形式动态显示各种监测参数的变化值、水质评价类别以及数据的属性；水质实时监测预警专家系统在获得污染物浓度的空间分布基础上，实现对污染物浓度的预测和预报。

　　（2）水质污染监测系统功能

　　① 水质实时监测：实时监视和测定水体（天然水和工业排水）中污染物的种

类、各类污染物的浓度及变化趋势并评价水质状况，主要监测项目可分为两大类，一类监测项目反映水质状况的综合指标，如温度、色度、浊度、pH 值、电导率、悬浮物、溶解氧、化学需氧量（COD）和生物需氧量（BOD）等；另一类监测项目监测有毒物质，如酚、氰、砷、铅、铬、镉、汞和有机农药等。

② 污染超标告警：当监测到污染超标、检测设施非正常关闭等事故时，系统能自动识别事故类型，及时向环境监理部门发送告警信息。

③ 统计分析：可对所选择污染源监测点的监测数据进行统计分析，以曲线图、直方图和表格等形式进行显示。

④ 数据存储：能自动监测、记录、存储、传送数据，实时采集各类环保测量仪器的输出信号，并将测量数据通过无线通信网络远程发送至生态环境部污染源监控中心平台，同时将数据保存在本机大容量数据存储器中。

⑤ 参数设置：可按照设置的时段采集一组数据，并实时发送至生态环境部污染源监控中心平台或保存在本机内部大容量数据存储器中；可通过串行接口对系统各项运行参数进行设置。

2．城市污染源监测

目前城市工业化发展带来的环境污染问题日益严重，国家对环保的要求也越来越高。如何做好污染的控制与治理已成为各级政府迫在眉睫的问题。生态环境部作为环境管理的政府职能部门，迫切要求利用信息化手段来实现对各个重点排污口的实时监控，以突破传统的污染监控管理模式，提高污染治理效率；企业为了达到国家的排污标准，也需要一套高效、科学的设备来监测自身的排污状况[203]。

（1）城市污染源监测系统设计

通过在各重点排污企业的排污管道、关键生产设备上安装终端数据采集系统，可以实时采集产生污染关键设备的工作状态以及排污管道排出物的成分数据，这些数据可被通过无线通信网络传输至监控中心，一旦监测到污染物超标等事故发生，可立即向企业及生态环境部污染源监控中心平台告警，并能通过手机短信方式告知相关管理人员。

图 5-9 所示为城市污染源监测系统结构图，该图展示了城市污染源监测应用场景。

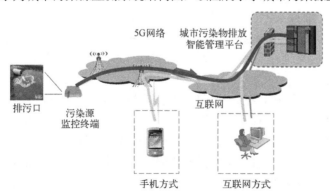

图 5-9　城市污染源监测系统结构图

城市污染物排放智能管理平台主要由数据采集与控制系统、通信子系统、中心智能管理平台及平台查询管理系统四部分组成。

① 数据采集与控制系统：配有流量计量、记录与控制装置，COD 在线监测、氨氮在线监测和 pH 值测定等仪器和设备运行监控装置，对瞬时流量、时段流量、累计流量进行计量记录，测定 COD、氨氮和 pH 等污染物浓度，控制外排废水总量，采集治理设施与监控装置运行数据。同时，系统内配置了远程控制装置，环境管理部门可根据排污总量控制目标核定排污单位的废水排放总量和分配月排放量。排污单位需要按月到环保部门核定允许排放量，以 IC 卡为媒介，将核准的排放量输入现场监控装置，球阀即处于开启状态，企业实行正常排污。若核定的排放量即将用完时，系统可自动报警提示。

② 通信子系统：采用全数字化双向传输，将现场数据实时传送至控制中心，接收市控制中心依据现场监测数据所发出的指令并执行相应操作。

③ 中心智能管理平台：该平台是一个集传感器、无线通信、Intranet/Internet、Web GIS、Web Service、数据库等多项技术于一体的大型数据综合管理系统，该系统为各级管理者和用户提供服务，并且具有良好的安全保障体系。

④ 平台查询管理系统：可支持手机和 PC 两种方式对数据进行查询和管理。

（2）城市污染源监测系统功能

① 污染物排放数据监测：通过对废水和废气等污染物的排放监测，将采集到的数据通过无线通信网络及时传递到监控中心。

② 治污设施运行监测：对某台设备进行的监控不单局限于单参数的监测，可进行多状态监测。

③ 检测设备运行状态监测：能自动监测自动采样器及监测仪等现场仪表和设备的运行状态（运行、停止或故障等）。

④ 工作环境监测：能监测现场监测站的运行环境参数（如温度和湿度）和安防报警等信号。

⑤ 系统告警功能：当出现污染物超标、治污设施停止运转和现场设备故障等异常情况时能主动上传给上一级监控中心，可以设置系统告警的临界值，当危险源参数达到或超过该值时，则通过平台或短信告警。

⑥ 实时数据查询：可通过互联网、手机等多种方式查询污染源的实时监控数据。

⑦ 任务下发，远程控制：可及时响应监控中心发来的限值设定、仪器调校及启停等操作指令，实现远程操作控制。

⑧ 统计分析：系统能自动存储上传的检测数据及操作记录、报警记录和停电记录等事件数据，利用城市污染物排放智能管理平台，可以方便地对各项数据按照不同维度进行统计分析并形成报表。

5.4　面向交通领域的物联网应用

随着我国城镇化步伐的加快，城市人口不断增加，城市道路交通需求急剧增长。虽然已经加强对城市交通硬件设施的建设，但依然无法有效地解决交通堵塞、公共交通压力大等问题，使得交通网络的信息化成为必然趋势。城市交通网络是一个动态而复杂的大系统，而物联网作为新一代信息技术的代表，兼具"信息和智能"两大特征，其在城市智能交通系统中的应用，必将引领城市交通的管理和服务发生革命性的变革[204]。

智能交通系统（ITS）起源于欧美，广泛应用且发展成熟于日本。其将先进的信息技术、数据通信传输技术、传感技术、电子控制技术以及计算机处理技术等有效地集成运用于整个交通运输管理体系，从而建立起一种在大范围内、全方位发挥作用的，实时、准确、高效的综合运输和管理系统。ITS 为交通领域物联网的典型应用，是未来全球道路交通的发展趋势和现代化城市的先进标志。未来的基于物联网技术的城市交通网络与现有的智能交通系统相比，对信息资源的开发利用强度、对信息的采集精度、覆盖度、对商业模式的重视程度都将更进一步，其对城市交通参与要素更透彻地感知，使得城市交通相关信息进一步互联互通，实现对城市交通网络更深入的智能化协同控制，同时推进了城市交通领域的信息化、智能化水平以及物联网核心技术的发展和产业化[205]。

5.4.1　智能交通需求、存在问题及发展趋势

1. 智能交通需求

工业化国家在市场经济的指引下，大都经历了经济的发展促进汽车产业的发展，而汽车产业的发展又刺激经济发展的过程，从而使得这些国家尽早实现了汽车化。汽车化社会带来的诸如交通阻塞、交通事故、能源消费和环境污染等社会问题日趋严重，交通阻塞造成的经济损失巨大，使道路设施十分发达的美国、日本等也不得不从以往只靠供给来满足需求的思维模式转向采取供需两方面共同管理的技术和方法来改善日益尖锐的交通堵塞问题。这些建立在汽车轮子上的工业国家在探索既维护汽车化社会又要缓解交通拥挤问题的办法中，旨在借助现代化科技改善交通状况，达到"保障安全、提高效率、改善环境、节约能源"目的的 ITS 概念便逐步形成。

城市是各种交通运输系统的结合点，城市交通是各种交通运输方式实现平滑衔接不可缺少的关键环节，各种交通运输系统的信息也需要在城市信息平台中进行整合、发布。只有建立城市智能交通系统，才能充分发挥我国智能交通系统的整体作用，有助于提高交通系统综合效率。

2. 智能交通系统存在的问题

智能交通系统作为新一代交通运输系统，对于缓解城市交通压力，方便交通出行及促进社会经济发展等方面起到了巨大的作用，但随之也暴露出如下问题。

问题一：协调力度差，缺乏统一部署。目前国内的智能交通系统尚缺乏统一的行业标准和部署，协调力度差，各省各地区自成体系，缺少配合和协作，各下属交通运输部门标准不统一，各自为战，造成了资源的极大浪费。因此，务必要建立全国统一的智能交通建设领导机构，建立健全相关标准规范，有效整合行业资源。

问题二：ITS 综合性不足。目前的智能交通系统是以道路和车辆为主要研究对象，以提高道路的通行能力、利用效率与安全性为研究目标的新一代交通运输系统，其研究重点是公路交通问题，尚缺乏将 ITS 应用于包括铁路、水运、公路和航空等综合交通体的研究计划，综合 ITS 的基本框架尚未形成。道路 ITS 先行虽然可行，但综合运输系统的智能化程度（包括规划、运营和管理等方面）直接影响道路 ITS 的发展水平和科技含量。因此，研究开发综合 ITS 是实现道路 ITS 的保障环节，也是从根本上解决交通问题的研究途径。

问题三：ITS 的应用应符合我国的国情。我国的 ITS 应用环境与国外有很大不同。一方面，城市规模的不断扩张使智能交通设施的安装与使用都受到了一定的影响。比如，不断膨胀的城市规模与不断变化的路网结构使得基本信息缺乏完整性与准确性。发达国家的城市一般比较稳定，路网结构基本确定，只需应用新技术即可。而在我国，随着城市化的到来，大量人口涌入城市，加之私家车数量的不断增长，智能交通是不能完全解决交通问题的；另一方面，非机动车辆日益增多，混合交通的特点使得 ITS 的应用受到一定的影响。非机动车流是我国交通流的重要组成部分。与国外不同，在开发 ITS 技术和研制 ITS 产品时，还要兼顾步行者和自行车驾驶者等无车族的利益。由于我国具有的混合交通的特点，使得很多在国外应用效果良好的系统在我国不一定完全适合。所以，我们在引进外国技术时，一定要适合中国的特点，不能完全照搬。

问题四：公民交通意识淡薄。我国公民交通法规意识淡薄，交通违规行为非常普遍，严重阻碍了 ITS 效应的发挥，因此，只有加强公民交通法规法律教育，提高全民交通安全意识，才能最大限度地发挥智能交通系统的功效。

3. 智能交通系统发展趋势

目前智能交通系统的发展主要有两种模式：自上而下模式和自下而上模式。其中自上而下模式开展研究的组织形式由政府有关部门研究决定，并确定管理方式及政策条件，开展研究的项目一般由该政府部门确立，并分解为若干子课题交由相关研究机构去研究开发。整个研究计划由该部门统一制定，各研究机构参与研发，各研究机构间是竞争与协作的关系[206]。

美国的 ITS 研究主要采取自上而下的模式。1993 年 9 月，美国政府与 4 个研究机构签署了发展 ITS 的协议，每个研究机构的成员既有政府部门，又有企业联合会和学院的科研机构，这种组合使得政府、企业、学者能够亲密地协作起来，各自发挥其优势，相互促进，取长补短，有助于 ITS 这样一个跨学科的综合性高科技领域的研究开发及应用。

在自下而上模式中开展研究的组织形式基本是独立的研究实体，缺乏政府部门或更高层次的直接领导，开展研究的项目一般由各研究机构内部确定，研究成果一般也仅限于内部使用。研究计划与方向由各研究机构独立确定，研究机构之间缺乏共识。

欧盟对 ITS 的研究主要采取自下而上的模式，这与它的政治体制是非常相关的。由于欧盟目前还是一个相对松散的主权国家联合体，因此，ITS 的研究一般由各个国家独立承担，欧盟只能提出一些不具有约束力的构想。但是因为各个国家都对 ITS 在交通运输行业的发展前景达成共识，因此，欧盟对 ITS 的研究也同样取得了较为辉煌的成就。

无论是自上而下模式还是自下而上模式，都有其一定的局限性。自上而下模式由政府部门指导，统一规划，这样使得各子课题具有较强的统一性和协调性，但是由于信息的不完全性和计划实施的相对稳定性，使得政府的指导有时过于理想化，不能够动态适应实际情况的变化。自下而上模式的优点在于其研究开发工作是由各组织独立进行的，各组织掌握的信息比较全面，决策及时，灵活性比较大，这样有利于在不断变化的环境中开展研究。缺点是各个子系统之间的相互协调十分困难，不利于 ITS 向更高更完善的层次发展。因此，未来智能交通系统的发展将会把两种模式结合起来，综合两种模式的优点，从根本上解决城市交通问题[207]。

为逐步实现与经济快速增长相适应的交通运输体系，我国政府已将智能交通系统作为中国未来交通发展的一个重要方向。根据国家未来的发展规划，对城市智能交通系统的建设将继续加大发展力度。首先将在 50 个左右的大城市推广交通信息服务平台建设，提供交通信息查询和交通诱导等服务；在 200 个以上的城市发展城市智能控制信号灯系统，形成智能化的交通指挥系统；在 100 个以上的大城市推进城市公共交通区域调度和相应的系统建设，加大电子化票务的建设与应用。随着智能交通系统的日益发展，城市交通综合信息平台、全球定位与车载导航系统、城市公共交通车辆以及出租车车辆指挥与调度系统和城市综合应急系统都将迎来大的发展机遇。

5.4.2　智能交通系统体系结构

基于物联网技术的智能交通系统具有典型的物联网三层架构，即由感知互动层、网络传输层、应用服务层三个层次构成。其中，感知互动层主要实现交通数据的采集、车辆识别和定位等功能；网络传输层主要实现交通数据的传输功能，一般包括核心层和接入层，这是智能交通物联网中较为独特的地方。应用服务层中的数据处理层主要实现网络传输层与各类交通应用服务间的接口和能力调用功能，包括对交通数据进行分析和融合，与 GIS 系统的协同等[208]。

1. 感知互动层

实时、准确地获取交通信息是实现智能交通的依据和基础。交通信息分为静态信息和动态信息两类，静态信息主要是基础地理信息、道路交通地理信息（如道路网分布等）、停车场信息、交通管理设施信息、交通管制信息以及车辆、出行者等出行统计信息。静态信息的采集可以通过调研或测量完成，然后被存放在数据库中，一段时间内保持相对稳定；而动态交通信息包括时间和空间上不断变化的交通流信息，包括车辆位置和标识、停车位状态、交通网络状态（如行车时间、交通流量、速度）等。

感知互动层通过多种传感器、RFID、二维码、全球卫星定位系统和地理信息系统等数据采集技术实现对车辆、道路和出行者等多方面交通信息的感知。其中，不仅包括传统智能交通系统对交通流量的感知功能，也包括车辆标识感知和车辆位置感知等一系列对交通系统的全面感知功能。

2．网络传输层

网络传输层通过泛在的互联功能实现感知信息的高可靠性、高安全性传输。智能交通信息传输技术主要包括交通物联网接入技术及车路通信和车车通信技术等。专用短程通信（DSRC）技术是智能交通领域为车辆与道路基础设施间通信而采用的一种专用无线通信技术，是针对固定于车道或路侧单元与装载于移动车辆上的车载单元（电子标签）间通信接口的规范。

DSRC 技术通过信息的双向传输，将车辆和道路基础设施连接成一个网络，支持点对点、点对多点通信，具有双向、高速、实时性强等特点，广泛应用于道路收费、车辆事故预警、车载出行信息服务和停车场管理等领域。

除车路通信技术外，车车通信也是智能交通物联网的重要通信技术。车车通信主要依赖于车载自组织网络（VANET）技术，在几十到几百米的通信范围内，车辆之间可以直接传递信息，不需要路边通信基础设施的支持。

3．应用服务层

感知互动层所采集到的未加工过的交通数据可能是视频也可能是移动通信网络的基站信号或者 GPS 的轨迹数据，尚不能表达任何交通参数，应用服务层从采集到的这些原始数据中提取出有效的交通信息，进而为交管部门、大众或其他用户提供决策依据。

应用服务层主要包括各类应用，既包括独立区域的独立应用，如交通信号控制服务和车辆智能控制服务等，也包括大范围的应用，如交通诱导服务、出行者信息服务和不停车收费等。

5.4.3 智能交通实施案例及分析

1. 特种车辆监控

特种车辆运输管理是智能交通服务的一个重要内容。尤其是运输危险品的车辆，存在很多安全隐患，运输安全事件时有发生。针对特种车辆的监控主要是对运输集装箱的开关货箱及其箱内温度、湿度、压力、震动等情况进行实时监控，及时发现并消除危险隐患。同时，特种车辆的管理部门可通过所设计的系统对行车记录进行监控。

（1）特种车辆监控系统架构

特种车辆监控系统是在现有车务通业务架构基础功能上，通过给车务通终端加装传感器的方式实现对车辆特种状态监控，车务通系统结构图如图 5-10 所示。

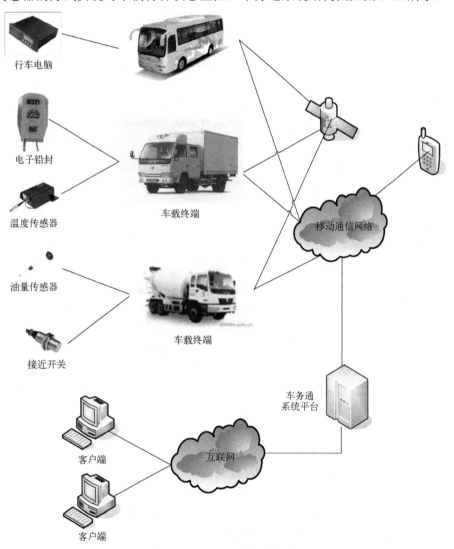

图 5-10　车务通系统结构图

● 车载终端：具有 GPS 功能的车载终端对车辆位置信息进行实时监控，并可以与车辆内部相连的电子铅封、油量传感器、温度传感器、接近开关等传感器相连接，将监控数据通过移动通信网络上传到车务通系统平台。

- 电子铅封：使用 RS-232 接口与车务通车载终端相连接，将电子铅封的开关状态通过车载终端上传到车务通系统平台。
- 温度传感器：使用 RS-232 接口与车务通车载终端相连接，将温度值通过车载终端上传到车务通系统平台。
- 油量传感器：使用 RS-232/RS-485 接口与车务通车载终端相连接，将油量值通过车载终端上传到车务通系统平台。
- 接近开关：使用数据线与车务通车载终端相连接，将罐车正反转状态通过车载终端上传到车务通系统平台。
- 行车电脑：可以采集车内行车数据，包括方向盘转向和刹车动作等，与车务通终端相连接，将行车数据上传到车务通系统平台。
- 移动通信网络：负责数据传输。车务通系统平台与车载终端之间的传输方式可以采用 NB-IoT 或者短信等数据传输方式，确保数据传输的稳定性和可靠性。移动网关（GGSN 和短信网关）与车务通系统平台之间有数据专线。
- 车务通系统平台：用户可通过互联网登录车务通系统平台，及时了解车辆位置信息及车辆状况。该平台采用图形界面，简单明了，易于操作。同时，平台内置告警机制，通过短信，在车辆报警时通知相关人员。

（2）特种车辆监控系统功能

特种车辆监控系统可实现如下功能。

- 电子铅封功能：为危险品及特种商品（如烟草）运输车辆安装车务通终端，并在货厢上加装电子铅封，可以满足企业对运输途中开关货箱进行监控的需求，防止货物被中途偷盗，为企业减少损失。
- 混凝土中途卸车监控功能：混凝土行业需要对混凝土运输车辆正反转状态进行监控，防止司机中途卸车，为混凝土公司减少损失。
- 温度监控功能：食品运输企业需要对货厢内的温度进行监控，防止在运输途中由于司机工作疏忽导致车厢内温度超过阈值，引起食品变质，减少产品损失。
- 油量监控功能：大型客户或者货运车辆都是耗油大户，运输企业为了防止油被偷，降低企业运营成本，需要对油量进行监控。
- 行车记录监控功能：为了对"两客一危"车辆的安全生产进行管理，需要对行车记录进行监控。

车务通系统能解决危险物品及特种商品在运输途中存在的安全隐患以及"两客一危"车辆等存在的突出性问题，防止货物中途被偷盗，为企业减少损失。通过对货箱内食品的温度监控，可解决食品变质等问题，减少产品损失。对大型客户或者货运车辆等耗油大户来说，能解决油被偷问题，降低企业运营成本。

2．出租车监控

目前，出租车行业经营不规范、服务不达标、安全隐患突出、监管制度不健全的问题，需要进行规范化管理，切实保障乘客及其驾驶员人身和财产安全。同时现有出租车运营管理方式信息化程度不高，需要提升整体效率。

（1）出租车监控系统架构

出租车运营管理方案是在车务通系统的基础上，通过深入了解出租车行业的需求，从出租车公司或者出租车管理部门的个性化需求着手，开发的一套专业的出租车管理系统。该系统具备通用车务通系统的基本管理、监控和统计分析功能，增加了出租车运营数据管理、载客不打表检测、图片抓拍和广告发布等功能，可满足出租车公司的日常管理需求，提升出租车智能化管理水。出租车监控系统框架如图 5-11 所示。

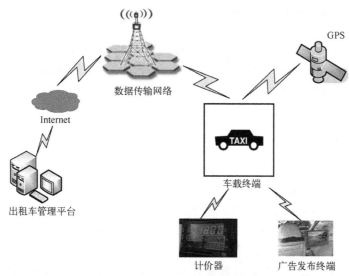

图 5-11 出租车监控系统框架

- 车载终端：具有 GPS 功能的车载终端可对车载位置信息进行实时监控，并可与车辆内部的计价器和广告发布终端相连接，将计价器数据通过数据传输网络上传到出租车管理平台，并接收系统编辑的广告信息。
- 计价器：使用 RS-232 接口与车载终端相连接，将计价器数据上传到出租车管理平台。
- 广告发布终端：通过车载终端与出租车管理平台相连接，接收出租车管理平台发布的广告信息，发布广告信息。
- 数据传输网络：负责数据传输和相关信息传输。出租车管理平台与车载终端之间的数据传输可以采用 NB-IoT 或者短信方式，确保数据传输的稳定性和可靠性。
- 出租车管理平台：用户通过互联网登录出租车管理平台，可及时了解车辆位置信息及车辆状况。

（2）出租车监控系统功能

出租车监控系统可实现如下功能：

● 出租车监控系统是为客户提供招车服务，通过 CTI（Computer Telephony Integration，计算机电话集成，又称呼叫中心）接入到出租车公司的调度系统，由调度人员录入客户信息，并根据客户的需求进行指定的招车预约业务，包括招车业务、定时预约、用户投诉和车辆管理等。

● 出租车监控系统提供统计查询功能，包括司机积分统计、集团车辆类型及业务量分布统计、电招结果类型统计、车辆抢答成功率统计、电招违章及投诉统计、召车派单统计、座席业务统计、车辆业务类型统计、车辆计价器数据统计和车辆计价器数据明细查询。

3. 公交车智能监控调度系统

城市公交是城市交通系统的主体，通过公交智能监控调度系统，可实现区域调度，并可同时对多条公交线路实施调度，实现营运车辆跨线路营运、线路间资源调配（人员调配和车辆调配）；通过电子路单和自动报站，对车辆运行实现过程监控。

（1）公交车智能监控调度系统架构

公交车智能监控调度系统由六部分构成：车载 GPS 终端，电子站牌，IC 刷卡机，前、后、腰牌系统，数据传输网络和公交车智能监控调度平台，其系统结构图如图 5-12 所示，各个部分功能如下所述。

● 车载 GPS 终端：车载 GPS 终端安装于被监控的车辆上，具有数据采集、信息交互、信息显示和连接控制其他设备的功能。

● 电子站牌：公交车智能监控调度系统根据车载 GPS 终端上报的实时运行状态，及时更新电子站牌上公交车辆到站距离信息。

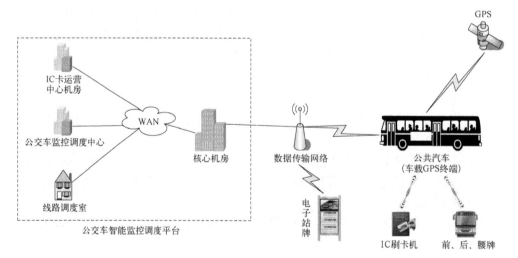

图 5-12　公交车智能监控调度系统结构图

● IC 刷卡机：公交车的 IC 刷卡机与车载 GPS 终端通过标准接口（RS-232/485、

Can2.0、USB2.0）连接，刷卡信息通过无线网络上传到公交车智能监控调度平台。

● 前、后、腰牌系统：公交车的前、后、腰牌系统与车载 GPS 终端通过标准接口（RS-232/485、Can2.0、USB2.0）连接，实现远程自动更新或切换公交车路线信息的功能。

● 数据传输网络：公交车智能监控调度平台与车载终端之间采用 4G 或 5G 网络实现数据交互，确保数据传输的稳定性和可靠性。

● 公交车智能监控调度平台：对车载 GPS 终端上报数据进行分析处理，并连接 GIS 地理信息系统，实现车辆监控、数据信息统计管理、车辆运营调度、自动排班管理和电子站牌信息更新等功能。人们可通过互联网随时随地访问公交车智能监控调度平台。

（2）公交车智能监控调度系统功能

公交车智能监控调度系统可实现的功能如下。

● 公交车辆排班：该系统通过对公交车辆忙 / 闲时段的统计分析，结合公交人员管理信息，自动生成运行计划和排班计划。

● 公交车辆监控和调度：通过该系统，可实现区域调度，公交车智能监控调度平台可同时对多条公交线路实施调度，实现营运车辆跨线路营运、线路间资源调配（人员调配、车辆调配）功能；通过电子路单和自动报站，对车辆运行实现过程监控。

● 电子站牌：电子站牌是公交信息、媒体信息的重要展现部分，可显示所经过线路公交车辆的实时到站信息，为候车乘客提供实时、准确的车辆到站预报。

● IC 卡信息无线传输：IC 卡刷卡机通过标准数据传输协议与车载 GPS 终端连接，可实现实时传输 IC 卡刷卡机的数据、实时更新 IC 卡刷卡机的黑名单、同步 IC 卡刷卡机的时间等功能。

● 公交线路自动切换：公交车的前、后、腰牌系统通过标准数据传输协议与车载 GPS 终端连接，当公交车线路需要更换时，公交车智能监控调度平台通过远程操作，可实现公交车前、后、腰牌，智能语音报站和电子工单考核的自动变更。

5.5　面向电力行业的物联网应用

随着经济的发展，电网负荷增长迅猛，造成能源消耗猛增，这给资源环境保护带来巨大的挑战，世界各国对节能减排和可持续发展的呼声越来越高，与此同时，电力市场运行因素对电网运行的影响日益显现，各种灾害造成的影响越来越严重。这些都对电网安全稳定工作提出了诸多新挑战，为此欧美国家率先提出"智能电网"的概念并进行了相关研究，引起了世界各国电力工业界的广泛关注，智能电网也逐渐成为现代电网发展的新趋势和新潮流[209]。

智能电网是"未来电网"的代名词。智能电网欧洲技术论坛的报告指出，未来电网应具有高灵活性、高可接入性、高可靠性、高经济性；而美国国家能源技术实验室的报告指出，未来电网应更可靠、更坚强、更经济、更高效、更为环境友好、更安全。智能电网涵盖了较多内容，它是一个愿景，一个必须从它的核心价值、主要特征、关键技术等多方面来进行描述的愿景[210,211]。

智能电网是以物理电网为基础，将现代先进的传感测量技术、通信技术、信息技术、计算机技术和控制技术与物理电网高度集成而形成的新型电网，其核心内涵是实现电网的信息化、数字化、自动化和互动化[212]。其中，建立高速、双向通信系统是迈向智能电网的第一步。没有高速、双向、实时、集成的信息通信系统，任何智能电网的特征都无法实现。因此，物联网技术在智能电网中的应用是智能电网技术及网络技术发展到一定阶段的必然产物，该技术的应用，能有效地对电力系统基础设施资源进行整合，进而提高电力系统通信水平，提高当前电力系统基础设施的利用率[213]。

5.5.1　智能电网需求、存在问题及发展趋势

1. 智能电网需求

作为整个社会经济最为重要的基础设施之一，电网输送的电能为整个人类社会的持续性发展带来了光明和动力。相应地，社会经济对电力的依赖程度也越来越高。如果一味扩展电网规模而不解决传统电网中固有的电力流失大、用电难以调控等复杂问题，电网系统将难以适应经济发展的要求。同时，随着风力发电、太阳能发电、燃料电池发电等分布式可再生能源发电资源数量的不断能加，电网与电力市场和用户之间的协调和交换越加紧密，电能质量水平被要求逐渐提高，传统的电网及其控制措施已经难以支持如此多的发展要求。

发展智能电网是国家战略发展需要。我国人口数量众多，人均资源相对匮乏，能源缺口较大，且环境污染问题比较严重。发达国家以石油为主的经济发展模式已不再适合中国未来的发展。要解决能源危机、保护环境，必须改变能源开发途径和消费方式，走资源节约型、环境友好型的发展道路。智能电网将解决电能输送和新能源发电的并网问题。智能电网既能提高新能源发电的比重，有利于风能和光能等新能源的开发，又将改变能源消费方式，加快建设以电能为主导的能源消费结构，减少化石能源的消耗。

很早以前，电力行业在国内就进行了企业信息化建设，其中国家电网公司于2006年提出了在全系统实施"SG186工程"，建成数字化电网、信息化企业的规划。国家对电力系统的信息安全非常重视，曾多次发文指导电力系统的信息安全，如《电网和电厂计算机监控系统及调度数据网络安全防护的规定》和《电力二次系统安全防护总体方案》等，这些制度和方案对电力系统的安全体系建设具有指导意义。由

此可以看出，信息化建设和信息系统的安全对电力行业，甚至国计民生都有着重大的影响。

2. 智能电网中存在的问题

智能电网建设将是我国电网未来十年发展的主要方向，智能电网将具有自愈、抵御攻击能力，可提供满足 21 世纪用户需求的电能质量，可接入各种不同发电形式，实现资产的优化管理等。然而，智能电网相关产业发展还面临着一系列挑战：目前还没有形成完整的技术标准体系，无法在一个统一的框架内协同工作；各种技术的融合、产品的集成及一体化方面的研究力度与国外相比还远远不够，需要政府有关部门投入大量的精力，与科研单位及生产厂商共同努力；投资和利益分摊机制还不明确，无法吸引资金及技术力量雄厚的具备国际竞争能力和影响力的大型企业，导致智能电网产业发展动力不足；在智能电网相关技术的研究和开发中缺乏主导地位；智能电网的应用还存在一些体制和机制障碍等[214]。

3. 智能电网发展趋势

与欧美国家相比，中国独特的能源分布特点使智能电网的发展驱动力和路径有所不同。资源与负荷逆向分布。我国规划将在甘肃、新疆、河北、吉林、内蒙古、江苏 6 个省区建成 7 个千万千瓦级风电基地，同时也在甘肃省、内蒙古自治区等地建成百万千瓦级光伏基地。这将对电网的接纳能力和资源优化配置能力提出了很高要求。随着数字经济和 IT 时代到来，电力消费者对供电可靠性、电能质量以及多元化服务的要求也随之越来越高。

针对目前国内电力行业存在的远距离输电能力不足、电网建设标准较低及电网调配信息化能力不足等问题，国家电网公司公布了"坚强智能电网"的发展战略，明确了"以特高压电网为骨干网架、各级电网协调发展的坚强智能电网为基础，将现代先进的传感器测量技术、通信技术、信息技术、计算机技术和控制技术与物理电网高度集成的新型电网"的发展目标。

坚强智能电网可被看作电力系统的"中枢神经控制系统"，将最新的信息技术、通信技术、计算机技术和控制技术与原有的输、配电基础设施高度结合，形成一个新型电网，实现电力系统的智能化。坚强智能电网与传统电网的不同之处在于互动性，通过终端传感器及各种通信网络在用户之间、用户与电网公司之间形成即时连接的网络互动关系，从而实现数据读取的实时、高速、双向效果，整体提高了电网的综合效率。目前，在国家电网公司的坚强智能电网项目计划中，有60%～80%的投资将用于实现远程采集、远程控制、远程测试、智能交互等非传统项目，急需 ICT技术支撑。

泛在物联是指任何时间、任何地点、任何人、任何物之间的信息连接和交互。泛在电力物联网是泛在物联网在电力行业的具体表现形式和实际应用；这不仅是技术的创新，更是管理理念和管理思维的创新，对内的重点是质效提升，对外的重点是融通发展。泛在电力物联网将电力用户及其设备、电网企业及其设备、发电企业及其设备、供应商及其设备、电力客户及其设备，以及人和物连接起来，产生共享数据，为用户、电网、发电、供应商和政府社会服务；以电网为枢纽，发挥平台和共享作用，为全行业和更多市场主体发展创造更大机遇，提供价值服务。经过十余年发展，国家电网公司已建成两级部署十大应用系统，全面覆盖企业运营、电网运行和客户服务等业务领域及各层级应用，成为日常生产、经营、管理不可或缺的重要手段。公司物联网应用已具有一定规模，接入智能电表等各类终端 5.4 亿余台（套），采集数据日增量超过 60 TB 级，支撑了当前管理和运营需求。

国家电网公司将紧紧抓住 2019 年到 2021 年这一战略突破期，计划通过三年攻坚，到 2021 年初步建成泛在电力物联网；通过三年提升，到 2024 年基本建成泛在电力物联网。

第一阶段：

- 到 2021 年，初步建成泛在电力物联网；
- 在对内业务方面，基本实现业务协同和数据贯通，电网安全经济运行水平、公司经营绩效和服务质量显著提升；
- 在对外业务方面，初步形成能源互联网产业集群和生态圈，新兴业务协同发展，初步建成公司统一的智慧能源服务平台，能源互联网生态初具规模。
- 新兴能源互联网业务收入超过千亿元；
- 在基础支撑方面，平台层初步实现统一物联网管理，数据层基本具备数据共享及运营能力，业务层基本实现对各类能源服务与新兴业态的支撑。

第二阶段：

- 到 2024 年，基本建成泛在电力物联网；
- 在对内业务方面，电网安全经济运行水平、公司经营绩效和服务质量达到国际领先水平；
- 在对外业务方面，基本建成公司统一的智慧能源服务平台，形成共建共治共赢的能源互联网生态圈，引领能源生产、消费变革；
- 新兴能源互联网业务利润贡献率达到 50%；
- 在基础支撑方面，平台层具备统一的物联网管理能力，数据层实现跨专业数据共享，业务层实现对能源服务与新兴业态的全面支撑。

5.5.2　面向智能电网的物联网体系结构

智能电网基于物理电网，是以通信信息平台为支撑的，具有信息化、自动化、互动化特征，包含电力系统的发电、输电、变电、配电、用电和调度各个环节，覆盖所有电压等级，"电力流、信息流、业务流"高度一体化融合的现代电网[215]。为满足建设智能电网所需要的异构需求，物联网需要一个开放的、分层的、可扩展的网络架构，因此，面向智能电网的物联网大致分为感知层、网络层和应用层三个层次[216]，面向智能电网的物联网架构如图 5-13 所示。

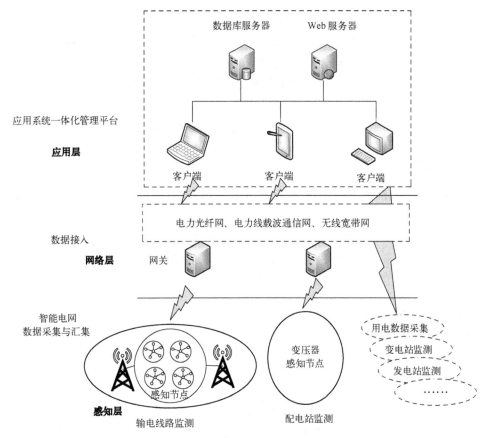

图 5-13　面向智能电网的物联网架构

1．感知层

感知层是物联网实现"物物相联，人物互动"的基础，通常分为感知控制子层和通信延伸子层。其中，感知控制子层实现对物理世界的智能感知识别、数据采集处理及自动控制；通信延伸子层通过通信终端模块或其延伸网络将物理实体与上层互联。

具体而言，感知控制子层主要通过各种新型 MEMS 传感器、基于嵌入式系统的智能传感器、智能采集设备等技术手段，实现对电网状态数据的大规模、分布式获取。通信延伸子层采用光纤通信方式传递电网监控数据，而对于输电线路在线监测、电气设备状态监测数据，除利用光纤传递信息外，还应用了无线传感技术进行数据传输。用电数据采集和智能用电主要通过窄带电力线通信、宽带电力线通信、短距离无线通信、光纤复合低压线缆及无源光通信、公网通信等实现。

2．网络层

智能电网的网络层以电力光纤网为主，电力线载波通信网、无线宽带网为辅，对感知层设备采集的数据进行转发。网络层分为接入网和核心网两部分，主要负责物联网与智能电网专用通信网络之间的接入，实现数据的有效传递、路由和控制，以保证物联网与智能电网专用通信网络的互联互通。

在智能电网应用中，考虑到对数据安全性、传输可靠性及实时性的严格要求，完成数据传递、汇聚与控制主要借助于电力通信网实现，特殊情况下也可通过公众电信网完成。其中，核心网主要由电力光纤骨干网组成，并辅以电力线载波通信网和数字微波网；接入网以电力光纤接入网、电力线载波通信网和无线宽带网为主要手段，从而使得电力宽带通信网为物联网技术的应用提供了一个高速的双向信息网络平台。

3. 应用层

应用层为物联网应用提供数据处理、计算等通用基础服务设施、能力及资源调用接口，并在此基础上实现物联网的各种应用。面向智能电网的物联网应用涉及智能电网生产和管理中的各个环节，通过运用智能计算和模式识别等技术来实现电网相关数据信息的整合、分析和处理，进而实现智能化的决策、控制和服务，最终使得电网各应用环节的智能化水平得以提升。

5.5.3　智能电网实施案例及分析

1. 智能抄表

智能抄表系统采用通信和计算机网络等技术自动读取和处理表数据。发展智能抄表技术是提高用电管理水平的需要，也是网络和计算机技术迅速发展的必然趋势。在用电管理方面，采用智能抄表技术不仅节约人力资源，更重要的是可提高抄表的准确性，减少因估计或誊写造成的账单出错，使供、用电管理部门能及时、准确地获得数据信息。由于电力用户因此不再需要与抄表者预约上门抄表时间，还能迅速查询账单，故此这种技术越来越受到用户欢迎。

目前，我国有不少智能抄表系统已投入运行，但尚未规模化应用，涉及的智能抄表技术也需要在应用中不断改进完善。采用载波通信技术通过输电线路实现通信是电力系统特有的通信方式，具体又分为电力线载波通信、配电线载波通信和低压电力线载波通信等。这种通信方式的突出特点是能进行双向通信。在这样的智能自动抄表系统中，每个用户室内装设的电子式电度表采用就近原则，与相邻交流电电源线相连接，电度表发出的调制脉冲信号经交流电源线送出，设置在抄表中心站的主机则定时通过低压电力线路以载波通信方式收集各用户电度表测得的电能数据。这类系统中较具代表性的是英国远程自动抄表公司开发的低压电力线载波通信系统 POWERNET，该系统具有自动抄表、用户管理和配电自动化等功能，包括中央控制器、局域控制器、网络耦合器、调制解调器、数据集中器和专用电度表等。

智能抄表系统是一个完整的自动抄表和管理系统，具有自动化程度高，计量抄表准确，不受用户计量表类型、负荷大小的限制，兼容性强等特点，在国内乃至国际上都有较好的发展前景。

（1）智能抄表系统架构

现有的智能抄表系统主要由两种实现方案：GPRS 集中器方案与无线自组织网络解决方案。

① GPRS 集中器解决方案。

GPRS 集中器按照分散控制、集中监视的原则，系统采用模块化、分层分布式开放的结构，由数据采集器（智能电表内置）、M2M 无线抄表终端（内置 WMMP 通信模组）、移动通信网络、M2M 终端管理平台、无线抄表数据中心组成。GPRS 远程抄表系统组网结构图如图 5-14 所示。

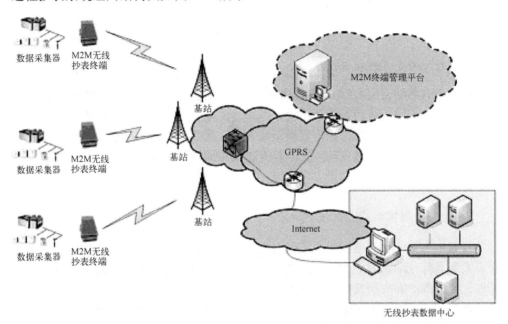

图 5-14　GPRS 远程抄表系统组网结构图

- M2M 无线抄表终端：集中采集本地电表的用电信息，通过 WMMP 通信模组与电力公司无线抄表数据中心交互。
- 移动通信网络：由电信运营商提供的广域通信网络，包括 GPRS/5G 网络等。
- M2M 终端管理平台：通过 WMMP 协议和 M2M 终端进行交互，具备终端查询、终端配置、远程控制、软件升级等功能，同时可为电力公司提供业务监控和故障处理等支撑服务。
- 无线抄表数据中心：电力公司后台应用系统，实现用电数据采集和分时计价处理。

② 无线自组织网络解决方案。

无线自组织网络主要采用无线传感器网络（WSN）技术，将无线自组织网络通信模块（WSN 终端节点）嵌入或外接到智能电表上构成无线自组网电表，无线自组织网络电表与集中器之间采用星形结构[217]。无线自组织网络电表集抄系统总体结构如图 5-15 所示。

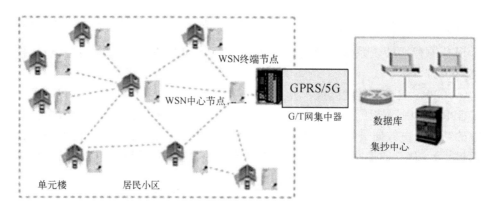

图 5-15　无线自组织网络电表集抄系统总体结构

（2）智能抄表系统功能

智能抄表系统采用 GPRS/5G+WMMP 技术，实现了从智能电表到集抄中心的远程数据传输，体现了移动通信系统便于部署、使用及管理成本低的特点，该技术提高了通信保障能力。另外，也可采用无线 WSN 通信技术，实现小区范围内的末端电表的电量数据向集中器自动汇聚，具有自组织网络、链路自愈保护、成本低、功耗小、便于集成等特点。

2. 电力终端智能监控管理

随着电力行业智能电网应用的深入推广，电力公司在生产系统中计划或已经部署了大量具有移动通信能力的电力自动化设备，同时在系统集成、终端部署、终端管理、终端维护等方面又提出了新要求。

- 通信及通信管理标准化：电力公司要求物联网电力终端具有标准化的通信协议和管理接口，能够实现后台应用系统与终端设备的标准化通信模式和统一管理能力，实现通信设备的标准化及互通互换，降低系统侧通信管理成本。
- 终端部署简单化：要求实现终端即插即用，以提高终端部署的效率，降低人为操作的差错率。
- 提供通信系统运行状态集中、实时监控：要求对应用系统的通信状态实时感知，为维护管理人员提供实时监控手段，包括设备的通信状态、无线网络状态和应用中心通道状态等，以满足电力公司集中监控和集中管理的要求。
- 终端可远程管理：由于电力终端部署分散、人员到达不便、设备排除障碍时间要求短，需要终端应具备远程可管理的能力，包括配置管理、告警管理、软件版本升级管理、应急处理管理和运行统计管理等，以提高系统的管理能力。

（1）电力终端智能监控管理系统

电力终端智能监控管理系统采用分散部署集中管理的实施方式，该系统架构主要由电力终端设备、传输网络、电力终端监控管理平台和应用系统组成。电力终端智能监控管理系统架构如图 5-16 所示。

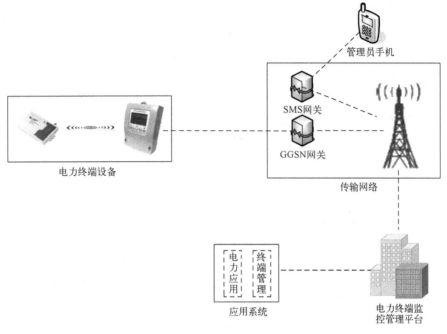

图 5-16　电力终端智能监控管理系统架构

- 电力终端设备：电力终端设备可采用符合 WMMP 通信标准的设备，用于承载电力应用数据的传输，同时接入电力终端监控管理平台，实现对终端通信状态的管理。典型的设备如配网终端、抄表终端和卡表一站式服务终端等。
- 传输网络：负责相关数据传输。电力终端监控管理平台与 WMMP 标准通信终端之间的数据传输方式多种多样，可以采用 4G/5G 网络传输。
- 电力终端监控管理平台：一方面，传输电力公司用户的应用数据，提供基础通道服务；另一方面，为电力公司提供终端管理相关的服务。
- 应用系统：电力公司内部的应用系统，一方面，提供其电力专业应用功能；另一方面，通过 B/S 或 C/S 的方式接入电力终端监控管理平台，实现对终端的管理。

（2）电力终端智能监控管理系统功能

电力终端智能监控管理系统通过规范电力终端智能监控管理系统中通信终端底层通信协议及应用接口规范，建设物联网终端管理平台，实现对电力终端的远程监控管理。该系统终端硬件及通信参数可自动配置管理，可实现即插即用；终端通信状态可远程监控、远程配置管理和远程激活；当终端发生故障时，可实时告警通知并进行故障原因预判、故障分级分类、通信日志抓包；也可对终端运行的历史及实时状态进行分析，可按照终端型号、厂家、单位、地域等多维度自动提供运营统计报表。

3. 卡表一站式服务

为了应对人口老龄化、农村购电难等社会问题以及缺乏支持现场抄表、IC 电卡读写操作等电力专业要求的终端等技术问题，电力行业需要实现"销售到户、抄表到户、收费到户、服务到户"的"四到户"一站式服务，通过统一的"抄、收、核"规范用电秩序。因此，业内借鉴金融行业无线 POS 机业务模式，结合电力行业自身的业务特点和需求，推出"电力一站式服务系统"，将原有"先用电，后收费"提升到"边收费，边用电"，然后再平滑过渡到"先缴费，后用电"，运用高科技手段，提升电费回收水平，解决收费问题。

（1）卡表一站式服务系统

卡表一站式服务系统结构如图 5-17 所示。

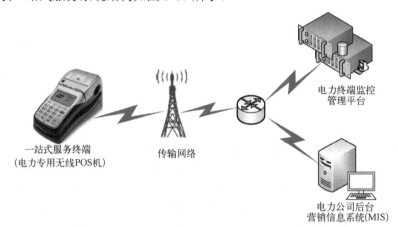

图 5-17　卡表一站式服务系统结构

- 一站式服务终端：采用符合统一通信标准要求的设备，完成电力应用数据的传输，同时接入电力终端监控管理平台，实现对终端通信状态的管理。
- 传输网络：承担相关数据传输任务。电力终端监控管理平台与通信终端之间的数据传输方式多种多样，可以采用 4G/5G 网络传输。
- 电力终端监控管理平台：一方面，透传电力公司用户的应用数据，提供基础通道服务；另一方面，实现对营销终端专用机具的终端管理，实现通信行为的控制和通信日志的统计与审计。
- 电力公司后台营销信息系统（MIS）：负责电力业务的日常营销。

（2）卡表一站式服务系统功能

卡表一站式服务系统中的一站式服务终端是电力专用无线 POS 机，具备基本的无线 POS 机功能，支持现金交易和刷卡交易，现场打印交易凭证；支持红外、230 MHz电力专用频段等短距离通信方式，抄送电表号及电量值后送电力公司后台营销信息系统（MIS）核算；支持 IC 电卡的读写操作；支持用电量查询和应缴费金额查询。该系统利用移动通信网络，为电力专用无线 POS 机与电力公司后台营销信息系统（MIS）提供安全网络通道。电力专用无线 POS 机内置标准无线通信模块，可限制其不能与电力公司后台营销信息系统（MIS）之外的服务器进行通信，同时将上网日志实时上送至电力终端监控管理平台，实现对其通信行为的记录与审核。

4．电力资产管理

电力公司存在大量放置在客户侧的固定资产，目前采用人工方式实现固定资产的盘点、追踪、折旧等管理工作。人工方式无法实时、准确掌握设备的整体信息，存在设备闲置及固定资产流失的风险，造成电力设施被盗窃案件频发。一方面，给电力公司造成了大量的经济损失；另一方面，由此造成停电投诉、人身伤害（例如，由于井盖丢失造成的人身伤亡事故）等社会问题，电力公司迫切希望采取信息化的固定资产管理手段。

（1）电力资产管理系统

电力资产管理系统结构如图 5-18 所示，其中各个组成部分如下所述。

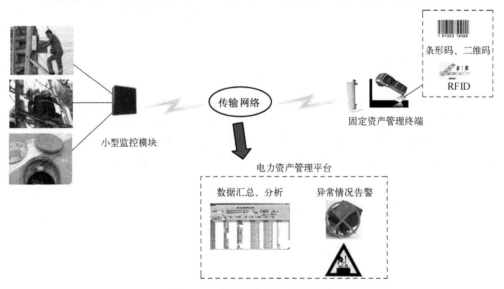

图 5-18　电力资产管理系统结构

- 小型监控模块：连接到各监控点的特种传感器，可实时监控井盖的开闭状态及井下浸水、温度、烟感和设备电池电量等信息，并将相关信息通过标准无线传输技术发送到小型监控模块，由小型监控模块将异常情况通过无线网络传输到电力资产管理平台。小型监控模块可内置追踪器，对被盗设备进行位置追踪。
- 固定资产管理终端：固定资产管理终端通过扫描固定资产设备上贴附的 RFID 标签，将相关设备信息通过无线网络传输到电力管理平台进行统一监管。

- 传输网络：电力资产管理平台与 WMMP 标准通信终端之间的传输方式多种多样，可以采用 4G/5G 网络传输。
- 电力资产管理平台：电力资产管理平台将各传感器上传的数据进行汇总、统计、分析，并对异常情况进行告警处理，从而实现对电力资产的统一监管。

（2）电力资产管理系统功能

电力资产管理系统通过在电力井内部署监控设备，可实时监控井盖的开闭状态及井下浸水、温度、烟感和设备电池电量等信息，可为后台监控人员提供集中监控界面，实时解决问题；在设备上隐蔽放置小型设备追踪器，可实现电源通断感知和位移感知，在设备非法断电和发生位移等情况下，实时告警。

可在固定资产设备上贴附 RFID 标签，利用 RFID 标签非接触读写的特性，在机房或设备集中布放的区域放置 RFID 读写器，定期对区域内的固定资产进行盘点。同时，为维护人员配置 RFID 身份标签，在其进入区域进行维护操作时，记录操作行为；维护人员通过手持设备（固定资产管理终端），在现场从电力资产管理平台下载工作任务，并通过 RFID 标签逐项对任务中要求盘点的相关设备进行确认。

5.6　面向现代物流的物联网应用

物流业是物联网很早就实实在在落地也是最有现实意义的应用领域之一，很多先进的现代物流系统已经具备了信息化、数字化、网络化、集成化、智能化、柔性化、敏捷化、可视化、自动化等先进技术特征。很多物流系统和网络也采用了最新的红外、激光、无线、编码、认址、自动识别、定位、无接触供电、光纤、数据库、传感器、RFID、卫星定位等高新技术，这种集光、机、电、信息等技术于一体的新技术在物流系统的集成应用就是物联网技术在物流业应用的体现[218]。

5.6.1　现代物流需求、存在问题及发展趋势

1. 现代物流中的物联网应用需求

（1）物流信息化升级需求

物流是人类最基本的社会经济活动之一，是供应链流程的一部分，是为了满足客户对商品、服务及相关信息从原产地到消费地的高效率、高效益的双向流动与存储而进行的计划、实施与控制的过程。物流可以看作制造商的产品生产流程通过物料采购与实物配送分别向供应商与客户方向延伸构造的供应链。物流是对企业与客户的整合，是从供应到消费的完整的供应链体系。从企业资产运营的角度看，物流是对供应链中的各种形态的存货进行有效协调、管理与控制的过程。从客户需求的角度看，物流要以尽可能低的成本与条件，保证客户能够及时地得到自己所需要的

商品。物料采购、实物配送与信息管理功能整合，就形成了现在所说的物流的概念。

目前，我国物流业信息化已进入信息和资源的整合时期，物联网的应用将进一步提高物流设施、设备的信息化与自动化水平，促进物流管理过程的智能化发展。现有的物流信息技术主要融合了计算机技术、条码技术、RFID 技术、电子数据交换技术，以及全球卫星定位系统和地理信息系统等。在物联网时代，所有的物流设施、设备都将嵌入 RFID 电子标签，小到托盘、货架，大到运输车辆、集装箱、装卸设备、仓库门禁等，标签中所记录的信息会帮助物流管理系统实时地掌控各项物流进程，做出最有利的决策。这种高度信息化、智能化的物流管理将有助于物流企业提高物流效率，降低物流成本，并推动整个物流业的发展。

（2）运输智能化升级需求

现行的物流运输系统借助 GPS 和 GIS 等技术已经可以实现某种程度上的可视化智能控制。随着物联网系统推广，运输的智能化管理将进一步升级。运输线路中的某些检查点将能够实现车辆自动感应、货物信息自动获取并实时传输给管理平台，让企业实时了解货物的位置与状态，实现对运输货物、运输路线与运输时间的可视化跟踪管理，并可以根据实际情况实时调整行车路线，准确预知货物的运达时间，在提高运输效率的同时也为客户提供高质量的服务。

（3）配送中心一体化升级需求

物联网技术的应用将极大地提高配送中心的运行效率，降低配送中心的管理成本。进入配送中心的每一件货物或每一个托盘都附有感知节点，其间所记录的与货物或托盘唯一对应的相关信息将成为该货物或托盘在整个物流配送环节的身份标识，借助传感器所组成的无所不在的传感器网络，配送中心将可实现出入库的一体化智能管理。

当货物通过配送中心的入库口门禁时，附着在货物上的感知节点会自动读取所有储存在节点芯片中的数据，完成对货物的清点并将货物信息输入主机系统的数据库，与订单进行对比并更新库存信息，整个收货过程不需要人工对货物数量进行清点。然后，货物被直接送上传送带入库储存或送到拣货区。库区的货架上装有存储器，可以记录储存在货架上的货物信息，当存储器对货物上的感知节点扫描后，货物信息就进入配送中心的商品管理系统。这样，所有货物的储存位置和数量便一目了然了。

在货物出库时，货物被直接送上装有可读写感知节点的传送带后，配送中心按照各个零售店或客户所需要的商品种类与数量进行配货，无须人工调整商品的摆放朝向。

借助物联网节点感知技术可以避免传统盘点投入大、效率低的弊端。在货物的整个在库过程中，配送中心内的 RFID 阅读器会实时监控货物的库存量，可以随时得知货物的数量及每件货物所在的货架位置，根本不用清点商品，最多只需要工作人员将货架上混乱的商品进行整理即可。此外，当货物的库存量下降到一定水平时，系统会自动向供应商发送订单需求，实现自动补货[219]。

2. 物流中的物联网应用存在的问题

进入 21 世纪以来，虽然我国物流行业的信息化水平得到了稳步提升，总体规模快速增长，服务水平明显提高，物流行业发展的社会大环境不断改善，但与发达国家相比还存在很多突出的问题，具体如下所述。

问题一：全社会智慧物流的运行效率与智能化水平还普遍偏低，社会物流总费用与 GDP 的比率高出发达国家 1 倍左右，在物流过程中存在较为严重的资源浪费现象。

问题二：社会化的物流需求不足与物流供给能力不足的问题同时存在，"大而全""小而全"的企业物流运作模式还相当普遍。

问题三：物流基础设施能力不足，尚未建立布局合理、衔接流畅、能力充分、高效便捷的综合交通运输体系，物流园区、物流技术装备等能力有待提高。

问题四：地方封锁和行业垄断对资源整合和一体化运作形成障碍，物流市场不够规范。

问题五：物流技术、人才培养和物流标准还不能完全满足需求，物流服务的组织化和集约化程度不高。

3. 现代物流中物联网的发展趋势

物联网发展推动了中国智慧物流的变革。随着物联网理念的引入、技术的提升、政策的支持，物流物联网的建设将极大地加强物流环节各单位间的信息交互，实现企业间有效的协调与合作，推进物流行业的专业化、规模化发展。未来的物流物联网将从以下几个方面着手，为客户提供优化的物流解决方案和增值服务。

（1）智慧物流网络开放共享

物联网是聚合型的系统创新，必将带来跨行业的网络建设与应用。如一些社会化产品的可追溯智能网络就可以方便地融入社会物联网，开放追溯信息，让人们可以方便地借助互联网或物联网终端，实时便捷地查询、追溯产品信息。这样，产品的可追溯系统就不仅仅是一个物流智能系统，它将与质量智能跟踪、产品智能检测等紧密联系在一起，从而融入人们的生活。在人们生活的方方面面，物流渗透不仅是产品追溯系统，今后其他的物流系统也将根据需要融入社会物联网络或与专业智慧网络互通，例如，智慧物流与智能交通、智能制造、智能安防、智能检测、智慧维修、智慧采购等系统融合，从而为社会全智能化的物联网发展打下基础，智慧物流也将成为人们智慧生活的一部分。

（2）智慧供应链与智慧生产融合

随着 RFID 技术与传感器网络的普及，物与物的互联互通将给企业的物流系统、生产系统、采购系统与销售系统的智能融合打下基础，而网络的融合必将产生智慧生产与智慧供应链的融合，企业物流完全智慧地融入企业经营之中，打破工序、流程界限，打造智慧企业。

（3）多种物联网技术集成应用于智慧物流

目前在物流业应用较多的感知手段主要是 RFID 和 GPS 技术，今后随着物联网技术发展，传感技术、蓝牙技术、视频识别技术、M2M 技术等多种技术也将逐步集成应用于现代物流领域，用于现代物流作业中的各种感知与操作。如温度的感知用于冷冻，侵入系统的感知用于物流安全防盗，视频的感知用于各种控制环节与物流作业引导等[220]。

（4）物流领域物联网创新应用模式将不断涌现

物联网带来的智慧物流革命远不是我们能够想到的以上几种模式。随着物联网的发展，更多的创新模式会不断涌现，这才是未来智慧物流大发展的基础。目前就有很多公司在探索物联网在物流领域应用的新模式。如给邮筒安上感知标签，组建网络以实现智慧管理，并把邮筒智慧网络用于快递领域；将物流中心与电子商务网络融合，开发智慧物流与电子商务相结合的模式等[221]。

5.6.2　现代物流系统体系结构

物流系统体系是物流系统建设的指导方针，由一系列观念性的战略和策略性结构体系共同组成，是物流企业按照组织远景目标所制定的总体发展规划、实施方法和策略，带有一定的思想、观念和哲理性。这些战略和策略围绕着一个中心来制定和实施，这个中心就是：根据目标客户的需求进行价值沟通、价值创造和价值传递。虽然对于每个具体的物流企业来说，其管理方式、运作模式、组织形式、机构大小、工作习惯和经营策略都各不相同，并且随着社会的变革、企业的发展、技术的进步，对物流系统的适应性将提出较高的要求。

物流系统体系结构是在全面考虑企业的战略、业务、组织、管理和技术的基础上，着重研究物流系统的组成成分及组成成分之间的关系，建立起多维度分层次的、集成的开放式体系结构，并为企业提供具有一定柔性的运作系统以及灵活、有效的实现方法。物流系统体系结构的设计目标是构造能够实现低成本、高效的物流服务功能的服务平台，动态寻觅不同的 TPL（Third-Party Logistics，第三方物流）伙伴，实现物流资源的优化配置，既可以独自为客户提供完整的物流服务，也可以在必要（如业务饱满）时寻求合作伙伴共同为客户提供物流服务。

物流系统体系结构应该是多维度、分层次、高度集成化的模型，单一的、片面的模型不足以描述物流系统的全部丰富内涵。物流系统体系从物质基础层、知识决策层、业务运作层和应用层四个角度加以构建，整个结构包括 4 个层次、6 个平台：第 1 层是物质基础层，包括信息平台和技术装备平台；第 2 层是知识决策层（或称智能枢纽层），是物流系统运作的灵魂和首脑，主要包括知识平台；第 3 层是业务运作层，负责物流作业的正常运转和组织保障，主要包括组织平台和业务平台；第

4 层是应用层，实现物流系统对外部环境的应用、输出功能，是功能平台，提供与
客户交互接口。在这个平台上，能够满足客户对货物的运输、储存、包装和信息查
询等多项需求。

这 6 个平台分别执行不同的职能，彼此之间相互依存，相互支持，共同形成一
个有机联系的统一整体，平台的设计应注重客户价值的让渡和企业活力能力的提
高，以实现物流系统整体效益和效率的长期最大化。现代物流体系结构如图 5-19
所示，该图展示了各种平台之间的相互逻辑关系。

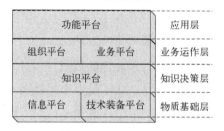

图 5-19　现代物流体系结构

在现代物流体系结构中，物流系统的功能通过功能平台实现，功能平台是其他
5 个平台存在的目的和意义所在，也是物流系统的外在表现和应用，是为客户创造
价值的服务平台。功能平台是物流企业与客户发生交互互动的界面和接口，接受客
户委托，按照要求提供高附加值的物流服务，同时获取利润。

物流系统体系结构的设计原则如下所述。

- 功能定位原则：物流系统设计的目的是构造能够实现规定物流服务功能的服
  务平台，如果物流系统不具备要求的功能，设计就失去价值。
- 集成性原则：成本节约、服务高效是现代物流运行的新要求，粗放式经营的
  物流系统已经不再适应信息化环境的要求。
- 开放性原则：可以动态地寻觅不同的 TPL 伙伴，实现物流资源的优化配置，
  既可以独自为客户提供完整的物流服务，也可以在必要（如业务饱满）时寻
  求合作伙伴共同为客户提供物流服务。这使得物流系统具有较强的动态弹
  性，这样的物流系统体系结构是开放的。

现代物流系统是在现代物流体系架构下，在智能交通系统和相关信息技术的基
础上，以电子商务方式运作的现代物流服务体系。常见的现代物流系统有智能物流
信息系统，移动物流支付系统，智能物流管理系统，仓储货物物流、防伪、溯源管
理系统和智能物流运输系统等。

5.6.3　现代物流实施案例及分析

1．物流信息系统

物流信息系统的目标是成为一个抽象的"配货站"，通过物联网形成物流货物
资源与运力资源的信息集中池，彻底消除物流信息不对称现象，其对第三方物流市

场中的各类生产企业（供货方）、物流运输企业（第三方物流企业）、收货方及配货
站具有非常重要的使用价值。

- 供货方（生产企业）：由于成本控制的诉求不得不选择压低运费，从而在一定程度上丧失了大量的车源，因此需要通过把货源上传到物流信息平台，委托平台找到"回程车"或绕过配货站直接与车主交易，节约运输成本。
- 物流运输企业：一方面在市场淡季，生产企业对物流的需求大幅降低，物流运输企业需要在需求缩紧、车源趋于饱和、运价低的情况下尽量保证企业车辆的充分利用，甚至找到好的货源；另一方面，当车辆被发往外地需要返程时，物流运输企业在外地需要克服获取货源的信息面窄、返程时间要求的限制等因素，在短时间内找到合适的货源。
- "配货站"（物流信息系统）：物理的配货站为需求双方提供面对面交易的场所。影响交易成功量的直接因素是各种需求信息的汇聚程度。应该使这些信息都统一地流向"配货站"，从而使之成为各种物流信息的枢纽。

（1）物流信息系统结构

物流信息系统作为一个信息汇聚与信息服务的系统，其业务的组成总体上可分成两个部分：信息的收集和服务的提供。图 5-20 所示为物流信息系统结构。

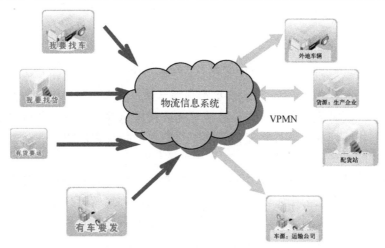

图 5-20 物流信息系统结构

- 信息的收集：供货方（生产企业）在货物没有找到合适的运输企业时，向物流信息系统提供货物信息及运力需求；或者取货方在需要寻找车辆取货时，向物流信息系统提供取货地信息及运力需求；同时物流运输企业在车辆闲置时将运力信息及对目的地的要求等提供给物流信息系统。
- 服务的提供："配货站"按条件将收集的各方需求转换为资源进行分配，如将供货方的运输需求作为物流运输企业需要的资源，将两者进行匹配，然后与供求双方达成交易共识。

（2）物流信息系统功能

"一库六系统"是对物流信息系统功能的概括，其主要功能以现有的物流信息网站数据库为基础，由物流信息客户端系统、物流手机 WAP 系统、物流短信系统、位置服务系统、物流门户网站、物流信息系统无线通信专网 6 个系统组成，其网络拓扑如图 5-21 所示。

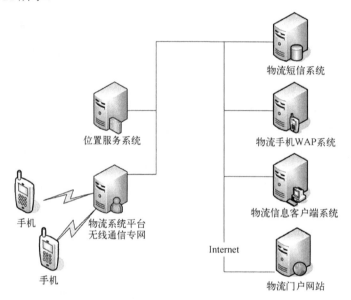

图 5-21　物流信息系统网络拓扑

- 物流信息客户端系统：物流信息客户端系统可使客户更为直观地查看和查询信息。同时系统在客户登录时，对客户所在地进行判断，自动将数据库中与之相匹配的地域性物流信息展现给客户，减少客户的复杂操作，压缩查询时间。
- 物流手机 WAP 系统：该系统改变了以往很多物流客户获取信息的传统途径，让物流客户无论在哪里都能发布和查询物流信息。客户可通过手机 WAP 系统在车辆快要到达另一城市时与货主预先沟通，从而达到卸完货就装车的目的，既节省费用又提高运输效率。
- 物流短信系统：物流短信系统通过定制关系实现物流信息共享。其主要功能包括使用手机短信实现物流信息的发布和收集、短信到货通知、运单追踪、短信车辆调度、车／货短信智能配对和运管信息查询等。
- 位置服务系统：将卫星定位系统（GPS）、基站定位系统（LBS）、物流信息、物流追踪功能整合，保证车主、货主对车辆或货物的实时监控和调度，并可随时在定位终端上获取需要的物流信息，在保证运输安全性的同时，降低了车辆的空载率。
- 物流门户网站：物流门户网站是在互联网上搭建的免费物流信息交互和管理平台。

● 物流信息系统无线通信专网：物流信息系统无线通信专网是将呼叫中心、移动总机、VPMN、集团彩铃相结合，为物流企业、车主和司机提供物流信息发布、查询功能的语音服务专网系统。

2. 智能物流管理

随着我国经济增长方式由量的扩张到质的提高，市场竞争环境日趋激烈，越来越多的企业认识到现代物流的重要作用，要求对物流系统采取优化管理，逐步建立起既满足当前物流需求水平，又具有较高服务水平的现代物流管理体系，使得在未来的物流管理体系中实现对物流车辆的运力分析、订单管理、车辆调度及线路规划，并实现对货物及物流车辆的 GPS 定位监控、车辆状态采集、货品监控、货品铅封和告警管理，满足客户对货品位置查询和货品状态查询的需求。

（1）智能物流管理系统

智能物流系统总体上由车载终端硬件设备和控制中心系统软件两部分组成，具有运力分析、订单管理、调度管理、线路规划、在途监控和货物查询等功能，智能物流管理系统功能结构如图 5-22 所示。

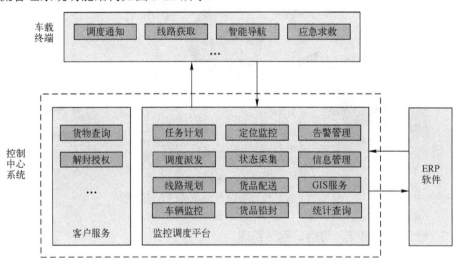

图 5-22　智能物流管理系统功能结构

● 系统与物流企业及制造厂的 ERP（Enterprise Resource Planning，企业资源计划）软件有数据接口，能够获取订单信息等数据。
● 利用 5G 网络将车载终端采集的车辆数据（位置数据通过 GPS 和 LBS 获取，状态数据由扩展传感器获取）返回监控调度平台，可通过监控调度平台向车载终端发起业务请求并得到相关数据。
● 系统采用复合架构方式，通过多种门户以用户名和密码进行登录，可实现物流实时调度、车辆监控、货物配送、货物追踪、铅封管理、地图展示、实时货单查询和统计报表等功能。

（2）智能物流管理系统功能

智能物流管理系统以物流企业内部运输计划、调度与发运计划、在途监控和风险控制等为主要实现功能，同时具有为生产企业或客户提供增值服务的能力。

生产企业将销售订单（即需要运送的货物清单）提供给物流企业，物流企业统计订单量，在其系统内完成未来三天的运力统计，根据时间、目的地和货物类型的要求，按运力（承运商或者自营车辆）分派订单，同时安排库房出货。承运商或自营车辆在接受任务后，立即前往装货地装货，其间系统监督其进场准时率和发运的及时率。当车辆启运后，物流企业对其进行在途监控和风险预警控制，同时也为生产企业和取货客户提供在途查询服务。当车辆抵达目的地后，系统通过短信渠道与收货客户进行收货验证。图 5-23 所示为智能物流管理系统应用场景示意图。

图 5-23　智能物流管理系统应用场景示意图

3．仓储货物物流、防伪、溯源管理

物流、防伪和溯源作为相辅相成的三个环节，应当在产品的生产、流通和使用过程中发挥至关重要的协同作用。目前来看，暂未有有效的技术手段，可实现对产品生产、加工、质检、销售、消费环节的一体化物流监管，并对产品信息做到有效防伪与稽查。二维码仓储货物溯源防伪应用系统可将物流、防伪、溯源三者联系在一起，打通从生产到物流、销售的各个环节，满足仓储物流企业以及执法机构对物流管理、信息防伪、溯源稽查的信息化需求。

（1）仓储货物物流、防伪、溯源管理系统

该系统以二维码为产品的唯一身份识别标记，在产品生产、仓储、运输、销售、使用的全生命周期，均由二维码作为该产品在该环节中信息记录的载体。

该系统通过对二维码码号的管理、信息的编解码来支持前端设备，完成二维码的打印、扫描、识别等各种应用过程。仓储货物物流、防伪、溯源管理系统结构如图 5-24 所示。

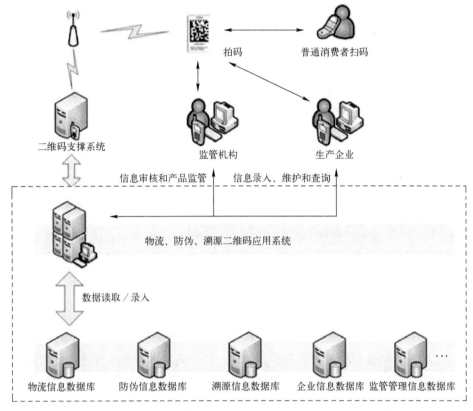

图 5-24　仓储货物物流、防伪、溯源管理系统结构

- 二维码作为信息查询、录入入口，厂商、监管机构和消费者通过扫码进入系统页面，完成信息录入或查询。
- 手持设备、识读头和手机均可作为二维码的识读及信息录入终端，使得终端选择灵活且广泛。
- 仓储货物物流、防伪、溯源管理系统可完成物流、防伪、溯源功能，提供产品物流、防伪、溯源信息存储、管理和查询服务。

（2）仓储货物物流、防伪、溯源管理系统功能

该系统可用于绿色食品赋码，并在食品安全信息溯源二维码管理系统中录入绿色食品基本溯源信息、生产详细信息、加工包装信息、质检信息和物流信息等。同时，企业可利用食品安全监管机构赋予的权限，使用二维码溯源系统对二维码内容进行二次编辑，录入企业宣传信息。

对于食品安全监管机构而言，该系统可以核实食品生产企业录入的溯源信息，管理溯源二维码的发放。同时，可利用二维码稽查上架产品的溯源信息。

消费者可使用手机扫码或者输入码号的方式查看溯源信息，同时可以随时举报虚假、错误信息。

仓储货物物流、防伪、溯源管理系统应用场景示意图如图 5-25 所示。

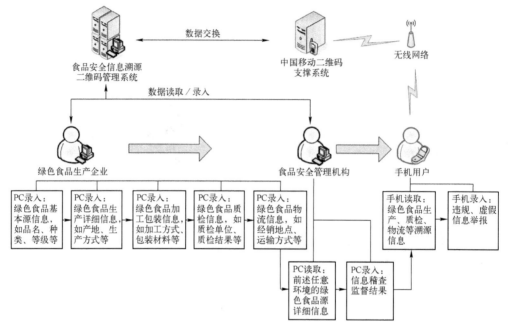

图 5-25　仓储货物物流、防伪、溯源管理系统应用场景示意图

针对物流、防伪和溯源方面存在的问题，二维码可以有效地打通生产和销售环节中的物流信息流通渠道，提高防伪功效，并将溯源信息有效地传递给消费者。具体来说，仓储货物物流、防伪、溯源管理系统具有如下使用价值。

- 使用便捷：不需要进行烦琐操作，只需要通过手机扫码，即可有效完成对产品信息的溯源查询，方便处理产品相关信息。
- 整合各流通环节：从产品生命周期中各角色的切身需求出发，将产品生命周期各个相关环节有机结合，形成真正的产品全生命周期解决方案。
- 应用广泛：可以用于粮、油、蛋、菜、熟食、水产、食品半成品等各类产品生命周期管理，应用范围十分广泛。
- 扩展性高：由于产品生命周期的最终环节关系到产品的普通消费者，整个流程是完整的链状关系，各个环节联系紧密，在物流、防伪、溯源的基础上，可衍生出多种围绕产品标识二维码的应用。

4．物流运输平台

在第三方物流的主要业务中，可以大致分为仓储和运输两个部分，长久以来大中型的第三方物流企业在这两个领域分别引入了仓储管理系统（Warehouse Management System，WMS）和运输管理系统（Transportation Management System，TMS）以提高其物流管理水平。然而，运输管理过程中的很多不确定因素导致传统的 TMS 不能完全发挥作用，这使得第三方物流企业对运输配送过程提出了更精细化管理的需求。

　　在运输过程中，货物信息、车辆跟踪定位、运输路径的选择、物流网络的设计与优化等服务是传统信息系统无法实现的。必须引入新的解决方案对物流企业进行高效管理，降低运营成本，提高车辆运输调度与监控管理水平，增强现代物流企业综合竞争能力。物流企业需求分析如图 5-26 所示。

企业类型＼主要功能	运输管理系统	车辆定位	货物跟踪	网站查询	WAP查询	SMS通告
大型物流企业	定制	急需	急需	急需	急需	急需
中型物流企业	需要	急需	急需	需要	需要	急需
小型物流企业	需要	急需	需要	需要	需要	急需

图 5-26　物流企业需求分析

（1）物流平台系统

　　物流平台系统结构如图 5-27 所示。

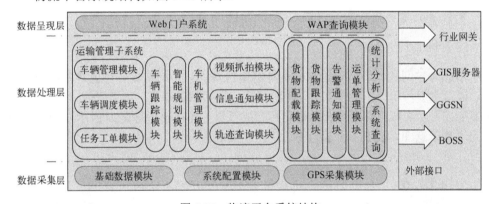

图 5-27　物流平台系统结构

- 数据采集层：完成人工数据的配置，采集车载终端卫星定位信息以及通过电子条码扫描器获取的数据，主要包括基础数据模块、系统配置模块和 GPS 定位模块。
- 数据处理层：对采集的数据进行分析处理，完成车辆的调度计算、运单的派发、车辆及货物的跟踪等功能，主要包括运输管理子系统及货物配载模块、货物跟踪模块、告警通知模块和运单管理模块等。
- 数据呈现层：为销售企业、物流企业和终端客户提供查询手段，包括 Web 门户系统和 WAP 查询模块。

物流平台组网结构如图 5-28 所示。

- 管理服务器：部署运输管理子系统及货物跟踪模块和运单管理模块等的功能，完成数据处理层的功能。
- 数据库服务器：记录系统业务日志和操作维护日志等。

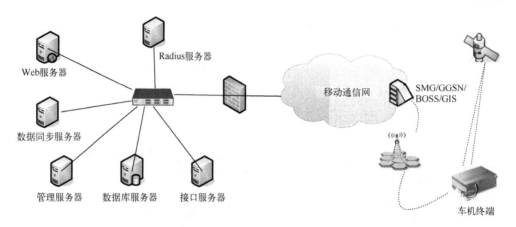

图 5-28 物流平台组网结构

- 数据同步服务器：对已有 ERP 软件等其他企业信息管理系统的客户提供 Web Service 数据导入和导出功能。
- Web 服务器：向客户、管理人员提供 Web 和 WAP 访问入口。
- 接口服务器：实现对行业网关、GIS 服务器、GGSN、BOSS 的访问。
- Radius 服务器：实现对接入终端的鉴权。

（2）物流平台功能

物流平台的功能包括系统管理、基础资料管理、车辆管理、托运管理、调度管理、报表查询与统计、车机数据、车辆定位、货物状态跟踪、短信服务、摄像监控、报警监控、客户账户管理（在线查车和在线查货）等功能。图 5-29 所示为物流平台应用场景示意图，表 5-1 所示为物流平台功能表。

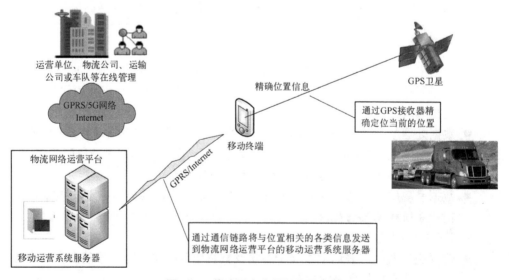

图 5-29 物流平台应用场景示意图

表 5-1　物流平台功能表

基本功能	具体业务功能
报价及托运管理	报价模块提供对客户报价信息的管理功能，包括运输报价录入、运输报价确认及报价常用维护和计价等功能；对各种运输类型进行不同的报价设定，同时可以进行手工价格录入。托运模块提供对托运业务的管理功能，包括托运单录入、回签单录入、托运单批价、托运单查询、托运单打印、托运结账及托运关账等功能
车辆跟踪	客户可随时在电子地图上查看被监控车辆当前位置信息，并可使用按车辆类别定位、按区域定位、轨迹回放、文字描述车辆位置及车辆行驶状态等功能
货物跟踪	通过采用选配的扫描枪扫描货物托运单和运输状态单可实现对货物运输状态跟踪等功能（运输状态有出车、提货抵达、提货完成、卸货抵达、卸货完成和签收完成几种）
调度管理	通过托运单录入、运输车辆派遣等方式实现车辆调度管理功能；管理人员可通过物流平台和车机选配的调度屏与司机进行调度等信息交流
报警信息	包括跨区域报警、超速行驶报警、超时行驶报警、超时停车报警、车机掉电报警和人工报警等功能；另外，通过选配相关传感器可实现开关门报警、温度报警和混凝土搅拌车卸料报警等功能
短信交互	当物流企业车辆出车、提货抵达、提货完成、卸货抵达、卸货完成时，通过车辆带的扫描枪进行状态条码扫描，并通过短信通知发货方和收货方，同时还可以通报货物运输状态信息和各种报警信息
系统管理	可以对车队信息、车辆类型、系统日志、短信发送情况等进行统计、分析及管理，对车辆信息（司机资料、车辆维修、车辆交费、车辆保险和车辆交税信息）等情况进行录入和管理，还可实现对车辆的运行情况和行车里程等信息进行统计分析

5．移动物流支付系统

物流行业中存在着很多细分的行业，如整车物流、入厂物流、城市配送和快递物流等。虽然它们同属物流行业，但各自的业务形态存在着较大的差异，例如，从事整车物流的物流企业所面向的客户是汽车生产企业，客户较固定，客户数量很少；而快递物流的客户群非常庞大，且流动性强，从单个客户获得的收益相对较低。这些差异影响到不同物流企业的收费模式。

对于从事如快递物流类的物流企业，由于其具有客户群分散、流动、价低量大、上门服务等特点，注定其在收费上存在很大的问题。例如，找零问题、现金回笼对账问题和收费纠纷问题等。

移动物流支付系统针对这类物流配送企业或企事业单位内部的配送部门，为其提供服务费用及货物费用的实时安全收取、货物物流信息及揽货信息的实时上传和信息的集中管理服务。

（1）移动物流支付系统网络拓扑

移动物流支付系统以移动通信网络为空中通道，以无线 POS 机为支付终端，可实现支付和管理两大功能，移动物流支付系统网络拓扑如图 5-30 所示。

（2）移动物流支付系统功能

移动物流支付系统可满足零散客户直接凭银行卡刷卡支付费用的需求。物流企业可为企业型客户发放特殊 IC 卡，该 IC 卡可作为支付卡，或者仅仅作为结算的历史凭证，平时记录物流收单，按月用银行卡进行刷卡支付。

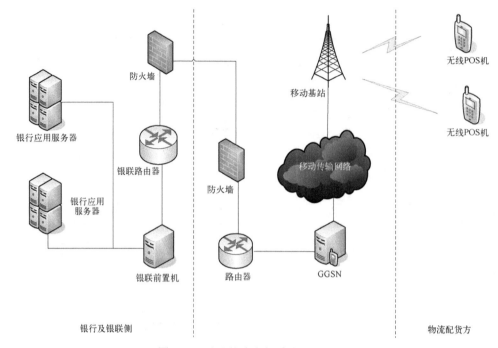

图 5-30　移动物流支付系统网络拓扑

　　移动物流支付系统还可实现管理功能：利用无线 POS 机建立客户资料、查询客户黑名单、进行结算管理、对物流业务员工作记录进行跟踪。

　　物流企业员工每天上班时可使用无线 POS 机进行联机签到，移动物流支付系统经过身份验证后可将当天任务（上门揽收或上门配送等任务）下发给员工，员工根据任务列表开始逐个执行。当员工借助无线 POS 机完成揽收或配送任务时，无线 POS 机会自动将收费记录或配送记录上传到移动物流支付系统。当任务完成后，员工使用无线 POS 机为客户打印揽收凭证或配送凭证。图 5-31 所示为移动物流支付系统应用场景示意图。

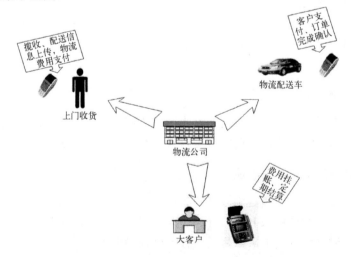

图 5-31　移动物流支付系统应用场景示意图

5.7　本 章 小 结

应用驱动是物联网系统的典型特征，广阔的应用前景是推动物联网技术和产业快速发展的主要动力。本章介绍了当前典型的物联网应用领域，包括医疗、环保、交通、电力和物流等，着重介绍了各类应用的自身特点以及对物联网技术的需求，并且对每种应用的实施案例进行了较为详尽的分析。通过对各种应用进行分析和对比，可以发现物联网应用的核心是向已有的各种应用领域融入"智能"，从而带动相关产业的技术发展和革新，提高人民的生活质量，改善生态环境，支持经济和社会的可持续发展。

第6章　物联网发展趋势

6.1　国际物联网发展

ITU 早在 2005 年就发布了《ITU 互联网报告 2005：物联网》，对物联网技术进行了系统阐述，并展望了物联网发展的未来。随着经济危机的爆发，物联网引起全球关注，各国将物联网视为助力经济走出困境，提高长远数字竞争力的关键。

目前，物联网发展处于快速发展阶段，发达国家利用传统优势巩固其在物联网研发和应用方面的地位，首先出台整体的国家战略，指引本国或地区物联网发展的总体方向，占领物联网发展的全球战略制高点。美国希望延续其在互联网上的主导权，将物联网视为影响美国战略地位的关键技术。全球物联网产业体系正在建立和完善之中，已看到的部分相关产业远比想象的小，部分产业很大，但并非由于当前意义的物联网发展，如嵌入式系统市场规模超过万亿美元，嵌入式软件市场规模超过 1000 亿美元。物联网核心技术，如传感器与传感器网络、RFID、M2M、云计算远未成熟。

由于物联网寄生并依附于现有产业，因此现有产业发达的国家其物联网产业也具有领先优势。美国、欧盟、日韩等发达国家基础设施好，工业化程度高，传感器、RFID 等微电子设备制造业先进，信息服务业发达，因此发展物联网有先发优势。真正意义上的物联网服务业还处在初期阶段，但与物联网相关并可能形成大规模物联网服务市场的产业已形成一定规模。

传感器产业发展迅速。美、日、英、法、德等国都把传感器技术列为国家重点开发的关键技术之一，竞相加速新一代传感器的开发并使其产业化，目前全世界约有 40 个国家从事传感器的研制、生产和应用开发，研发机构达 6000 余家，传感器生产单位已超过 5000 家。美、日、俄等国实力较强，建立了包括物理量、化学量、生物量三大门类的传感器产业，美国、欧洲、俄罗斯各自从事传感器研究和生产的厂家有 1000 余家，日本有 800 余家。产品超过 20000 种，对应用范围广的产品已实现规模化生产，大企业的年生产能力达到几千万只到几亿只。比较著名的传感器厂商有美国霍尼韦尔（Honeywell）公司、福克斯波罗（Foxboro）公司和 ENDEVCO 公司，英国 Bell&Howell 公司和 Solartron Metrology 公司，以及荷兰飞利浦和俄罗斯热工仪表研究所等。

RFID 市场增长拉动力主要来自政府项目，5 年内增至三倍，主要是由于政府支持的身份证、军队证件、金融卡、动物管理以及护照等领域的推动。标签及读写器仍占市场主要份额,其中有源标签达 21.9 亿美元,读写器 / 查询器市场份额占 46%,主要是由于内置了 NFC 和 FeliCa 等 RFID 芯片的手机终端市场不断扩大;高频 RFID（13.56 MHz）设备仍占主流：高频 RFID 设备市场份额约为 83%。RFID 新的应用在大量增加,如 RFID 功能手机,用于供应链、图书馆和门禁的 ISO 15693 标准设备市场也在持续扩大。

仪器仪表是信息产业的重要组成部分,发达国家在这一产业中占有相当优势,国外仪器仪表生产厂家主要集中在美国、日本、德国等国,世界上约有 200 家 PLC 生产厂家,控制市场份额 30%,主要生产厂家有美国的 AB 公司、莫迪康公司和 GE 公司,德国的西门子公司,法国的 Teteme Cangue 公司,日本的欧姆龙公司和三菱电机公司。世界分析仪器最大的市场是美国,约占总销售额的 40%,其次是欧洲约占 27%,第三是日本,约占 20%,中国进口的分析仪器仅占世界销售额的 1.4%。

国外仪器仪表产品已经完全突破了传统的光、机、电的框架,向着计算机化、网络化、智能化、多功能化的方向发展,主要呈现如下趋势:仪器及测控单元微小型化、智能化,大量采用新的传感器、大规模和超大规模集成电路、计算机及专家系统等信息技术产品,要求仪器及测控单元可独立使用、嵌入式使用和联网使用,微弱信号提取技术、超导技术、纳米技术等成为仪器仪表和测量控制科学发展的重要动力。网络测控和网络仪表成为发展重点,发展方向是大幅提高速度、简化安装和调试的复杂性、扩展无线功能以及发展网络技术。仪器测控范围向立体化、全球化扩展,测控功能向系统化、网络化发展,形成有机测控网络系统。

物联网需要大量智能仪器仪表,如各类智能终端、智能仪表、传感测量设备等。目前大部分仪器仪表应用基本是闭环和孤立的,不是真正意义上的物联网设备。但在众多仪器仪表中,除教学类和分析类仪器仪表外,大部分测量控制类仪表与物联网应用关系密切,例如,环境监测专用仪器仪表,导航、气象及海洋专用仪器,地质勘探和地震专用仪器,医疗诊断、监护及治疗设备等,在整个仪器仪表产业的占比估计超过 30%。随着物联网应用发展,智能化、网络化仪器仪表将成为重要的物联网产业。

全球嵌入式系统产业发展迅速,其应用范围主要包括工业控制、交通管理、信息家电、家庭智能管理系统、POS 网络及电子商务、环境工程、机器人等,整体市场规模超过万亿美元。现阶段,美国以创新为主,引领全球嵌入式系统技术发展;欧洲正在积极追赶美国;日本在消费电子领域的嵌入式应用成果非常突出,并以此带动嵌入式产业发展。

嵌入式系统产业呈现出较分散的竞争格局。嵌入式系统的硬件厂商和软件厂商竞争格局比较分散,在不同专业领域的市场格局各不相同。

嵌入式系统硬件的核心部件是嵌入式处理器,目前全球超过 30 多种处理器体系结构,并且各处理器厂商均有不同的侧重和应用领域,比如 ARM 典型的 32 位 RISC 芯片在 PDA、STB、DVD 等消费类电子中被广泛应用;MIPS 在数字机顶盒、视频游戏机、彩色激光打印机及交换机等领域排名第一;Microchip 的 PIC 则在家电、汽车、工业和消费市场的众多电机控制中被广泛应用。

嵌入式设备是物联网应用的基础之一，是物联网感知端设备制造业的重要支撑产业，在各类传感设备、智能终端、仪器仪表等中都离不开嵌入式系统。但目前，大多数的嵌入式系统是封闭式的，针对物联网应用的嵌入式系统产业规模还处于起步阶段，嵌入式系统将向网络化、智能化、规范化、集成化方向发展。

物联网软件开发与集成服务业是同物联网应用和服务密切相关的软件与基础服务产业，是现有软件与集成服务产业的一部分，随着物联网的发展未来将有新的拓展。物联网软件开发和系统集成体系构架包括以下几层。

① 软件层：包括基础软件体系、公共应用软件和智能信息管理等。

② 系统集成层：包括业务协作软件、系统与服务管理、应用集成以及服务交付。

③ 行业应用层：包括行业理解和建模平台、行业应用以及跨行业集成。

④ 运营维护层：包括应用开发与孵化、服务运营维护以及基础构架服务能力调用等。

信息处理与分析服务业是软件产业的分支，目前最突出的领域是商业智能（BI）。早期商业智能是一系列软件工具的集合：OLAP（On-Line Analysis Processing）工具、数据挖掘、数据集市和数据仓库以及主管信息系统。随着 BI 的不断发展，BI 的概念也在发生变化。如今较为被认可的 BI 的定义是：BI 是将企业中现有的数据转化为知识，帮助企业做出明智的业务经营决策的工具。以商业智能为代表的数据分析处理将在未来的物联网产业发展中担负"决策军师"的角色。

从全球范围来看，商业智能领域并购不断，以数据挖掘为核心的商业智能市场已经超过 ERP 和 CRM 成为最具增长潜力的领域，根据主要行业分析家估计，全球商业智能市场的规模可能高达 250 亿美元。在商业智能中，数据仓库是一个信息提供平台，它从业务处理系统获得数据，主要以星形模型和雪花模型进行数据组织，并为用户提供各种手段以从数据中获取信息和知识。数据挖掘和数据仓库的协同工作，一方面，简化数据挖掘过程，提高数据挖掘的效率和能力，确保数据挖掘中数据来源的广泛性和完整性；另一方面，数据挖掘技术已经成为数据仓库应用中极为重要和相对独立的方面和工具。《财富》杂志 500 强中有 95% 使用数据仓库，Oracle、IBM、SAS 和 Microsoft 等几家软件巨头在全球数据仓库市场中占据绝对主导位置。

欧洲 M2M 市场比较成熟，发展均衡，借助移动定位系统、移动网络、网关服务、数据安全保障技术和短信平台等支持，欧洲主流运营商已经实现了安全监测、自动抄表、自动售货机、公共交通系统、车队管理、工业流程自动化、城市信息化等领域的物联网应用，为各个行业提供解决方案。法国电信是欧洲第一家提供完整端到端物联网方案的电信运营商，其物联网 UIM 终端部署规模超过一百万台。法国电信成立了物联网全网支撑中心，主要负责全网物联网业务规划、物联网产业链合作和物联网全网性产品开发。解决方案主要分为三部分，分别是通道化物联网业务、横向物联网共性平台和垂直行业定制化方案[222]。

6.2　我国物联网发展

我国物联网应用总体上处于快速发展阶段，虽整体而言与发达国家有一定距离，但在国内大力推动 5G 发展之际，物联网的发展也驶入了快车道。目前一系列试点和示范项目已在进行之中，在智能电网、智能交通、智能物流、智能家居、环境保护、工业自动控制、医疗卫生、精细农牧业、金融服务业、公共安全和国防军事等领域取得了初步进展。在我国物联网产业中，通信相关技术和产业支持能力与国外差距相对较小，传感器、RFID 等感知端制造产业、高端软件与集成服务与国外差距相对较大。我国物联网服务业依赖于已有的互联网服务业、数据分析处理等软件产业的能力和水平，总体上与发达国家有较大差距。但同时，我国在金融服务业和 M2M 通信服务业等方面也取得了一定进展。

我国建立了较完整的敏感元件与传感器产业，产业规模稳步增长。目前，我国已经成为全球最重要的传感器专利文献发表国之一。国内企业在生物传感器、化学传感器、红外传感器、图像传感器和工业传感器等领域的专利实力有较强的竞争优势。我国仪器仪表产业连续多年实现 20%以上的增长，产值已达 5000 亿元。现代仪器仪表按其应用领域和自身技术特性大致划分为 6 大类，即工业自动化仪表与控制系统、科学仪器、电子与电工测量仪器、医疗仪器、各类专用仪器、传感器与仪器仪表元器件及材料。我国仪器仪表行业收入和利润已经连续五年实现了 20%以上的快速增长。

目前我国仪器仪表产业企业数约为 5000 个，小型企业数量占比达到 90%，并拥有了一批科研开发机构。我国仪器仪表行业以机械系统开发生产通用仪器仪表为主，仪器仪表行业的标准化工作也得到了长足发展。

嵌入式系统产业链有待完善，技术产业弱和系统产业发展失衡。我国的嵌入式技术产业主要依赖国外技术，缺乏核心竞争力，比如我国的国内企业 IC 设计比例偏小，80%的芯片依靠来料加工，国内在开发系统和软件时受到国外 IC 设计厂商的技术制约。嵌入式系统产业发展呈现出以终端制造厂商为主，采取嵌入式产品研发与生产制造于一身的模式，专业化和社会化程度低，华为、海尔、一汽等采取的都是这种模式，第三方软件企业参与度不高。从整体情况来看，我国嵌入式系统产业上游的芯片设计和制造企业、中间的嵌入式软件产品生产商和下游的终端应用产品制造商之间分工不明细，缺乏产业协同。

嵌入式系统产业区域布局集中，产业结构不完整。从产业的区域分布来看，全国的嵌入式产业主要集中在广东、北京、上海、江苏、浙江等少数省市，这一产业空间布局与我国嵌入式产业结构密切相关，目前我国嵌入式系统产业主要集中于应用软件和芯片来料加工等领域，主要是由于大部分处理器芯片和操作系统等核心技术掌握在国外厂商手中，因此我国嵌入式系统产业结构有待优化升级。

嵌入式相关企业在各领域分布呈现不均衡发展态势。在 IC 设计和制造企业领域，我国目前主要是以生产制造为主，国内企业设计的 IC 只占总体的 20%，目前国内相关部门和企业重视设计领域的发展，加强 IP 核技术标准制定和应用推广，具有代表性的企业包括中芯国际、中星微电子、神州龙芯、苏州国芯、大唐微电子和智芯科技等；在嵌入式操作系统领域，近年来具有完全自主知识产权的国产嵌入式操作系统取得了较大进展，主要包括两大阵营：一类是专有操作系统，如凯思集团开发的 Hopen、科银京成推出的 DeltaOS 等；另一类是基于 Linux 的开源操作系统，如中科红旗的红旗 Linux、宇龙通信的 Linous、普天慧讯的 eMotion、移软科技的 mLinux、东软的 NeuLinux、中兴的 EmbSys 等，但整体来讲嵌入式操作系统以自产自用为主；在嵌入式支撑软件领域，以东软集团为代表的企业已经开始研发部分嵌入式数据库产品，但我国在该领域起步晚，涉足企业比较少；嵌入式应用软件是我国的优势领域，但目前主要是具有行业背景的嵌入式企业以自己研发应用为主，第三方参与程度不高，具有代表性的行业嵌入式企业有华为、中兴、大唐电信、海尔和海信等设备制造企业，具有代表性的独立第三方嵌入式企业有凯思吴鹏、汉王、人大金仓、东软集团和科银京成等[223]。

技术水平与产业规模严重失调，缺乏核心技术竞争力。嵌入式产业发展的关键技术领域包括嵌入式微处理器、嵌入式操作系统、嵌入式支撑软件和嵌入式应用软件等。在微处理器领域，我国在集成电路芯片、IP 核和关键元器件等方面缺乏核心技术，过分依赖国外，国内 95%的嵌入式 CPU 是进口的；在嵌入式软件领域，国外品牌在嵌入式操作系统、数据库和开发工具中占据绝对优势，我国嵌入式软件偏重于应用软件，我国嵌入式应用软件在整个嵌入式软件产业中占比超过 90%的份额，而真正核心的嵌入式操作系统、数据库和开发工具等则只占比不到 10%，本土品牌缺乏竞争力，而且我国嵌入式应用软件缺乏产业链协同，标准化程度低，软硬件同步研发能力弱。

物联网给我国嵌入式产业的发展带来了新的历史机遇，与物联网相关的重点领域包括家庭信息网络、自动化与测控仪器仪表、汽车电子、交通电子设备和船舶电子等。

信息处理与数据分析的关键技术主要是数据库与商业智能，与物联网相关的信息处理服务目前尚未起步，未来将是重要发展方向。我国海量信息智能处理技术研究和发展总体比较滞后，目前只有中科院、阿里巴巴、瑞星和百度等少数研究单位和企业正在开展研究，以跟随为主，技术水平和影响力较弱。

云计算是互联网应用基础设施服务业中的重要组成部分。我国不掌握云计算的核心软硬件技术，但在云计算应用开发和服务提供方面具有一定实力。

由于核心技术缺失，我国云计算产业链各环节都不具备优势，云计算应用市场的培育与推广都为国际 IT 巨头所主导，产业链制高点掌握在跨国企业手中，特别是在云计算硬件服务领域我国差距明显，而在云计算软件服务和应用领域略有进展。作为云计算基础设施核心的高端计算机设备领域，我国的高端存储服务器市场的 90%以上被 IBM、惠普、戴尔和 Sun 等国际品牌占据。近两年来国内生产厂商服务器销量增加，但多集中在中低端领域。具有一定竞争力的国内企业和产品包括曙光公司的具有独立自主知识产权的曙光龙芯刀片服务器和浪潮集团自主创新的 4 路服务器。我国对云计算中心建设很积极，但应用少，市场需求有待培育。各地纷纷创建云计算基地或中心，北京市计算中心与 Platform 软件公司共建联合实验室，推进"北京云"的建设；山东省东营市政府与 IBM 一起筹建黄河三角洲云计算中心；IBM 先后在无锡太湖新城科教产业园、北京 IBM 中国创新中心建立云计算中心。

与国外的差距：由于云计算依赖于传统软硬件基础，造成我国同国际先进水平差距较大。云计算服务的硬件设备技术，即高性能计算机、高端存储服务器一直以来都掌握在国外企业手中，云计算技术解决方案也由国外 IT 厂商控制，目前我国云计算应用相对滞后，云计算市场没有形成规模化服务。我国还不具备提供云计算完整产业链的产业能力，缺乏有综合实力的龙头产业。

目前，我国软件和集成服务业整体发展势头良好，互联网应用软件、财务管理软件、安全软件等领域的产品技术创新能力明显提高，市场份额持续扩大。基础软件领域近年来取得了一定进步，特别是在开源 Linux 操作系统领域取得了一定的成绩，中科红旗的 Linux 系统在市场上获得了一定的份额，但与国外软件巨头相比实力太弱，操作系统和数据库市场几乎全被国外企业垄断。在应用软件领域，中国具有部分自主品牌，财务软件、管理软件、杀毒软件和防火墙等网络安全领域以及商业智能领域，我国都有部分龙头企业和中小软件企业，形成了一定产业规模。在中间件领域，国外软件占据主导地位，底层基础软件基本都是 SAP 或 Oracle 等国外技术，国内中间件技术研究水平提高难度大。在 SOA 方面，国内主要集中在现有架构的优化和改造或重新设计阶段，与国外技术相比有一定差距。在系统集成方面，国内使用和代理国外产品的较多，自主研发较少。国内系统集成的需求主要集中在电信、金融、政府、制造业、能源和交通等领域，国内系统集成商约有 200 家。嵌入式软件已成为中国软件产业中一个新兴增长点，但目前真正用于物联网感知端设备如传感器、RFID、智能终端的嵌入式系统开发却很少。

我国软件企业对外依存度较高，操作系统和大型数据库等系统性软件均依赖国外，软件高端综合集成能力，特别是软件与各行业流程的深度集成和整合能力与 IBM 等领先企业相比差距很大。国内企业规模较小，缺乏有影响力的大软件公司，资金实力和技术研发能力有限，处于产业链低端，国产各类软件之间适配性差，难以形成合力，成长壮大面临巨大压力。当前我国软件业内利润率仅为 10% 左右，低于发达国家 20% 的水平。

我国通信服务业经过多年的发展，具有了良好的产业水平和产业发展能力，物联网 M2M 网络服务成为国内三大通信企业业务重点，M2M 终端数量快速增加。目前国内三大运营商均把 M2M 业务作为未来发展的重点，制订了宏伟的发展规划，如中国移动宣称未来将发展 10 亿物联网用户。未来几年将是 M2M 应用飞速发展的时期，预计 3 年内 M2M 终端数量将突破亿级。运营企业现阶段在物联网领域主要提供 M2M 通信服务，未来将向产业链上下游拓展，在感知层通过嵌入通信模组控制智能终端，在应用层提供云计算基础设施服务、信息处理服务和集成服务等。

为适应 M2M 业务发展，三大电信企业在资源配置方面积极筹备，目前纷纷加紧建设 M2M 管理平台，以实现对终端的管理和对用户的掌控。由于 M2M 业务与传统数据业务在流量模型和业务属性方面存在巨大差异，对于网络的功能和性能要求也不同，M2M 终端大规模接入后必将对现有网络造成大的冲击，目前产业界已着手开展 M2M 业务对通信网影响的研究，研究如何对包括码号系统、接入网、核心网、承载网、业务平台和 IT 支撑系统在内的资源体系进行 M2M 业务适应性改造，例如，是否需要为 M2M 终端分配特殊号段，对核心网网元升级改造以满足 M2M 终端的认证与管理；是否需要为 M2M 单独建设基站与承载网等，部分企业已开始进行网络改造试点。

尽管我国在物联网相关通信服务领域取得了一定进展，但还应在物物通信网络技术、认知无线电与环境感知技术、传感器与通信集成终端、RFID 与通信集成终端、物联网网关以及下一代互联网产品方面提升服务能力和服务水平。我国通信芯片产品研发基本为空白，UWB 有试验芯片，但未实现规模化生产；IEEE 802.15.4、WiFi 芯片、低速低功耗近距离通信终端与芯片研发基本为空白。

6.3　物联网发展新趋势——AIoT

20 世纪的信息技术革命催生了互联网，在互联网基础上不断延伸和扩展，将各种信息传感设备与互联网结合起来形成一个巨大网络——物联网，物联网的目标是实现在任何时间、任何地点，人、机、物的互联互通。

随着 5G、云计算、人工智能等新兴技术的发展，人工智能物联网（AIoT）概念应运而生。中国信通院副院长余晓晖表示，从信息通信技术的角度，AIoT 涉及物理世界的感知和智能分析，再加上 5G 和边缘计算等技术，构成了当前最重要的赋能技术体系，驱动着全球范围内影响深远的数字化转型和数字化革命，AIoT 也是第四次工业革命的关键技术基础。

伴随各大互联网巨头与人工智能创新独角兽在人工智能生态链的积极布局，人工智能向平台化和产品化演进，同时人工智能平台建设推动了人工智能技术向相关产业的交叉延伸。边缘计算与 5G 技术的发展同样会给人工智能产业带来新的变革，市场将从 IoT 向 AIoT 迈进。自 1956 年人工智能被正式提出至今已有六十多年，人工智能经历了初步发展、停滞、缓慢发展、加速发展的阶段，目前的加速发展阶段得益于物联网、大数据、云计算和边缘计算等新一代信息技术的发展。人工智能的研究主要包括机器学习、语言识别、机器人和专家系统等方面，其本质是实现模仿人类认知的计算系统。

作为新一代信息技术重要组成的泛在物联网，是万物互联时代的基础网络支撑。泛在物联网是互联网的延展网络，实现人与人、人与物和物与物互联。泛在物联网的体系架构分为泛在感知层、泛在网络层、泛在应用层和公共层四个技术层面，其本质是实现运算能力本地化、应用便捷化的无所不在网络。

泛在物联网和人工智能相互渗透和依存，两者应用技术深度融合后的产物就是人工智能物联网（AIoT）。与传统物联网应用相比，人工智能物联网是一种新型的物联网应用，通过对泛在感知技术产生的海量数据进行采集、存储、大数据分析、交换共享、云计算、边缘计算和雾计算，以获取更高形态的数据价值，实现万物数据化向万物智慧化转变，赋予物联网智慧的大脑，实现真正意义上的万物互联。其本质是让物联网从数字化、智能化向智慧化发展，赋予其"活"的动力[224]。

目前全球人工智能市场仍呈现加速增长态势，主力厂商着重抢先布局人工智能产业生态链。伴随人工智能技术进入相对成熟阶段，智能终端产品销量稳定增加，促进人工智能市场发展。2018 年，全球人工智能市场规模达到 2636.7 亿美元，同比增长 17.7%。

机器学习和深度学习等算法能力的增强极大地促进了计算机视觉和语音等技术的不断突破，中国技术主导型、初创型公司不断涌现。2018 年中国人工智能市场并未受到经济下行压力的明显影响，依然保持高速增长，整体市场规模达到 383.8 亿元，同比增长 27.6%。

从行业结构分布来看，互联网仍是目前收入占比最大的行业市场，在 2018 年，这一占比达到 19.1%。2018 年，安防行业应用市场延续去年之势，继续占据行业关注的焦点。不过，与 2017 年热炒 AI 概念不同，2018 年安防行业专注 AI 应用落地，更为务实，其增速普遍高于市场平均水平，占比与金融相当。

随着人工智能市场应用的进一步深化，传统产业对于人工智能应用结合的需求持续升温。预计未来三年中国人工智能市场规模仍将保持 30%左右的增长速度，到 2021 年将达到 818.7 亿元。未来三年，人工智能市场行业结构分布基本保持不变，人工智能技术在互联网、金融和安防领域仍将拥有较高的市场占比。预计到 2021 年，人工智能在互联网行业的市场规模将达到 161.1 亿元，占比为 19.68%，在金融领域的市场应用规模将达到 155.66 亿元，占比为 19.01%，智能安防市场规模将达到 123.61 亿元，占比为 15.10%。

2018 年的政府工作报告指出，2018 年要发展壮大新动能，做大做强新兴产业集群，实施大数据发展行动，加强新一代人工智能研发应用，在医疗、养老、教育、文化、体育等多领域推进"互联网+"，发展智能产业，拓展智能生活。为贯彻落实《新一代人工智能发展规划》和《促进新一代人工智能产业发展三年行动计划（2018—2020 年）》要求，加快推动我国新一代人工智能产业创新发展，2018 年 11 月，工业和信息化部办公厅印发《新一代人工智能产业创新重点任务揭榜工作方案》。

同时，全国各地开始积极重点部署人工智能产业，截至 2018 年年底，北京、上海、天津、浙江、安徽、吉林和贵州等 20 个省市出台了人工智能专项政策，从资金、税收和科技创新等方面保障了中国人工智能产业的快速发展。未来，全国各地会出台更多从实际出发、从企业需求出发的人工智能相关政策。随着人工智能技术的发展和大众对人工智能产品的认知提升，越来越多的企业将探索利用人工智能技术为行业赋能。人工智能的应用从传统的智能制造、智能安防和智慧医疗等低用户接触的应用走向如刷脸支付、公交刷脸、AI 翻译、无人店和智能语音音箱等产品化应用层面。互联网巨头公司如百度、阿里巴巴、腾讯和京东等均已全力投入人工智能领域研发和应用，众多科技巨头开始展开人工智能生态链对弈，在战略层面利用人工智能对传统行业生态进行整合优化。

目前，"AI+"主导的行业智能化提升正处于初级阶段，人工智能在行业中的应用仍具有极大的深度挖掘空间。在金融和医疗等领域，人工智能的应用将会给传统行业带来变革。在制造业领域，大量的优质资源数据未被充分利用，产业的智能化需求将在未来几年持续保持较高的热度[225]。

AIoT 是人工智能技术与物联网在现实中的落地融合。2019 年被视为 5G 时代的元年，5G 技术和边缘计算技术将会在很大程度上推动物联网的发展，大量的数据会随着边缘侧的普及而产生。在 5G 时代，对于人工智能的需求将会大幅增加，人工智能作为 IoT 的大脑，在群体智能和大数据智能分析上会有更多的应用。

边缘计算的发展与物联网的发展可起到协同促进的作用，通过提升边缘测算力并将其与人工智能算法结合，可增加边缘端的使用场景和应用价值。未来，随着 5G 技术的普及和物联网设备的广泛应用，更多的边缘侧适应性人工智能算法将被提出，AI 与 IoT 的结合将会更为紧密。可将 AIoT 看作 AI+IoT，即融合了人工智能技术的物联网。AI、IoT、5G 之间又是怎样的关系？AI 与 IoT 是相辅相成的，IoT 为人工智能提供深度学习所需的海量数据养料，而其场景化互联更为 AI 的快速落地提供了基础；AI 将海量数据经分析决策转换为价值；5G 则是连接 AI 与 IoT 的桥梁，5G 的增强移动带宽、高可靠低时延和广覆盖特性与边缘计算的结合，使得 AI 与 IoT 融为一体。

目前来看，AIoT 产业链各环节市场规模占比是：硬件／终端为 25%、通信服务为 10%、平台服务为 10%、软件开发／系统集成／增值服务为 55%。AIoT 在产业链上更强调 AI 芯片与 AI 能力开发平台。2018 年，海思推出了自研 AI 芯片架构——达芬奇，达芬奇 AI 架构拥有非常强的弹性，向上可以部署在超高算力的数据中心，向下可以部署在低功耗 IoT 设备上，接下来，海思或将沿用自研达芬奇 AI 芯片架构，打造低功耗 AIoT 芯片。阿里巴巴平头哥首颗芯片玄铁 910 也诞生了，AIoT 应用场景将不断丰富[226]。

6.3.1　AIoT 概念

"AIoT"即"AI+IoT"，指的是人工智能（AI）技术与物联网（IoT）融合应用以实现万物智联。AIoT 的概念自 2017 年诞生以来已经成为物联网行业的热点之一，并被视为物联网发展的必然趋势和人工智能技术的重要应用方向。

近年来，人工智能和物联网已成为信息技术领域的热点，其技术演进和应用探索均发展迅速。对人工智能而言，深度学习算法、专用芯片和数据等核心要素的跨越发展大大加速了人工智能技术的演进，并显著提升了计算机视觉、语音识别和生物特征识别等通用技术的效能，显现出巨大的赋能作用。然而，人工智能技术的应用探索和场景落地还远远不够，其赋能作用仍未能真正体现出来。在深度学习框架下，人工智能技术迭代所需的海量数据供应仍然是制约人工智能技术发展的因素之一。与此同时，对物联网而言，其虽被视为信息技术领域继互联网和移动互联网之后更大的产业机遇，但不同于互联网和移动互联网时代的"设备+人脑智慧"，在物联网时代，联网设备数量的极大增加，以及对万物互联价值深度挖掘的追求，使得人脑智慧已无法满足需求，"设备+机器智慧"将成为必然。因此，单纯从通信角度实现万物互联还不够，还需要赋予其一个"大脑"以实现机器智慧，才能实现万物智联，从而真正发挥出物联网的巨大价值。

在技术层面，人工智能使物联网获取了感知与识别能力，物联网为人工智能提供了训练算法的数据。在商业层面，二者共同作用于实体经济，促使产业升级、体验优化。从具体类型来看，主要有具备感知和交互能力的智能联网设备、通过机器学习进行设备资产管理、涵盖联网设备和 AI 能力的系统性解决方案三大类。从协同环节来看，主要解决感知智能化、分析智能化与控制、执行智能化的问题。

在架构方面，AIoT 体系架构中主要包括智能设备及解决方案层、操作系统（OS）层、基础设施层三大层级，并最终通过集成服务进行交付。智能化设备是 AIoT 的"五官"与"手脚"，可以完成视图、音频、压力、温度等数据收集，并执行抓取、分拣、搬运等操作，通常与物联网设备和解决方案一起搭配向客户提供，而且涉及的设备形态多样化，玩家众多。OS 层相当于 AIoT 的"大脑"，主要负责对设备层进行连接与控制，提供智能分析与数据处理能力，将面向场景的核心应用固化为功能模块等，这一层对业务逻辑、统一建模、全链路技术能力、高并发支撑能力等要求较高，通常以 PaaS 形态存在。基础设施层是 AIoT 的"躯干"，提供服务器、存储、AI 训练和部署能力等所需的 IT 基础设施。

6.3.2　AIoT 要素

随着 5G 的商用，AIoT 产业正在起步。从万物智联的角度看，AIoT 的发展将经历单品智能、互联智能和主动智能的三个阶段。具体来看，单品智能阶段是指单机系统需要精确感知、识别和理解用户的各类指令，如语音和手势等，并正确决策、执行和反馈，在这个过程中设备与设备之间是不发生相互联系的。互联智能阶段是指采用集中的云或边缘计算控制多个终端（传感器）模式，构成互联的产品矩阵，打破单机智能的孤岛效应，对智能化体验场景进行不断升级和优化。比如，当用户晚上在卧室对着空调说出"睡眠模式"时，客厅的电视和音箱，以及窗帘和灯等都自动进入关闭状态。主动智能阶段则是指智能系统根据用户行为偏好、用户画像和环境等各类信息，自我学习、主动提供适合用户的服务。例如，清晨伴随着光线的变化，窗帘自动缓缓开启，音箱传来悦耳的起床音乐，空调调整到适应白天的温度等。邬贺铨院士认为，目前智能家居基本属于单品智能阶段，而智能产业已经进入到互联智能阶段。

在单品智能阶段，物联设备之间的联系较弱，人工智能技术更多体现在用户与设备之间，且往往需要由用户发起交互需求。在该阶段，设备借助语音和手势等新型交互方式来精确感知用户指令，并借由具体场景中的人工智能算法进行较为初级的数据挖掘和算法模型的迭代训练，以实现更佳的决策、执行和反馈。单品智能主要改善了单个设备的用户体验，提升了具体场景中特定设备的智能化水平。

在互联智能阶段，AIoT 通过"一个大脑，多台终端"的模式构建起互联互通的设备矩阵，使得设备之间的联系大为加强。在该阶段，通过构建一个智能化的"大脑"和网络系统，不同设备之间可实现数据及其价值挖掘的共享，使每台设备的信息感知和处理能力都大大增强，进而使每台设备的智能化水平进一步提升，并能够克服单品智能阶段每台设备的数据和服务"孤岛"缺陷，打造出系统化的智能场景。

在主动智能阶段，AIoT 的进一步发展主要体现在自学习、自适应和主动服务能力方面。在该阶段，AIoT 在互联智能的基础上，借助强大的数据感知和信息共享能力，以及更加智能化的人工智能算法模型，通过对用户行为偏好、用户画像和环境等各类信息的持续感知和学习，形成自主决策、自主执行、持续优化和主动服务的高度智能化能力，从而最大化地提升 AIoT 的整体价值。

当前，从物联网的角度看，其正处于联网设备数量快速增长、云端平台不断构建和完善的"基础设施建设"阶段。从人工智能技术的角度看，其正处于发展要素不断完善、赋能作用逐步显现的"应用场景探索"阶段。因此，当前的 AIoT 还处于上述三个阶段中的单品智能阶段。未来，随着物联网基础设施的逐步完善，AIoT 将具备由单品智能向互联智能过渡的条件。在此基础上，随着人工智能软件算法的完善和硬件算力的提升，以及其在物联网领域的持续渗透，场景化的互联智能将成为现实，而主动智能则需要随着人工智能技术由"弱人工智能"向"强人工智能"的发展而逐步实现。

AIoT 本身也是产业，全球第二大市场研究机构 Markets and Markets 近日发布报告称，2019 年全球 AIoT 市场规模为 51 亿美元。人工智能技术和物联网技术的发展落地共同推动 AIoT 的发展和成熟。AIoT 的应用场景不断丰富，2019年在中国主要分布于智慧家居、智慧城市、智慧零售和智慧制造 4 项应用场景中。

前景虽好，但 AIoT 的发展依然面临着算力、算法、平台兼容性和安全性等挑战。在算力方面，普通计算机的计算能力有限，利用其训练一个模型往往需要数周至数月的时间。密集和频繁地使用高速计算资源面临成本挑战。在算法方面，AI的训练所需时间是非常长的，目前仅训练一些简单的识别尚需数周时间，面对未来丰富的应用场景，有必要在算法层面予以增强，并且基础算法非常复杂，应用的企业开发者能力不足。在平台兼容性方面，物联网产品本身具有碎片化特性，而各AI 公司生态之间又缺乏协同，本地算力、网络连接能力和平台间的不兼容，要把框架里的算法部署到数量众多的物联网设备上，问题重重。在安全性方面，人工智能决策的正确性受 IoT 数据的精确度影响，AI 的分析结果还缺乏可解释性，AIoT 还存在被攻击而成为僵尸物联网的风险。

对此，邬贺铨院士表示：AIoT 目前仅是起步阶段，有很大的发展空间，也面临重大挑战。未来 AIoT 的发展仍然需要推动标准化，也需要企业间合作提升兼容性，还需要威胁情报共享，增强安全保障能力。

6.3.3　AIoT 应用

人工智能作为计算机科学的分支发展至今，正由传统的专用领域向现在的通用领域扩展，越来越贴近人们的生活。万物互联时代的来临，得益于泛在物联网技术的不断发展，物联网产生数据量呈现几何级增长，通过融合大数据、云计算、边缘计算和雾计算技术，存储能力和运算能力也得到极大发展。泛在物联网技术的发展使得人工智能发展所需的数据量和运算能力得到满足，而人工智能的算法技术又使得泛在物互联网更加智慧。人工智能和泛在物联网相互渗透和依存，人工智能物联网（AIoT）是人工智能和泛在物联网应用技术深度融合的产物，正改变着人们的社会生活，促进了经济发展模式的转变，使经济进入智慧经济发展新阶段。

人工智能物联网正在从消费领域向各行业渗透，已在智慧城市、智慧医疗和智慧安防等领域开展应用。人工智能物联网最显著的特征就是智慧化，人工智能芯片与物联网应用的融合发展，使物联网的应用得到更大的扩展，高性能的人工智能芯片可以满足高实时性、大规模并行计算的需求。物联网的数据积累和算法需求让人工智能在应用场景中发挥重要作用，其应用自动化程度的提升，极大地降低了成本和复杂度，给制造业、仓储、农业和服务行业等产业带来巨大的变革，正改变着传统的产业服务模式，赋予了行业新的经济价值，其实质上就是生产、供应、销售智慧化服务。人工智能物联网改变了传统的经济模式，催生了新的经济模式——智慧经济。

十九大报告指出，把发展经济的着力点放在实体经济上，把提高供给体系质量作为主攻方向，增强我国经济质量优势。推动人工智能、物联网和实体经济深度融合，培育经济领域新增长点、形成新动力。可以说，智慧经济是人工智能、物联网、大数据等新一代信息技术应用中的创新经济发展模式，让经济结构更加优化，现代经济发展过程更加便捷化、智慧化。发展人工智能和泛在物联网已上升到国家战略层面，人工智能物联网融入实体经济，为经济发展注入新动力，是驱动智慧经济发展的新技术形态。智慧经济作为一种新的经济发展形态，推动经济发展在质量、效率等方面不断提升。

智慧经济是以人工智能物联网有效运用作为效率提升和经济结构优化得到重要推动力的一系列经济创新活动总和，突出人工智能物联网技术与经济社会各领域的深度融合与运用，具有数字化、融合化、智慧化等特征，主要由产业智慧化和智慧产业化两部分构成，产业智慧化是在工业、农业、服务业领域构建智慧经济应用。智慧产业化是发展集成电路等基础产业和人工智能、物联网、大数据等先导产业。

智慧经济运用人工智能物联网技术实现传统经济的转型升级，优化重构，改变了经济发展方式，将经济活动数字化、智慧化，是新一代信息技术运用下的创新经济。发展智慧经济是紧跟新时代发展步伐，顺应经济发展规律的必然选择，也是转变经济发展方式和提升国际竞争力的内在和外在需求，对于建设制造强国、科技强国具有重要意义。

从宏观经济角度划分，智慧经济应用模式主要分为智慧农业、智慧工业和智慧服务业等。按目前的发展形态，智慧服务业发展较为超前，智慧农业和智慧工业相对滞后，产业间智慧经济发展相对不均衡。

智慧农业是运用人工智能物联网技术推进农业生产、供应和销售信息化应用，实现农业生产全过程感知、数据化管理、网络化共享和智慧化服务，全面提升农业智慧化水平。依靠技术创新，实现农业经济发展方式的转型升级，促进农业绿色发展。可以有效解决农业持续增长中自然灾害预防和生产成本上升的发展问题，改善农业环境和提高农产品质量。《"十三五"全国农业农村信息化发展规划》提出了实施农业物联网区域试验工程，目前已形成四百多个农业物联网产品和应用模式。可以说，智慧农业是必然的发展趋势。

智慧工业是将人工智能物联网技术融入工业生产的各个环节，提高制造效率和产品质量，降低生产成本和资源损耗，实现生产终端数字化、网络化协同和智慧化服务，全面提升工业智慧化水平。近年来，人工智能物联网在工业领域的应用潜力巨大，整体竞争力快速提升，智慧工业应用呈现持续上升趋势，将在能源和工业制造等应用领域发挥重要作用。

智慧服务业是将人工智能物联网技术融入通信、餐饮、仓储、教育和医疗等服务行业，通过与服务业的深度融合，提升全行业的整体服务水平，提供更加智慧的便捷服务，以技术创新手段，实现服务业优化升级。相比智慧农业和智慧工业，智慧服务业起步较早，应用普及也较为广泛。以智慧医疗为例，人工智能物联网技术可以实现医院对患者和医疗器械的智慧诊疗和管理，降低患者负担，节约医疗成本，缓解医疗资源紧缺，突破了医院的地理位置局限，将医疗资源优化整合并加以共享和利用，提升医疗服务水平，构建智慧化的医疗服务体系[227]。

亚马逊以智能音箱 Echo 为切入点，进军 AIoT 产业。该系列不仅热卖，也让主流科技大厂竞相推出类似产品。Echo 与其背后的语音助理 AIexa 不仅让亚马逊成为智能音箱市场引领者，更让亚马逊找到切入智能家居的方法。亚马逊将 AIexa 以完全的独立软件形式，提供给有意导入语音助理的硬件开发者，让各类产品都有机会结合语音助理来提升产品价值。亚马逊在 AIoT 领域的产品布局已近完善，加上云端服务相当完整，可给予用户一条龙式的服务体验。在发展新创物联网测试或初创物联网业务时，许多厂商都优先考虑亚马逊。

智能扬声器和智能显示器成为谷歌 AIoT 的主力军，谷歌正在围绕 Google Asistant 构建 Android Things 生态系统。Android Things 作为谷歌面向嵌入式设备的物联网开发系统，自 2016 年发布以来，一直作为谷歌在智能终端的一个开发平台长期运作，也是支撑之后谷歌在整个物联网领域布局的重要支柱之一。未来，Android Things 将作为谷歌的 OEM 合作伙伴平台，更好地用于构建智能扬声器和智能显示器类设备。

苹果 HomeKit 是苹果 2014 年发布的智能家居平台，该平台可以将用户家中的智能家电整合在一起，通过 iPhone 和 iPad 等苹果设备来统一控制家中的各种智能家居产品，从智能恒温器、智能灯泡到其他家用电器等，以开放的平台为诱点，吸引更多的支持者加入，并巩固苹果自身在市场中的影响力。在 2019 年的 CES 展会上，一贯奉行封闭生态的苹果将 AirPlay 2 和 HomeKit 协议开放给更多的第三方硬件厂商，旨在强化完善自己的 AIoT 生态。

阿里巴巴提出，AIoT 将成为继电商、金融、物流、云计算之后的第五条主赛道。阿里巴巴的 AIoT 战略主要面向物联网领域的三个问题：一是提供开放、便捷的 IoT 连接平台；二是提供强大 AI 能力；三是实现"云端一体"的协同计算。阿里巴巴支持 2G/3G/4G、LoRa、NB-IoT 和 eMTC 等 95% 的通信协议，开发人员可以快速接入阿里云 IoT 管理平台，降低 IoT 接入门槛。此外，阿里巴巴还提供了包含云、边、端三个维度的计算服务与人工智能技术，包括物联网操作系统 AliOS Things、IoT 边缘计算产品和通用物联网平台，实现实时决策与自主协作。

旷视科技提出的机器人战略以"河图"AIoT 操作系统为核心，外层对设备、机器人和传感器实现连接、控制；中层实现对物理世界中人、物、场的数字化；而其核心是实现感知、控制、优化的算法。该战略主要包含智能制造、智能物流和智能零售的供应链大脑场景，这三大场景也将是旷视科技未来 3 至 5 年的发展重点。旷视科技将投入 20 亿元，与合作伙伴一起打造完整的解决方案，吸引诸多上下游公司加入"河图"生态，助推 AIoT 落地。

小米将 AIoT 作为未来 5 至 10 年的核心战略。与此同时，在智能家居领域，小米与宜家达成全球战略合作关系。作为小米 AIoT 战略的核心产品，小爱同学已然成为小米布局 AIoT 领域的突破口。同时，作为小米 AIoT 的首次尝试，小爱同学激活的设备数量已达 1 亿台，累计唤醒次数达到 80 亿次以上，月活跃用户达到 3400 万名以上。不只是在宜家的智能家居系统中，小爱语音在小米与全季的智慧酒店、车和家的解决方案中也有着活跃的表现。此外，小米全面开放 AIoT 生态，并为开发者提供亿元基金，构建小米生态。

特斯联利用 AIoT 赋能传统行业，助力产业智能化升级，是 AIoT 赛道的独角兽企业。特斯联以 AIoT 应用技术为战略核心，借此打造中国最大的城市级智能物联网平台，为政府和企业提供城市管理、人口管理、建筑能源管理、公共安全管理、环境与基础设施运营管理等多场景一站式解决方案。其中，特斯联达尔文平台作为核心数据中心，通过前端硬件设备与后端大数据平台相结合的模式，将人与城市基础设施、城市服务管理紧密联系在一起，实现城市智能化水平的大幅提升，打造高效、便捷的新型管理模式。目前，特斯联已在全国落地 8400 多个项目，在落地项目中实现安全事故案件发生率下降 90% 以上，建筑运维人力成本节省 40%，能耗降低 30%，服务人口超过千万，为市民提供更安全、更智能便捷的生活方式。

在智能家居应用领域中，AIoT 以"人工智能+物联网"为基础，未来将极大地改变人们的生活方式。其中，最典型的应用领域是智能家居。智能家居是指以住宅为主要应用平台，以家庭网络和各类智能终端为基础，通过集成人工智能、自动控制、网络通信、音 / 视频和信息安全等技术，构建智能化的住宅设施与家庭事务管理系统，实现家居设施的智能控制功能，提供数字娱乐、智能安防和健康服务等应用服务。智能家居可打造个性化的家庭生活综合服务系统，提升家居的安全性、便利性、舒适性和艺术性。其中，AIoT 是实现智能家居的重要部分。AIoT 使智能家居以住宅为载体，以人工智能技术为基础，结合大数据和网络通信等信息技术，将各类家居设备进行有机结合。通过智能家居系统进行集中管理，满足家庭生活环境便捷性、舒适性、安全性和节能性需求。

AIoT 在智能家居领域的应用包括安防门禁系统、灯光控制、窗帘控制、煤气控制，家电场景联动和地板采暖等系统控制，通过一个中央控制系统将它们联合起来，利用网络实现综合的自动化控制管理，为用户提供舒适、便捷、安全和个性化的生活体验。使用智能家居能够大大提高效率，让智能设备代替人去自动处理烦琐的事务，并提供全新的生活方式，让人们享受生活。智能家居供给端的信息技术发展和需求端的生活品质提升要求，共同推动智能家居从单品智能向系统智能方向发展。智能家居以单品智能化起步，品类逐步涵盖智能硬件、家用电器、小家电、安防产品和探测器等，并在智能传感器、语音识别、图像识别和自然语言处理等技术的助力下不断改善用户体验，逐步向智能决策和自我优化方向演化。在此基础上，智能家居朝着系统化方向快速演进。一方面，物联传感设备和网络通信等技术的运用实现了单品之间的互联互通，行业标准的研究、探索和系统化平台的建设和推进也不断突破产品和信息孤岛；另一方面，人工智能、云计算和大数据等技术的应用则实现了家居场景中跨品类、跨品牌的数据汇聚和价值挖掘，形成了场景化、智能化的服务能力，推动智能家居生态体系的持续演进。

目前，互联网平台型企业阿里巴巴和百度正在搭建基于 IaaS 和 PaaS 的智能家居解决方案平台；雅观和涂鸦等中间解决方案商着力搭建 Saas 平台；小米、华为和 vivo 则着力构建智能家居生态链平台，通过平台能力吸附周边第三方硬件，构筑生态壁垒。不论是通过核心级的交互硬件吸附组建硬件生态链大军，还是通过通信端吸附第三方设备，抑或是通过电商渠道或 AI 赋能构建生态壁垒，上述企业均力图通过 AIoT 实现对智能家居产业链的资源大整合，实现更多的设备互联、场景构筑与体验提升。

在智慧城市应用领域，智慧城市将成为未来城市的主流形态。目前，物联网实现了"万物互联"。而 AIoT 加速"万物智联"时代的来临，推动城市实现智能化，使各个城市系统能主动做出响应，为人类创造更美好的生活。整个智慧城市可从感知、互联、智能、5G 网络四个方面进行分析。第一是数据来源，AIoT 使万物得以被刻画出来，在数字化的世界中拥有完整的画像。第二是广覆盖、分布式的计算和处理技术，即云计算和云存储，促进万物的互联和汇聚。第三是大数据、云和人工智能的协同发展，形成从最初的感知到互联再到智能的汇聚。第四是 5G 网络的发展，使得智能监控数据读取及共享能力将得到极大加强，这也意味着视频监控将进一步从"看得清"正式迈向"看得懂"。对于遍布城市各地的监控设备而言，5G 技术可以更快地传输更多的超清监控数据，不再局限于固定网络，使后端智能数据处理能力加强，减少网络传输和多级转发带来的时延损耗。

随着人工智能、大数据、物联网、云计算等技术逐渐渗透到各个应用场景中，技术赋能下的行业变革肉眼可见。AIoT 正应用于智慧城市中的政务服务、智慧警务、智慧医疗、智慧教育、智慧交通等领域，"智慧升级"正从概念向实践应用持

续发展。而这些细分行业的不断完善，也昭示着智慧城市建设的日新月异。AIoT
依托智能传感器、通信模组和数据处理平台等，以云平台、智能硬件和移动应用等
为核心产品，将庞杂的城市管理系统降维成多个垂直模块，为人与城市基础设施和
城市服务管理等建立起紧密联系。在 AI 的加持下，城市将拥有"智慧大脑"，最大
化地助力城市管理。

6.4　本 章 小 结

本章对物联网的国内外发展趋势进行了总结，并对 AIoT 进行了重点介绍。5G
技术和边缘计算技术将会在很大程度上推动物联网的发展，驱动全球范围内影响深
远的数字化转型和数字化革命，而人工智能和物联网已成为信息技术领域的热点，
使得 AIoT 将成为第四次工业革命的关键技术基础。

参 考 文 献

[1] 孙利民，李建中，陈渝. 无线传感器网络[M]. 北京：清华大学出版社，2005.

[2] I. Khan，F. Belqasmi，R. Glitho，et al. Wireless sensor network virtualization: A survey[J]. IEEE Communications Surveys & Tutorials，2016，18(1)：553-576.

[3] 李晓维，徐勇军，任丰原. 无线传感器网络技术[M]. 北京：北京理工大学出版社，2007.

[4] I. Mathebula，B. Isong，N. Gasela，et al. Analysis of SDN-Based Security Challenges and Solution Approaches for SDWSN Usage[C]// IEEE 28th International Symposium on Industrial Electronics (ISIE)，Vancouver，BC，Canada，2019：1288-1293.

[5] 陈明月. RFID 无线射频识别技术在物联网的应用[J]. 信息与电脑（理论版），2019，(13)：174-175.

[6] 3GPP. TS23. 501-2018. System Architecture for the 5G System[EB/OL]. https: //portal. 3gpp. org/desktopmodules/Specifications/SpecificationDetails. aspx? specificationId=3144，2018.

[7] 孟勋. 物联网技术综述[J]. 中国科技信息，2018，(23)：46-47.

[8] 富尧，李冰琪. 泛在网网络技术需求分析及挑战[J]. 数字通信世界，2015，(4)：43-46.

[9] M. Atif，S. Latif，R. Ahmad，et al. Soft Computing Techniques for Dependable Cyber-Physical Systems[J]，IEEE Access，2019，(7)：72030-72049.

[10] S. A. Seshia，S. Hu，W. Li，et al. Design Automation of Cyber-Physical Systems: Challenges，Advances，and Opportunities[J]. IEEE Transactions on Computer-Aided Design of Integrated Circuits and Systems，2017，36(9)：1421-1434.

[11] 李洪阳，魏慕恒，黄洁，等. 信息物理系统技术综述[J]. 自动化学报，2019，45(1)：37-50.

[12] White Paper: Cyber-Physical System. China Electronics Standardization Institute[OL]. http: //www.cesi.cn/201703/2251.html，2018.

[13] 姚万华. 关于物联网的概念及基本内涵[J]. 中国信息界，2010，(5)：22-23.

[14] 吴智高. 浅谈我国物联网发展现状及建议措施[J]. 科技资讯，2018，16(32)：27-29.

[15] 姚建铨. 我国发展物联网的重要战略意义[J]. 人民论坛·学术前沿，2016，(17)：6-13.

[16] 尹春林，杨莉，杨政，等. 物联网体系架构综述[J]. 云南电力技术，2019，47(4)：68-72.

[17] 孙洪民，彭辉，张忠坚. 基于物联网体系架构下的自动识别技术研究[J]. 中国多媒体与网络教学学报（中旬刊），2018，(5)：97-98.

[18] 张成艳. 概述 IC 卡技术的产生与发展[J]. 商品与质量，2012，(S8)：169.

[19] 赵坤灿. IC 卡的现状及应用分析[J]. 信息与电脑（理论版），2016，(20)：183-184+200.

[20] 张柯，张琦. 非接触式 IC 卡技术原理与应用[J]. 办公自动化，2011，(6)：32-33.

[21] 邓卉. 中国 RFID 主要行业领域应用现状[J]. 物联网技术，2013，3(8)：22-24.

[22] 董华冰. 一维图像条形码识别方法研究[D]. 华南理工大学，2012.

[23] 欧振国. 电力仓库管理系统的指纹识别与条形码技术实现[J]. 电工电气，2016，(11)：56-60.

[24] 刘鸿平. 条形码在档案管理工作中的应用[J]. 电子技术与软件工程，2019，(16)：248-249.

[25] 赵媛，冯基，张志荣. 条形码自动识别技术在病案管理中的应用研究[J]. 信息记录材料，2019，20(7)：90-92.

[26] 齐俊鹏，田梦凡，马锐. 面向物联网的无线射频识别技术的应用及发展[J]. 科学技术与程，2019，19(29)：1-10.

[27] 罗洪元. 我国 RFID 技术标准的现状及对完善标准体系的建议[J]. 标签技术，2016，1(2)：15-18.

[28] S. Tedjini, G. Andia-Vera, M. Zurita, et al. Augmented RFID Tags[C]// IEEE Topical Conference on Wireless Sensors and Sensor Networks，Florida，2016：67-70.

[29] 王三元，程代伟. NFC 技术发展与应用[J]. 北京电子科技学院学报，2016，24(4)：44-49.

[30] 史春腾. NFC 标准与技术发展研究[J]. 信息技术与标准化，2018，(3)：55-57+65.

[31] 梁华. 面向无线传感器网络应用的传感器技术综述[J]. 计算机产品与流通，2017，(11)：160.

[32] 李幸. 传感器技术在物理农业中的应用研究[D]. 苏州大学，2016.

[33] 尤政. 智能传感器技术的研究进展及应用展望[J]. 科技导报，2016，34(17)：72-78.

[34] 李建壮，杨彦涛. 传感器技术的应用与发展趋势展望[J]. 中国科技信息，2011，(17)：120+126.

[35] 赵雪莹，基于 SMAC 的无线传感器网络 MAC 协议的分析与优化[J]. 现代电子技术，2011，22(10)：32-36.

[36] F. Li, W. Xu, C. Gao. A Power Control MAC Protocol for Wireless Sensor Networks[J]. Joumal of Software，2007，18(5)：322-326.

[37] 马肖旭. 无线传感器网络节点定位算法研究[D]. 天津工业大学，2018.

[38] 吕淑芳. 无线传感器网络节点定位研究综述[J]. 传感器与微系统，2016，35(5)：1-3+8.

[39] S. Williams. IrDA：past，present and future[J]. IEEE Personal Communications，2000，7(1)：11-19.

[40] P. Bonnet, A. Beaufour, M. B. Dydensborg, et al. Bluetooth-Based Sensor Networks[J]. ACM Sigmod Record，2003，32(4)：35-40.

[41] 严紫建，刘元安. 蓝牙技术[M]. 北京：北京邮电大学出版社，2001.

[42] 郑士基. 蓝牙 5 低功耗特性及在物联网中的应用分析[J]. 无线互联科技，2018，15(14)：21-22.

[43] 廖书正. ZigBee 协议栈网络层的研究、实现以及应用[D]. 中山大学，2010.

[44] 张栋. ZigBee 无线传感器网络路由协议研究与优化[D]. 山东大学，2009.

[45] 朱向庆，王建明. ZigBee 协议网络层的研究与实现[J]. 电子技术应用，2006，(1)：19-132.

[46] C. E. Perkins, E. M. Belding-Royer, S. Das. Adhoc On-Demand Distance Vector (AODV) Routing Protocol[S]. IETF，2002.

[47] 杜焕军，张维勇，刘国田. ZigBee 网络的路由协议研究[J]. 合肥工业大学学报（自然科学版），2008，31(10)：1617-1621.

[48] 周武斌，罗大庸. Zigbee 路由协议的研究[J]. 计算机工程与科学，2009，31(6)：12-14.

[49] 耿萌. ZigBee 路由协议研究[D]. 解放军信息工程大学，2006.

[50] 宁炳武. Zigbee 网络组网研究与实现[D]. 大连理工大学，2007.

[51] 王琰琳. 基于 6LoWPAN 的物联网关键技术研究[D]. 安徽理工大学，2013.

[52] 石轶夫. 6LoWPAN 技术在物联网中的研究与实现[D]. 西安电子科技大学，2014.

[53] Z. Shelby, C. Bormann. 6LowPAN：无线嵌入式物联网[M]. 北京：机械工业出版社，2015.

[54] 李长龙. 6LoWPAN 技术的研究与头部压缩的实现[D]. 吉林大学，2011.

[55] 黄铭. 6LoWPAN 技术在 WSN 中的研究与实现[D]. 曲阜师范大学，2016.

[56] 严薇. 基于农业监测的 6LoWPAN 报头压缩方案的综述[D]. 南京林业大学，2016.

[57] 邹琳. IPv6 无线传感器网络路由协议研究[D]. 南京邮电大学，2013.

[58] 李海. 6LowPAN 适配层的研究与实现[D]. 华东师范大学，2007.

[59] 付诚. 基于 6LowPAN 的无线传感器网络路由研究及实现[D]. 北京邮电大学，2012.

[60] 刘乔寿，张伟，王汝言，等. 6LowPAN 适配层分片与重组算法性能分析[J]. 计算机科学，2014, 4(7)：176-180+215-216.

[61] 景晓丽. 6LoWPAN 中基于 Mesh_under 的中继缓存与转发策略研究[D]. 重庆邮电大学，2016.

[62] 苑乐. 无线传感器网络的 6LowPAN 路由协议设计与实现[D]. 北京交通大学，2011.

[63] 戴骏. 基于 6LoWPAN 的无线传感器网络路由协议的研究与设计[D]. 浙江工业大学，2015.

[64] 张小娇. 6LoWPAN 节点安全机制的设计与实现[D]. 中国科学院沈阳计算研究所，2015.

[65] 汪平. 基于 LoRa 的低功耗通信网络性能优化技术研究[D]. 重庆理工大学，2019.

[66] 解运洲. NB-IoT 技术详解及行业应用[M]. 北京：科学出版社，2017.

[67] 李建军. NB-IoT 组网方案研究[J]. 移动通信，2017, 41(6)：14-18.

[68] 张万春，陆婷，高音. NB-IoT 系统现状与发展[J]. 中兴通讯技术，2017, 23(1)：10-14.

[69] 张德民，张颖，周述淇，等. NB-IoT 系统随机接入过程的设计与实现[J]. 光通信研究，2018, (4)：77-81.

[70] 夏颖. NB-IoT 寻呼时延分析与探讨[J]. 无线互联科技，2018, 15(16)：64-66.

[71] 陈淑珍. 物联网 NB-IoT 数据传输方案研究[C]. 广东蜂窝物联网发展论坛专刊，2016：13-16.

[72] 王计艳. 蜂窝物联网核心网部署及业务实现方案[J]. 电信科学，2018, 34(6)：136-143.

[73] 陈玮. 窄带物联网中资源分配算法[D]. 北京邮电大学，2019.

[74] 王阳，温向明，路兆铭，等. 新兴物联网技术——LoRa[J]. 信息通信技术，2017, (1)：55-59+72.

[75] 朱鑫昱. LoRa 物理层关键技术在卫星物联网中应用的可行性分析[J]. 通信技术，2018, (9)：2111-2116.

[76] 许斌. 基于 LoRa 的物联网通信协议研究与实现[D]. 西安电子科技大学，2018.

[77] 金伟妹. 用于工业互联网环境的 LoRa 多点通信协议研究[D]. 浙江工商大学，2019.

[78] 赵文妍. LoRa 物理层和 MAC 层技术综述[J]. 移动通信，2017, (17)：71-77.

[79] 袁鹏宇. LPWAN 网络接入策略研究[D]. 北京邮电大学，2019.

[80] 李超. 低功耗广覆盖无线网络海量接入关键技术研究[D]. 北京交通大学，2018.

[81] 龙维珍，覃琳，孙卫宁. LoRa 传输技术特性分析[J]. 企业科技与发展，2017, (5)：108-110.

[82] 田敬波. LPWA 物联网技术发展研究[J]. 通信技术，2017, (8)：1747-1751.

[83] 谷碧玲. 5G 关键技术及其对物联网的影响[J]. 无线互联科技，2019, 16(7)：30-31.

[84] 韩玮，江海，李晓彤. 5G 网络设计与规划优化探讨[J]. 中兴通讯技术，2019, 25(4)：59-66.

[85] 中国信息通信研究院. 5G 经济社会影响白皮书. 2017.

[86] 柴蓉，胡恂，李海鹏，等. 基于 SDN 的 5G 移动通信网络架构[J]. 重庆邮电大学学报（自然科学版），2015，(5)：4-11.

[87] 赵河，华一强，郭晓琳. NFV 技术的进展和应用场景[J]. 邮电设计技术，2014，(6)：68-73.

[88] 姚永奇. 5G 蜂窝网络架构设计研究[J]. 中国新通信，2018，20(3)：14.

[89] 董园园，张钰婕，李华，等. 面向 5G 的非正交多址接入技术[J]. 电信科学，2019，35(7)：27-36.

[90] 穆锡金. 面向 5G 通信系统的信息编码技术研究[D]. 西安电子科技大学，2017.

[91] 张雷，代红. 面向 5G 的大规模 MIMO 技术综述[J]. 电讯技术，2017，57(5)：608-614.

[92] 田辉，范绍帅，吕昕晨，等. 面向 5G 需求的移动边缘计算[J]. 北京邮电大学学报，2017，40(2)：5-14.

[93] 张长青. 面向 5G 终端的同时频全双工干扰消除分析[J]. 邮电设计技术，2017(5)：30-36.

[94] 周芮. 同时同频全双工数字自干扰消除研究[D]. 华侨大学，2018.

[95] 张平，牛凯，田辉，等. 6G 移动通信技术展望[J]. 通信学报，2019，40(1)：145-152.

[96] 张小飞. 6G 移动通信系统：需求、挑战和关键技术[J]. 新疆师范大学学报（哲学社会科学版），2020，41(2)：101-111.

[97] 张健，邓贤进，王成，等. 太赫兹高速无线通信：体制、技术与验证系统[J]. 太赫兹科学与电子信息学报，2014，12(1)：5-17.

[98] 王毅凡，周密，宋志慧. 水下无线通信技术发展研究[J]. 通信技术，2014，47(6)：5-10.

[99] 廖春晓. 基于移动边缘计算的感知应用研究[D]. 北京邮电大学，2018.

[100] 刘岩. 技术升级与传媒变革：从 Web1.0 到 Web3.0 之路[J]. 电视工程，2019，(1)：44-47.

[101] 肖亚翠. 移动互联：从 Web1.0 到 Web3.0[C]//中国电子学会有线电视综合信息技术分会、中国新闻技术工作者联合会多媒体专业委员会、国家新闻出版广电总局科技委员会战略专业委员会. 第 21 届中国数字广播电视与网络发展年会暨第 12 届全国互联网与音视频广播发展研讨会论文集. 中国电子学会有线电视综合信息技术分会、中国新闻技术工作者联合会多媒体专业委员会、国家新闻出版广电总局科技委员会战略专业委员会：国家新闻出版广电总局科学技术委员会秘书处，2013:5.

[102] K. Nath, S. Dhar, S. Basishtha. Web 1.0 to Web 3.0 - Evolution of the Web and its various challenges[C]// International Conference on Reliability Optimization and Information Technology (ICROIT), Faridabad, 2014：86-89.

[103] 段寿建，邓有林. Web 技术发展综述与展望[J]. 计算机时代，2013，(3)：8-10.

[104] 马军红. Web2.0 的主要技术、应用及其发展[J]. 科技信息，2008，(32)：92.

[105] 林萍. Web2.0 应用与技术创新研究[J]. 经贸实践，2017，(17)：116-117.

[106] 张涛，赵昆，杨棣，等. 国内 Web 3.0 研究现状、热点与主题探析——基于 2009—2018 年期刊文献的计量分析[J]. 中国管理信息化，2019，22(11)：189-192.

[107] F. L. F. Almeida, J. M. R. Lourenço. Creation of value with Web 3.0 technologies[C]// 6th Iberian Conference on Information Systems and Technologies (CISTI 2011), Chaves，2011：1-4.

[108] 吴骞华. 增强现实（AR）技术应用与发展趋势[J]. 通讯世界，2019，26(1)：289-290.

[109] 石宇航. 浅谈虚拟现实的发展现状及应用[J]. 中文信息，2019，(1)：20.

[110] 武娟，刘晓军，庞涛，等. 虚拟现实现状综述和关键技术研究[J]. 广东通信技术，2016，36(8)：40-46.

[111] 石静泊. VR 工作机理与关键技术浅谈[J]. 计算机产品与流通，2019，(4)：139.

[112] 胡天宇，张权福，沈永捷，等. 增强现实技术综述[J]. 电脑知识与技术，2017，13(34)：194-196.

[113] 叶磊. 增强现实技术研究综述[J]. 信息通信，2013，(7)：29.

[114] 徐硕，孟坤，李淑琴，等. VR/AR 应用场景及关键技术综述[J]. 智能计算机与应用，2017，7(6)：28-31.

[115] 刘柱栋. VR 与 AR 技术教育应用探究[J]. 计算机产品与流通，2019，(1)：185.

[116] 夏蕾. 探析 VR/AR 应用场景及关键技术[J]. 电脑编程技巧与维护，2018，(10)：144-146.

[117] 高鹏. 虚拟现实技术及其应用[J]. 电子技术与软件工程，2019，(22)：128-129.

[118] 刘久煜，张月琴，朴雪. 脑机接口技术发展状况分析——基于文献调研[J]. 卫生职业教育，2019，37(19)：133-135.

[119] 雷煜. 脑机接口技术及其应用研究进展[J]. 中国药理学与毒理学杂志，2017，31(11)：1068-1074.

[120] 刘晓潞. 基于行走想象的脑机接口系统关键技术研究[D]. 深圳大学，2018.

[121] 邢丽超. 脑-机接口的研究现状[J]. 科技创新与应用，2015，(6)：24.

[122] 邓粒莉. 群体脑—机接口关键技术研究[D]. 电子科技大学，2019.

[123] 于淑月，李想，于功敬，等. 脑机接口技术的发展与展望[J]. 计算机测量与控制，2019，27(10)：5-12.

[124] 贺文韬. 脑机接口技术综述[J]. 数字通信世界，2018，(1)：73+78.

[125] 杨帮华，颜国正，丁国清，等. 脑机接口关键技术研究[J]. 北京生物医学工程，2005，(4)：308-310+315.

[126] 柯清超，王朋利. 脑机接口技术教育应用的研究进展[J]. 中国电化教育，2019，(10)：14-22.

[127] 王鑫哲. 脑机接口技术在医疗领域的应用前景分析[J]. 科技传播，2019，11(5)：145-146.

[128] 明东，安兴伟，王仲朋，等. 脑机接口技术的神经康复与新型应用[J]. 科技导报，2018，36(12)：31-37.

[129] 李贞昊，张巍琦，陈俊宇. 云计算和云服务的发展综述[J]. 科技风，2016，(21)：59-60.

[130] 罗晓慧. 浅谈云计算的发展[J]. 电子世界，2019，(8)：104.

[131] 谢浩安，董绍彤，于涛. 云计算及其安全研究进展综述[J]. 硅谷，2014，7(15)：173-175+191.

[132] 彭好佑，傅翠玉，姚坚，等. 云计算综述[J]. 福建电脑，2018，34(1)：1-2+13.

[133] 刘峻基. 云计算：体系架构与关键技术的综述[J]. 中国战略新兴产业，2017，(44)：9-10.

[134] 龚强. 云计算的体系架构与关键技术浅析[J]. 信息通信，2018，(9)：163-164.

[135] 梁晖，张英孔，丁超. 云计算关键技术及其典型应用的研究[J]. 中国新通信，2019，21(11)：111.

[136] 张鹏飞. 探析云计算体系架构及其关键技术分析[J]. 计算机光盘软件与应用，2014，17(18)：32+34.

[137] 刘罡. 云计算关键技术及其应用[J]. 信息与电脑（理论版），2016，(18)：68-69.

[138] 黄青蓉. 云计算的数据挖掘应用分析[J]. 无线互联科技，2019，16(14)：145-146.

[139] 初勇. 云计算及其关键技术探讨[J]. 信息与电脑（理论版），2018，(4)：1-2.

[140] 李华清. 云计算体系架构与关键技术分析[J]. 电子制作，2014，(4)：170.

[141] 李传芹，钟洪，程允丽. 云计算相关关键技术研究[J]. 科技经济导刊，2019，27(20)：23.

[142] 何昕，许剑，陈馨，等. 云计算的体系架构与关键技术[J]. 现代信息科技，2017，1(5)：112-113.

[143] 尹成国. 云计算技术发展分析及其应用探讨[J]. 网络安全技术与应用，2019，(9)：55-56.

[144] 龚勉. 数据和云计算在通信行业中的应用[J]. 通信管理与技术，2018，(4)：56-57.

[145] 朱慧泉. 云计算的特点与关键技术及其在物联网中的运用[J]. 科学技术创新，2019，(29)：86-87.

[146] F. F. Moghaddam，M. Ahmadi，S. Sarvari，et al，Cloud computing challenges and opportunities：A survey[C]// 1st International Conference on Telematics and Future Generation Networks (TAFGEN)，Kuala Lumpur，2015：34-38.

[147] C. Prakash，S. Dasgupta. Cloud computing security analysis：Challenges and possible solutions[C]// International Conference on Electrical，Electronics，and Optimization Techniques (ICEEOT)，Chennai，2016：54-57.

[148] ETSI. Mobile edge computing terminology[Z]. 2016.

[149] 李子姝，谢人超，孙礼，等. 移动边缘计算综述[J]. 电信科学，2018，34(1)：87-101.

[150] 董春利，王莉. 移动边缘计算的系统架构和关键技术分析[J]. 无线互联科技，2019，16(13)：131-132.

[151] 丁春涛，曹建农，杨磊，等. 边缘计算综述：应用、现状及挑战[J]. 中兴通讯技术，2019，25(3)：2-7.

[152] M. Sapienza，E. Guardo，M. Cavallo，et al. Solving Critical Events through Mobile Edge Computing：An Approach for Smart Cities[C]// IEEE International Conference on Smart Computing (SMARTCOMP)，St. Louis，2016：1-5.

[153] M. Fazio，R. Ranjan，M. Girolami，et al. A Note on the Convergence of IoT，Edge，and Cloud Computing in Smart Cities[J]. IEEE Cloud Computing，2018，5(5)：22-24.

[154] 唐汝林. 走近边缘计算：未来应用实践初探[J]. 通信企业管理，2019，(3)：34-38.

[155] 梁家越，刘斌，刘芳. 边缘计算开源平台现状分析[J]. 中兴通讯技术，2019，25(3)：8-14.

[156] 林博，张惠民. 基于边缘计算平台的分析与研究[J]. 电脑与信息技术，2019，27(4)：21-24+47.

[157] NVIDIA 发布 EGX 边缘计算平台[J]. 智能制造，2019，(6)：5-6.

[158] S. Huang，Y. Luo，B. Chen，et al. Application-Aware Traffic Redirection：A Mobile Edge Computing Implementation Toward Future 5G Networks[C]// IEEE 7th International Symposium on Cloud and Service Computing (SC2)，Kanazawa，2017：17-23.

[159] Y. Xiao，Y. Jia，C. Liu，et al. Edge Computing Security：State of the Art and Challenges[J]. Proceedings of the IEEE，2019，107(8)：1608-1631.

[160] S. Liu，L. Liu，J. Tang，et al. Edge Computing for Autonomous Driving：Opportunities and Challenges[J]. Proceedings of the IEEE，2019，107(8)：1697-1716.

[161] C. S. Rendla，G. R. Gangadharan，R. Wankar. Real-World Applications and Research Challenges of Fog/Edge Services[C]// Second International Conference on Inventive Communication and Computational Technologies (ICICCT)，Coimbatore，2018：1327-1332.

[162] S. Dustdar，C. Avasalcai，I. Murturi. Invited Paper：Edge and Fog Computing：Vision and Research Challenges[C]// IEEE International Conference on Service-Oriented System Engineering (SOSE)，San Francisco East Bay，2019：96-105.

[163] 吴海旋，鱼冰，李江，等. 存储发展技术综述[J]. 河南科技，2015，(18)：23-24.

[164] 王晴. 数据中心存储技术研究综述[J]. 信息与电脑（理论版），2019，(4)：190-191.

[165] 吴明礼，张宏安. 数据存储技术综述[J]. 北方工业大学学报，2015，27(1)：30-35+55.

[166] 刘兵. 物联网分布式存储技术的应用与分析[J]. 物联网技术，2017，7(11)：49-50+52.

[167] 邱红飞. 存储的自动精简配置技术应用研究[J]. 电信科学，2010，26(11)：12-17.

[168] 陈文君. 移动通信数据挖掘关键应用技术研究[J]. 黑龙江科技信息，2017(18)：162.

[169] 张素杰，柯瑜. 基于云计算平台的物联网数据挖掘探讨[J]. 电子测试，2018，(16)：85+84.

[170] 施烁. 数据挖掘与分析在物联网中的应用探析[J]. 数字通信世界，2019，(8)：227.

[171] 谢芳. 基于互联网的数据挖掘关键技术分析[J]. 信息记录材料，2018，19(10)：95-96.

[172] 龚芳海，李文彪. 基于互联网的数据挖掘关键技术分析[J]. 无线互联科技，2018，15(4)：59-60.

[173] 韩宇. 数据挖掘关键技术探究[J]. 科技与企业，2012，(12)：362.

[174] 蔡泽锋. 数据挖掘在高校教学及学习评价中的应用[J]. 机电工程技术，2016，(Z2).

[175] 赵青. 数据挖掘面临的挑战及思考[J]. 现代经济信息，2017，(9)：371.

[176] 梁吉业. 数据挖掘面临的挑战与思考[J]. 计算机科学，2016，43(7)：1-2.

[177] 房梁. 面向物联网搜索的访问控制关键技术研究[D]. 北京邮电大学，2018.

[178] 李延浩. 浅谈物联网搜索技术[J]. 科技传播，2018，10(2)：128-129.

[179] 殷楠楠. 大数据时代人工智能在网络信息检索中的应用分析[J]. 现代信息科技，2019，3(17)：15-16+19.

[180] 刘熙胖，廖正赟，卫志刚. 面向物联网信息安全保护的轻量化密钥体系设计[J]. 信息安全研究，2018，4(9)：819-824.

[181] 闫韬. 物联网隐私保护及密钥管理机制中若干关键技术研究[D]. 北京邮电大学，2012.

[182] 焦文娟. 物联网安全—认证技术研究[D]. 北京邮电大学，2011.

[183] J. Deng，R. Han，S. Mishra. INSENS：Intrusion-tolerant Routing in Wireless Sensor Networks[J]. Computer Communications，2006，29(2)：216-230.

[184] C. Karlof, D. Wagner. Secure routing in Wireless sensor networks: attacks and countermeasures[C]// Proceedings of the First IEEE International Workshop on Sensor Network Protocols and Applications，Anchorage，2003：113-127.

[185] F. Song，B. Zhao. Trust-Based LEACH Protocol for Wireless Sensor Network[C]// Second International Conference on Future Generation Communication and Networking，Hainan Island，2008：202-207.

[186] 张晓芬. 数据安全与隐私保护关键技术研究[J]. 现代商贸工业, 2019, 40(32): 146-147.

[187] 沈国平. 物联网应用的安全与隐私问题探究[J]. 现代信息科技, 2019, 3(14): 161-163.

[188] 万义飞, 苏蓝天. 探究大数据安全和隐私保护技术的架构[J]. 现代信息科技, 2019, 3(15): 165-166.

[189] 王媛. 大数据安全与隐私保护策略[J]. 数字通信世界, 2019, (7): 145.

[190] 舒兰. 数据安全与隐私保护技术探究[J]. 计算机产品与流通, 2019, (10): 146.

[191] 曾庆珠. 物联网的应用[J]. 电信快报: 网络与通信, 2011, (5): 27-30.

[192] 王虹. 3G 时代远程医疗的关键技术[J]. 中国医院, 2010, (7): 53-56.

[193] 沈崇德. 无线移动技术在现代医院管理中的应用[J]. 中国数字医学, 2009, 4(4): 14-16.

[194] 马书惠, 李建功. 利用物联网实现远程医疗信息化[J]. 科学与财富, 2010, 12: 100-101.

[195] 吴功宜. 智慧的物联网[M]. 北京: 机械工业出版社, 2010.

[196] 马书惠, 李建功. 利用物联网实现远程医疗信息化[J]. 科学与财富, 2010, (12): 100-101.

[197] 吴水才, 李浩敏, 白燕萍, 等. 生理多参数远程实时监护系统的设计[J]. 仪器仪表学报, 2007, (6): 1035-1039.

[198] 王凯, 赵聪园. 浅谈可持续发展与环境保护的关系[J]. 科技信息, 2011, (23): 391.

[199] 边新新. 环保信息业正在悄然兴起[J]. 企业技术进步, 2011, (9): 16.

[200] 王松霈. 我国的环境保护转型[J]. 中国地质大学学报: 社会科学版, 2011, 11(5): 1-6.

[201] 汪彬彬. 信息共享——提升环境保护的统筹力[J]. 中国环境管理, 2011, (3): 57-58.

[202] 范梦云, 魏强, 王传洋. 浅谈采煤区地下水污染源及脆弱性影响因素[J]. 能源技术与管理, 2011, (4): 111-112.

[203] 钟广瑞. 城市污染源空间爱你数据库的设计研究[J]. 2010, 33(2): 31-36.

[204] 杜宏川. 我国智能交通系发展现状与对策分析[J]. 吉林交通科技, 2009, (1): 60-63.

[205] 胡大伟. 智能运输系统（ITS）的发展与对策. 西安公路交通大学学报. 2000, (1): 66-69.

[206] 贺国光, 马寿峰. 论交通系统一体化[J]. 交通运输系统工程与信息, 2003, 3(2): 60-64.

[207] 贺国光. 再谈 ITS 的几个基本理论问题[J]. 交通运输系统工程与信息, 2004, (2): 21-28.

[208] 马建. 物联网技术概论[M]. 北京: 机械工业出版社, 2011.

[209] 邢孔苗. 智能电网技术的现状与发展[J]. 科技咨询: 动力与电气工程, 2011, (8): 137-138.

[210] 李乃湖, 倪以信, 孙舒捷, 等. 智能电网及其关键技术综述[J]. 南方电网技术, 2010, 4(3): 1-7.

[211] 刘振亚. 智能电网技术[M]. 北京: 中国电力出版社, 2010.

[212] 陈树勇, 宋书芳, 李兰欣, 等. 智能电网技术综述[J]. 电网技术, 2009, 33(8): 1-7.

[213] 李祥珍, 刘建明. 面向智能电网的物联网技术及其应用[J]. 电信网技术, 2010, (8): 41-45.

[214] 毕天姝, 刘素梅. 智能电网含义及共性技术探讨[J]. 华北电力大学学报, 2011, 38(2): 1-9.

[215] 林宇锋, 钟金, 吴复立. 智能电网技术体系探讨[J]. 电网技术, 2009, 33(12): 12-18.

[216] 饶威, 丁坚勇, 李锐. 物联网技术在智能电网中的应用[J]. 华中电力, 2011, 24(2): 1-5.

[217] 敖星, 米林, 吴旋. 一种基于无线自组织网络的智能抄表系统[J]. 重庆理工大学学报（自然科学版）, 2010, 24(11): 85-88.

[218] 王继祥. 物联网发展推动中国智慧物流变革[J]. 物流技术与应用, 2010, (6): 30-35.

[219] 蔡丽艳. 物联网时代的智慧物流[J]. 物流科技，2010，(12)：95-97.

[220] 王继祥. 物流发展推动中国智慧物流变革[J]. 物流技术与应用：货运车辆，2010，(3)：80-83.

[221] 左斌，姚瑶. 物联网在物流产业中的推广障碍、影响与策略[J]. 中国物流与采购，2010，(9)：
68-69.

[222] 孙亮，许志勇，彭晓玉. 国际物联网发展趋势及运营商应对策略浅析[J]. 邮电设计技术，
2017，(8)：11-14.

[223] 杜博. 物联网产业发展趋势及我国物联网产业发展[J]. 电子技术与软件工程，2019，(24)：1-2.

[224] 中国智能物联网（AIoT）白皮书 2020 年[C]. 艾瑞咨询系列研究报告（2020 年第 2 期）：
上海艾瑞市场咨询有限公司，2020：36-80.

[225] 周翔. 5G+AIoT 时代智慧园区的发展机遇与挑战[J]. 中国安防，2020，(3)：72-75.

[226] 丁丹阳. 5G+AIoT 趋势下智慧社区的发展机遇与趋势[J]. 中国安防，2020，(Z1)：52-55.

[227] 王凌霞，王哲. AIoT 技术应用落地的挑战与对策建议[J]. 机器人产业，2019，(6)：87-89.